可信数据空间建设
理论与方法

索传军 著

科学出版社

北京

内 容 简 介

本书从数据空间的基本概念入手，分析和探讨了数据空间的定义、类型、特征、功能、架构、组件和关键技术，以及数据空间与数据要素市场的关系等基础理论问题；同时，结合具体实例，从多学科视角对数据空间内数据安全与信任体系构建、数据连接器与参与者认证、数据集成与互操作方法、信息模型与词汇表设计、数据生态体系建设等重要问题进行了深入且系统的论述。

本书对从事数据空间建设的相关专家、技术人员，以及高校和科研院所中从事相关问题研究的人员具有重要的参考价值。

图书在版编目（CIP）数据

可信数据空间建设理论与方法 / 索传军著. -- 北京：科学出版社, 2025. 6. --ISBN 978-7-03-082107-2

Ⅰ. TP274

中国国家版本馆 CIP 数据核字第 2025H3676M 号

责任编辑：孙力维　赵艳春 / 责任校对：魏　谨
责任印制：肖　兴 / 封面设计：蓝正设计

科 学 出 版 社 出版
北京东黄城根北街 16 号
邮政编码：100717
http://www.sciencep.com

三河市骏杰印刷有限公司印刷
科学出版社发行　各地新华书店经销

*

2025 年 6 月第 一 版　开本：720×1000　1/16
2025 年 6 月第一次印刷　印张：20
字数：390 000
定价：158.00 元
（如有印装质量问题，我社负责调换）

前　　言

　　数据主权是国际数据空间的核心价值取向之一，其定义为自然人或公司实体对自身数据拥有完全自决的能力。具体而言，数据主权是指国家在其主权管辖范围内，对个人、企业和政府在数据生产、流通、利用、管理等各环节享有至高无上的排他性权力。数据空间的核心功能可以概括为数据发现和数据共享两个方面。数据共享一直以来都是人们的美好愿望，也是数据的本质属性之一。数据共享是指让不同地方、使用不同计算机、不同软件的用户能够读取他人数据并进行各种操作、运算和分析。显然，数据主权和数据共享是一对矛盾体。然而，当今社会数据已经成为生产要素、资产，以及企业创新发展的关键动力。而且，数据只有通过使用才能实现其价值。因此，如何在确保数据持有者的权益得到合理保护的条件下，促进数据的高度共享，实现数据价值的最大化，是数字经济时代的重要论题。在此背景下，2024年11月21日，国家数据局印发《可信数据空间发展行动计划（2024—2028年）》（国数资源〔2024〕119号）。

　　客观地说，数据和信息共享并非新概念。自从有了数据和信息，共享就一直是人们探讨的话题和追求的目标。从本质上看，建设计算机网络的目标就是实现数据共享。特别是1983年，TCP/IP正式成为通用协议，标志着现代互联网的诞生，人们共享信息的愿望愈发强烈。但受当时信息技术和通信基础设施等条件的限制，直到20世纪末，随着数字技术的快速发展，数据通信和处理能力大幅提升，数据和信息得以快速流通，共享的梦才初步实现。然而，数据共享并非仅指数据流通和交互，它意味着为了共同的目标，多方协作使用数据以实现价值共创。

　　数据空间是一个新兴概念，《欧洲数据战略》将其概述为指导欧洲开展数字经济的行动纲领；欧洲大数据协会则将数据空间视为由数据集、本体、数据共享合同、专业化数据管理服务，以及涵盖治理、社会互动和业务流程在内的软能力构成的生态系统[1]。国家数据局印发的《可信数据空间发展行动计划（2024—2028年）》，将可信数据空间定义为，基于共识规则，联接多方主体，实现数据资源共享共用的一种数据流通利用基础设施，是数据要素价值共创的应用生态，是支撑构建全国一体化数据市场的重要载体[2]。国家数据局局长刘烈宏进一步指出，数

---

[1] Edward C, Simon S, Tuomo T. Data Spaces Design Deployment and Future Directions. Berlin: Springer, 2022.

[2] 国家数据局. 可信数据空间发展行动计划（2024—2028年）. [2025-01-10].https://www.gov.cn/zhengce/zhengceku/202411/content_6996363.htm.

据空间是由治理框架定义的分布式系统，旨在创建安全可信的数据流通环境。数据空间通过数据集成、虚拟化、语义建模和元数据管理等技术，实现对多源异构数据的统一组织管理，支持数据的编目、浏览、搜索、查询、更新和监控等功能[1]。

数据空间是《欧洲数据战略》的核心内容，欧洲作为数据空间建设的先行者，已在医疗卫生、工业制造、科技教育、文化等九个领域规划了数据空间，但相关项目也多停留在概念规划、设计和探讨阶段，已建成的数据空间项目和相关研究成果还很少。《欧洲数据战略》设想，"欧洲数据空间是一个真正的单一数据市场，个人和非个人数据，包括敏感的商业数据，都是安全的，企业很容易获得高质量的工业数据，促进增长和创造价值。"在我国，数据空间以"可信数据空间"为定位，作为数据要素市场的软基础设施，其目标是实现数据的"可信可管、互联互通、价值共创"。

近些年，随着大数据和人工智能的快速发展，数据已成为推动社会经济发展的创新动力、产业创新发展的关键驱动，更成为组织发展的战略资源和资产。虽然我国是互联网和数据大国，但是高质量数据集还较少，数据流通和共享程度较低，数据资源开发利用面临诸多问题，如企业或行业内数据孤岛现象较为普遍，数据开发利用率低、数据侵权问题突出等。这些问题导致数据持有者"不愿共享、不敢共享"，严重制约了我国数据要素市场和数字经济的发展。例如，2023年，我国数据生产总量约为32.85泽字节（ZB），但仅有2.9%的数据被保存，企业超过一年未使用的数据占比近四成，大量数据处于"沉睡"状态，数据要素价值尚未充分释放[2]。究其原因，客观上数据要素"供给—流通—应用"的市场化循环体系不畅通是关键症结。

2019年，中国共产党第十九届中央委员会第四次全体会议提出，将数据作为生产要素。2022年，《中共中央　国务院关于构建数据基础制度更好发挥数据要素作用的意见》（简称"数据二十条"）对外发布，"数据二十条"提出构建数据产权、流通交易、收益分配、安全治理等四方面制度，初步形成我国数据基础制度的"四梁八柱"，为加快发展数据市场、培育壮大数据产业指明了方向。

2024年11月21日，国家数据局印发《可信数据空间发展行动计划（2024—2028年）》，多地陆续也印发相关工作计划。一时间，"可信数据空间"成为热词。那么，什么是可信数据空间？为何要建设可信数据空间？可信数据空间与我国数字经济建设、数据要素市场建设有何关系？如何建设可信数据空间？"可信"具

---

1) 中关村智慧城市信息化产业联盟. 刘烈宏论述的"数据空间到底是什么？"一文盘点数据空间的内涵、发展现状、实践路径.[2024.12.02]. https://mp.weixin.qq.com/s/89CqTJYAH6QsiJAvNmlHrQ.

2) 新华社. 激活"沉睡"资源，助力产业发展——国家数据局详解近期数据新政策.[2024-12-03]. https://www.gov.cn/zhengce/202412/content_6995695.htm.

体又指什么？一系列问题亟待解答。

本书正是为了回答上述问题而撰写，全书由四部分组成。第Ⅰ部分是可信数据空间概论，包括可信数据空间概述（第1章）、可信数据空间的架构（第2章）、数据空间关键技术和组件（第3章）。从整体上对数据空间是什么，具有什么特征和功能，其体系架构（业务架构、功能架构和系统架构）如何，以及数据空间涉及哪些关键技术和核心组件等进行论述。目的是让读者对数据空间有一个整体认识。

第Ⅱ部分是数据空间信任体系构建，包括可信数据空间信任体系建设（第4章）、可信数字身份与参与者信任网络构建（第5章）、数据空间认证机制与认证框架（第6章）。主要对信任体系是什么，以及如何构建数据空间信任体系等进行论述。信任是数据空间数据流通和交易的前提和基础。在国际数据空间内，信任包括静态信任和动态信任。对数据空间参与者（包括数据提供者和消费者等）、核心组件和应用程序运行环境等的认证属于静态信任。本书将密码学的信任网络理论应用于数据空间，建立参与者信任网络，属于动态信任。同时，本书提出三层架构的"信任体系"。一是不同区域、不同国别数据空间，在文化制度、价值观等方面能够相互包容和理解；二是数据空间参与者之间的信任；三是数据空间提供的数据集和数据服务，以及交易活动是真实的、可信的、高质量的。

第Ⅲ部分是数据互操作与共享生态建设，包括数据连接器（第7章）、数据空间信息模型与词汇表（第8章）、数据集成与语义互操作（第9章）。互操作是数据共享的基础。该部分主要论述如何解决数据空间内数据的互操作问题。《欧洲互操作法案》定义了一种适用于所有数字公共服务的互操作性模型，包括法律、组织、语义和技术四个层面。在数据空间内通常涉及技术互操作和语义互操作两个方面。第7章主要论述数据空间的关键组件——数据连接器和基于协议的技术互操作，第8章和第9章主要论述数据语义互操作的相关问题。

第Ⅳ部分是数据生态体系建设，包括数据空间参与者角色及主要业务活动（第10章）、数据空间内数据资产管理（第11章）、数据空间治理（第12章）。数据空间的核心功能是通过营造"安全、可信、可控"的数据流通和交易环境，使所有参与者实现价值共创。或者说，数据空间的最终目标就是构建支撑数据要素市场健康发展的数据生态。参与者是数据活动的主体，第10章论述数据空间参与者的类型及其主要承担的角色，以及数据空间开展的主要业务活动。数据空间内的数据资产是数据交易的客体，数据消费者如何发现和找到自己所需的数据是关键问题，第11章主要论述元数据代理和统一数据目录体系建设等问题。第12章在国际数据空间治理框架的基础上，论述数据空间治理的主要内容和方法。

数据空间建设涉及计算机科学、数据科学、信息资源管理和市场学等学科的理论和方法，是一个典型的多学科研究领域。因此，可以从不同角度去思考、理解和定义它。但无论如何理解和定义，其目标是一致的，都是为了促进数据的安全可信、高效流通、交易和共享，进而实现数据的价值，实现多元主体价值共创。需要明确的是，数据空间是一个功能性框架，任何数据空间都需要依据特定目标和需求进行规划、设计和开发。另外，数据空间建设不仅仅是技术问题，还涉及法律、经济、管理和治理等多方面的问题。在本书的编写和相关问题的研究过程中，得到了郑州大学"双一流"建设新兴交叉学科培育项目"数据要素治理"，以及郑州航空工业管理学院信息管理学院的支持。多位老师参与了数据要素市场治理与数据空间内数据资产管理等方面问题的讨论和研究，其中，郑州大学的杨瑞仙和金燕教授编写了第 11 章，郑州航空工业管理学院的李伟超教授编写了第 12 章。由于作者学术视野和理论水平的局限，书中一定存在一些有待商榷和进一步探讨的问题，期望学界和业界同仁不吝赐教。

索传军

2025 年春天于中国人民大学

目 录

前言

第Ⅰ部分 可信数据空间概论

第1章 可信数据空间概述 3
- 1.1 数据空间的内涵 3
  - 1.1.1 数据空间定义 3
  - 1.1.2 可信数据空间 6
  - 1.1.3 可信数据空间建设的意义与价值 9
- 1.2 数据空间的功能 10
- 1.3 数据空间的类型与特征 11
  - 1.3.1 数据空间的类型 11
  - 1.3.2 数据空间的特征 13
- 1.4 数据空间与数据中心等的异同 16
- 1.5 数据空间建设现状 18
  - 1.5.1 国际数据空间的发展 19
  - 1.5.2 我国可信数据空间的实践探索与理论研究 21
- 1.6 本章小结 23
- 参考文献 24

第2章 可信数据空间的架构 27
- 2.1 数据空间建设目标与原则 27
  - 2.1.1 数据空间建设目标 27
  - 2.1.2 数据空间设计原则 29
- 2.2 国际数据空间参考架构 31
  - 2.2.1 IDS-RAM 的五个层次 32
  - 2.2.2 数据空间参考架构模型的三个维度（或视角） 35
  - 2.2.3 数据空间的四类主体 36
- 2.3 我国可信数据空间架构设计 37
  - 2.3.1 我国可信数据空间建设背景 37
  - 2.3.2 可信数据空间设计原则 38

2.3.3 可信数据空间功能需求分析 ··············· 38
2.3.4 数据空间功能架构 ··············· 40
2.4 欧盟工业数据空间（Gaia-X）架构 ··············· 45
2.5 我国数据空间架构实践 ··············· 46
2.5.1 可信工业数据空间建设 ··············· 46
2.5.2 城市数据空间体系架构 ··············· 49
2.6 本章小结 ··············· 50
参考文献 ··············· 50

第3章 数据空间关键技术和组件 ··············· 51
3.1 创建数据空间 ··············· 51
3.1.1 创建数据应该思考的问题 ··············· 51
3.1.2 数据空间的功能 ··············· 53
3.2 数据空间关键技术 ··············· 55
3.2.1 信任体系 ··············· 56
3.2.2 数据互操作 ··············· 58
3.2.3 数据访问控制 ··············· 63
3.2.4 数据使用控制 ··············· 65
3.2.5 分布式架构 ··············· 69
3.3 数据空间构件 ··············· 71
3.4 数据空间核心组件 ··············· 72
3.4.1 数据连接器 ··············· 73
3.4.2 应用程序 ··············· 73
3.4.3 应用商店 ··············· 74
3.4.4 元数据代理 ··············· 74
3.4.5 清算中心 ··············· 76
3.4.6 词汇中心 ··············· 77
3.5 本章小结 ··············· 78
参考文献 ··············· 78

第Ⅱ部分 数据空间信任体系构建

第4章 可信数据空间信任体系建设 ··············· 81
4.1 数据空间信任体系概述 ··············· 81
4.1.1 信任的内涵与信任体系的维度 ··············· 81
4.1.2 数据空间建立信任的必要条件 ··············· 83
4.1.3 数据空间信任体系的核心要素与主要功能 ··············· 83

4.2 数据安全的法规与政策（政策层）……………………………………84
    4.2.1 数据安全可信与数据合规……………………………………84
    4.2.2 欧盟的相关数据安全政策……………………………………85
    4.2.3 我国的相关数据安全政策和标准规范………………………86
4.3 数据访问和使用控制（管理层）…………………………………………88
    4.3.1 数据权属的相关概念…………………………………………88
    4.3.2 访问控制策略和使用控制策略………………………………89
4.4 数据可信安全技术（技术层）……………………………………………94
    4.4.1 数据溯源…………………………………………………………94
    4.4.2 数据审计…………………………………………………………98
    4.4.3 区块链……………………………………………………………99
    4.4.4 智能合约…………………………………………………………104
    4.4.5 密态计算…………………………………………………………109
    4.4.6 数据沙箱…………………………………………………………111
4.5 本章小结……………………………………………………………………112
参考文献……………………………………………………………………………113

第 5 章 可信数字身份与参与者信任网络构建……………………………114
5.1 可信数字身份………………………………………………………………114
    5.1.1 数字身份概述……………………………………………………115
    5.1.2 数字身份的功能…………………………………………………116
    5.1.3 基于区块链的数字身份构建……………………………………117
    5.1.4 数字身份认证的发展趋势………………………………………120
    5.1.5 数字身份安全体系构建…………………………………………121
5.2 参与者信任网络……………………………………………………………122
    5.2.1 参与者信任网络构建目标………………………………………122
    5.2.2 参与者信任网络构建……………………………………………123
    5.2.3 参与者动态信任网络……………………………………………126
5.3 数据空间的信任机制………………………………………………………128
5.4 本章小结……………………………………………………………………130
参考文献……………………………………………………………………………131

第 6 章 数据空间认证机制与认证框架……………………………………132
6.1 认证机制概述………………………………………………………………132
    6.1.1 认证………………………………………………………………132
    6.1.2 认证机制…………………………………………………………134
6.2 数据空间认证框架…………………………………………………………135

		6.2.1 数据空间认证框架内涵与核心要素	136
		6.2.2 IDS-RAM 不同层面解决的认证问题	137
		6.2.3 数据空间认证角色和责任	138
		6.2.4 国际上数据空间的认证框架	141
	6.3	参与者认证	142
		6.3.1 参与者认证维度	142
		6.3.2 参与者评估的级别	143
	6.4	数据空间核心组件和运行环境认证	144
		6.4.1 核心组件认证的三个级别	144
		6.4.2 核心组件认证	146
		6.4.3 核心组件运行环境认证	147
	6.5	认证流程和认证过程	147
		6.5.1 认证流程	147
		6.5.2 认证过程	148
	6.6	本章小结	149
	参考文献		149

第Ⅲ部分 数据互操作与共享生态建设

第7章	数据连接器		153
	7.1	数据连接器概述	153
	7.2	数据连接器的架构、功能与互操作性	155
		7.2.1 数据连接器的架构	155
		7.2.2 数据连接器的功能	157
		7.2.3 数据连接器的互操作	158
		7.2.4 数据空间的互操作性	160
	7.3	数据连接器的类型与应用	162
		7.3.1 数据连接器的类型	162
		7.3.2 数据连接器的应用场景	163
	7.4	数据连接器的描述结构与实例	164
	7.5	本章小结	169
	参考文献		169
第8章	数据空间信息模型与词汇表		170
	8.1	信息模型概述	170
		8.1.1 信息模型的内涵	170
		8.1.2 信息模型的功能	171

  8.1.3 信息模型的构建原则 …………………………………… 171
 8.2 国际数据空间信息模型 ……………………………………………… 173
  8.2.1 IDS 信息模型概述 …………………………………………… 173
  8.2.2 IDS 信息模型的功能 ………………………………………… 175
  8.2.3 IDS 信息模型的分面 ………………………………………… 178
 8.3 词汇表 ……………………………………………………………… 180
  8.3.1 我国词汇表的概况 …………………………………………… 180
  8.3.2 数据目录词汇表 ……………………………………………… 181
  8.3.3 词汇表在数据空间中的作用 ………………………………… 183
  8.3.4 词汇表的构成 ………………………………………………… 184
 8.4 数据空间词汇表注册中心 ………………………………………… 186
  8.4.1 数据空间词汇表 ……………………………………………… 186
  8.4.2 词汇表的构建 ………………………………………………… 187
  8.4.3 词汇表支持互操作的案例 …………………………………… 188
 8.5 本章小结 …………………………………………………………… 190
 参考文献 ………………………………………………………………… 190

第 9 章 数据集成与语义互操作 ……………………………………………… 191
 9.1 数据集成 …………………………………………………………… 191
  9.1.1 数据集成的定义 ……………………………………………… 191
  9.1.2 数据集成模式与类型 ………………………………………… 192
  9.1.3 数据集成方法 ………………………………………………… 195
  9.1.4 数据集成实例：汽车导航 …………………………………… 197
 9.2 资源描述框架 ……………………………………………………… 199
  9.2.1 资源描述框架内涵 …………………………………………… 199
  9.2.2 资源描述框架基本框架与示例 ……………………………… 200
  9.2.3 基于关联数据的数据集成 …………………………………… 202
  9.2.4 基于知识图谱的数据集成 …………………………………… 206
 9.3 数据语义互操作 …………………………………………………… 206
  9.3.1 语义互操作 …………………………………………………… 207
  9.3.2 数据语义发现 ………………………………………………… 207
  9.3.3 数据语义转换 ………………………………………………… 209
  9.3.4 数据语义映射 ………………………………………………… 211
 9.4 本章小结 …………………………………………………………… 213
 参考文献 ………………………………………………………………… 213

第Ⅳ部分　数据生态体系建设

第10章　数据空间参与者角色及主要业务活动 ……………………………… 217
10.1　数据空间参与者 …………………………………………………… 217
10.1.1　参与者分类 …………………………………………………… 217
10.1.2　参与者自我描述 ……………………………………………… 223
10.2　数据空间参与者角色 ……………………………………………… 225
10.2.1　数据空间核心角色 …………………………………………… 225
10.2.2　数据空间基本角色 …………………………………………… 226
10.2.3　数据空间典型角色 …………………………………………… 227
10.2.4　数据空间角色之间的交互 …………………………………… 227
10.3　数据空间协议 ……………………………………………………… 229
10.3.1　数据空间功能协议 …………………………………………… 230
10.3.2　数据空间技术协议 …………………………………………… 232
10.3.3　数据空间法律协议 …………………………………………… 235
10.4　数据空间主要业务活动 …………………………………………… 237
10.4.1　加入 …………………………………………………………… 237
10.4.2　数据提供 ……………………………………………………… 238
10.4.3　合同谈判 ……………………………………………………… 239
10.4.4　数据交换 ……………………………………………………… 240
10.4.5　发布和使用应用程序 ………………………………………… 240
10.5　本章小结 …………………………………………………………… 241

第11章　数据空间内数据资产管理 ……………………………………………… 242
11.1　数据标识符 ………………………………………………………… 242
11.1.1　数据标识符概述 ……………………………………………… 242
11.1.2　数据对象唯一标识符 ………………………………………… 243
11.2　元数据 ……………………………………………………………… 245
11.2.1　元数据定义 …………………………………………………… 245
11.2.2　元数据分类 …………………………………………………… 245
11.2.3　元数据功能 …………………………………………………… 247
11.2.4　元数据实例 …………………………………………………… 248
11.2.5　数据资产元数据描述框架 …………………………………… 250
11.3　元数据智能发现 …………………………………………………… 258
11.4　数据空间元数据代理 ……………………………………………… 260
11.4.1　元数据代理的功能 …………………………………………… 261

      11.4.2 元数据代理的应用场景 ……………………………………… 261
      11.4.3 元数据代理的实现方式 ……………………………………… 262
　11.5 数据空间统一数据目录体系建设 ……………………………………… 264
      11.5.1 数据目录与目录体系 ………………………………………… 264
      11.5.2 统一数据目录体系 …………………………………………… 267
      11.5.3 统一数据目录体系建设方法 ………………………………… 267
      11.5.4 数据目录体系建设实例 ……………………………………… 270
　11.6 本章小结 ………………………………………………………………… 274
　参考文献 ……………………………………………………………………… 274
第 12 章　数据空间治理 ………………………………………………………… 276
　12.1 数据空间发展的未来机遇与挑战 ……………………………………… 276
      12.1.1 数据空间发展的机遇 ………………………………………… 277
      12.1.2 数据空间发展的挑战 ………………………………………… 278
　12.2 国际数据空间的治理框架与内容 ……………………………………… 280
      12.2.1 数据空间治理模式 …………………………………………… 280
      12.2.2 国际数据空间参考框架不同层面解决的治理问题 ………… 281
      12.2.3 国际数据空间的治理框架 …………………………………… 282
      12.2.4 国际数据空间的治理模型与内容 …………………………… 282
      12.2.5 国际数据空间治理的四个层次 ……………………………… 283
　12.3 可信数据空间的治理方法 ……………………………………………… 284
      12.3.1 可信数据空间治理的目标、模式与内容 …………………… 284
      12.3.2 可信数据空间治理框架与关键内容 ………………………… 285
      12.3.3 可信数据空间治理的步骤 …………………………………… 287
      12.3.4 可信数据空间治理的挑战 …………………………………… 288
　参考文献 ……………………………………………………………………… 290
附录 Ⅰ　国际数据空间术语 …………………………………………………… 291
附录 Ⅱ　可信数据空间名词解释 ……………………………………………… 293
附录 Ⅲ　数据空间中英文词汇对照 …………………………………………… 299
后记 ……………………………………………………………………………… 303

第Ⅰ部分　可信数据空间概论

数据是数字化、网络化、智能化发展过程中形成的重要资源，是新型生产要素。数据要素流通是培育数据要素市场的基本前提，是推动数字经济发展的必然要求和核心引擎，是促进数字政府持续长效运营、激活政府公共数据的社会化价值和市场化潜力的重要手段。与此同时，数据如何高效、安全地共享和流通，成为制约数字经济发展的关键因素[1]。数据空间的建设目标是，以数据高效流通与共享利用为导向，以实现数据的供需匹配为目标，推动数据价值链上下游多元主体和多源数据的汇聚融合，从而实现价值共创。因而，数据空间作为一种创新的数据（主权）管理、流通与共享机制，正逐步成为解决这一问题的有效方案。

数据空间是一个新兴概念，是一个总括术语，指涵盖数据模型、数据集、本体、数据共享合同和专业管理服务等的数据生态系统，以及与之相关的软能力（即治理、社会互动、业务流程）。数据空间既是多组协议，也是数据共享的辅助技术基础设施。截至 2024 年 5 月 15 日，Data Space Radar 公布了 160 个数据空间项目案例，其中，2023~2024 年增幅最大，新增近 40 个。从数据空间的分布领域看，制造业/工业 4.0 领域的数据空间案例最多，占比 19%；能源领域次之，占比 14%；移动领域占比 10%，智慧城市领域占比为 9%[2]。从整体上看，各领域的数据空间的建设目标具有较高的一致性，通过提升数据空间内数据的互操作性和可获取性，促进数据流动、交易和共享，激活产业的数据驱动型创新。那么，什么是可信数据空间？为什么我国发展数字经济，发展数据要素市场，提出要建设可信数据空间？可信数据空间有什么特征，与数据云、数据中心、数据开放平台等有何区别和联系？数据空间具有什么架构、功能，以及由哪些组件构成？等等，都是人们关注的问题。

本部分通过对数据空间的内涵、特征、体系架构、关键技术和核心组件的论述，让人们对数据空间有整体的认识。

---

[1] 上海数据集团有限公司，华为云计算技术有限公司.城市数据空间 CDS 白皮书.[2024-12-03].https://13115299.s2li.faiusr.com/b1/1/ABUIABA9GAAgmuCXsQYo5rXylAM.pdf.

[2] International Data Spaces Association.The Data Spaces Rader.[2024-04-02].https://www.dataspaces-radar.org/radar.

第 1 章 可信数据空间概述

数据和信息共享，一直以来都是人类的愿望。特别是20世纪80年代，互联网诞生之后，这种愿望更加强烈。美国马克卢普（F.Machlup）教授，在1962年出版的信息经济的经典论著《美国的知识生产与分配》中提出"知识产业"和"信息经济"的概念，并指出信息产业在美国国民经济中的重要地位。后来，随着信息技术的发展和互联网的普及，信息经济逐渐成为一个被广泛研究和讨论的话题。

2005年，美国计算机科学与技术领域的专家迈克尔·富兰克林（M. Franklin）等从现实需求（如何实现跨域异构数据的集成与共享）的角度出发，提出数据空间（Data Space）的概念[1]，指出组织（如政府机构、企业、家庭）的正常运转依赖海量跨域、异构又互相关联的数据源，从而将数据空间定义为一种涵盖特定组织全部相关信息的数据共存方法，采用数据集成、数据虚拟化、语义建模和元数据管理等技术统一组织管理数据，提供数据编目和浏览、搜索和查询、更新和监控、事件检测和支持复杂工作流等服务。

1.1 数据空间的内涵

随着数据空间相关理论研究和实践的不断发展，数据空间的内涵也发生了很大变化。已经从早期的对异构数字资源的融合共存技术，延伸为数智融合环境下，新型数据关系、数据权益保障、数据信任机制与合规治理等数据流通和交易制度体系的建构，以及数据安全技术框架、基础设施搭建等系统性问题的探索。

1.1.1 数据空间定义

数据空间概念的提出，缘起于对异构数据库的整合。由于传统数据库技术无法满足跨域、异构、海量、不确定性数据管理的需要，美国计算机科学与技术领域的专家迈克尔·富兰克林等，于2005年比较系统地提出了数据空间的概念。所以，目前业界通常认为，数据空间概念最早于2005年由美国计算机科学与技术领域的专家迈克尔·富兰克林等提出。也有部分研究认为，数据空间概念，最早由德国弗劳恩霍夫协会（Fraunhofer-Gesellschaft）于2014年提出，旨在解决工业领域数据安全共享与互操作性问题[2]。德国Gaia-X协会认为，数据空间是基于公共政策、规则和标准的，联邦、开放的主权数据共享基础设施，并将数据空间定义为"受信任伙伴之间的数据关系类型,每个伙伴都对数据的存储和共享应用相同的高标准和规则"。在数据空间中,数据不是集中存储的,而是在源代码上存储的,只在必要时进行共享(通过语义互操作)。2020年,欧盟委员会发布《欧洲数据战略》指出,欧洲数据共享空间是指由跨越部门、组织和地理界限的众多不同空间组成或连接在一起的空间。数据空间也可被视为数据生态系统的总称,其发展受益于数据安全与共享技术、合适的监管框架和创新的业务模式。

数据空间作为一个新兴概念,提出时间不久,且最近几年才受到广泛关注。因此,客观上说,目前数据空间的相关研究和建设还很少。有关项目也多停留于概念规划、设计和探讨阶段。不过,关于多元异构数据集成、整合、共享等问题已有很多研究。

关于数据空间,不同学科领域的专家学者与组织机构,从不同视角有不同的理解。例如,欧洲大数据协会将数据空间视为由数据集、本体、数据共享合同、专业化数据管理服务,以及包括治理、社会互动和业务流程在内的软能力组成的生态系统。早期,欧盟将数据空间理解为可信第三方中介(即数据市场),而数据市场被定义为提供数据产品购买服务的平台。该平台将数据供应商和数据用户聚集在一起,在安全的在线平台上交换数据[3]。

中国国家数据局局长刘烈宏认为,数据空间是一个由治理框架定义的分布式系统,旨在创建一个安全可信的数据流通环境。数据空间通过数据集成、虚拟化、语义建模和元数据管理等技术,实现对多源异构数据的统一组织管理,支持对数据的编目、浏览、搜索、查询、更新和监控等功能[4]。

梅宏院士和黄罡教授在《可信数据空间:数据产业高质量发展的新动力》一文中提出,"面向具体的领域和业务场景,按照数据所对应的物理实体的结构、关系来对数据进行管理和组织,使数据实体、数据活动(包括数据的感知、传输、存储和处理等)及其相互之间的关系构成一个物理世界的数字映像或孪生,即数据空间"。

M.Singh 和 S.K.Jain 等认为,从形式上看,数据空间是一组参与者以及他们之间的相互关系[5]。

除上述理解之外,关于数据空间,一些专家学者还给出了自己的理解和定义。其中,A.Halevy 等指出,数据空间不是一种数据集成方法,而更像是一种数据共享方法,其目标是为所有数据源提供基础功能,无论这些数据源的集成程度如何[6]。国际数据空间协会(International Data Spaces Association,IDSA)认为,数据空间是在数据生态系统中,根据共商协定的原则进行的可信数据共享和交换的分布式基础设施[7]。

另外,中国科学院计算技术研究所认为,数据空间是数据连接形成的空间,是人-机-物三元空间。而中国信息通信研究院则认为,可信数据空间是数据生态链，提出以可信工业数据空间为主导，构建可信工业数据空间生态链。

概括地说，数据空间提供了明确的信任架构，即数据交换与共享的框架，支持数据生态系统内的数据共享。数据空间可以包含组织内的所有数据集，无论其格式、位置或数据模型如何。不仅是数据提供者和消费者，数据空间中的每个数据中介或服务中介都是参与者。可以从不同视角对数据空间进行理解，总体上，可以将数据空间简单理解为，基于安全与可信环境的数据流通与共享机制。数据空间的参考架构如图1-1所示。

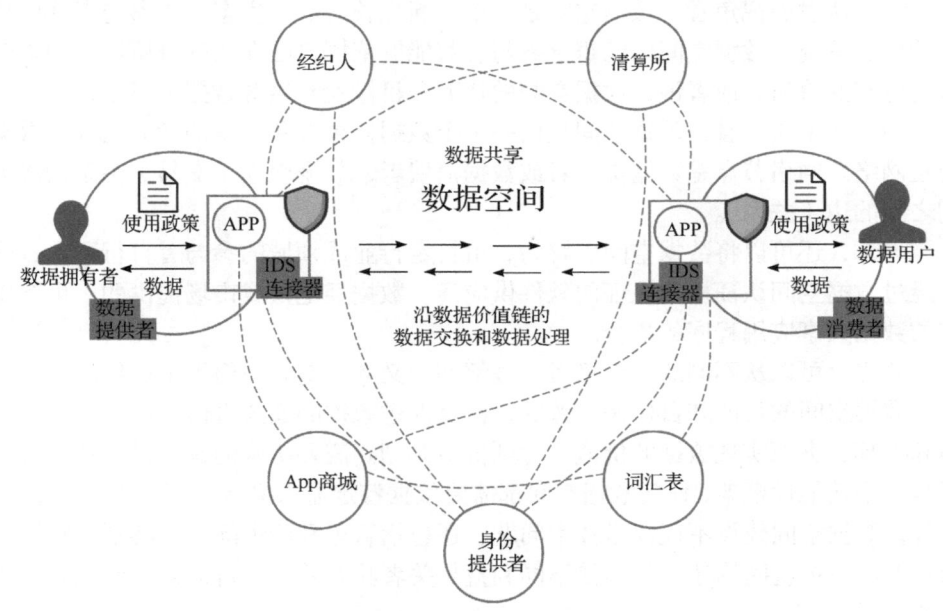

图1-1 数据空间参考架构

（1）从网络视角看，数据空间是一个分布式数据网络，是一个"数据空间"的网络，是以各类"数据空间"为节点构成的复杂数据网络。可以认为，数据空间是由若干个不同行业、不同类型的数据空间组成的数据交易和流通网络。数据空间还是一个"数据连接器"的网络，网络节点是"数据连接器"，每个数据提供者和消费者都有自己的"数据连接器"，从事数据处理、传输、交换和共享服务。

（2）从组织视角看，数据空间是一个虚拟数字空间，是一个由不同行业、不同类型的数据空间组成的联盟，它们遵循共同的价值观和共同的规则或约定，共同推动多元主体在数据空间内实现价值共创。

（3）从技术角度看，数据空间是促进各方和各领域之间数据/信息动态、安全和无缝流动的技术构件（或功能模块）和组件的集合。因而，任何数据空间都包含一组技术构件，每个技术构件又包含一组具有特定功能的组件。但是，数据空间的构成，不仅包含技术构件，还包含管理和治理构件。

（4）从管理视角看，数据空间是一个基于共识规则的治理框架，是一个不同参与者合作共享数据的协议框架，是一个支持跨区域、跨行业、跨系统、跨主体共同推进数据价值实现的价值链。

（5）从功能上看，数据空间是一个功能性框架，任何数据空间都可以根据参与者的需要进行定制。只要参与者按照数据空间标准规范，以及协商的运行规则和程序开展业务，数据空间不会对任何参与者进行限制或执行上的预定义。

（6）从发展视角看，数据空间是一个不断生长的数据生态，是参与者共创价值的生态系统，数据空间内的每个参与者都能够依据自己在数据价值链上的贡献获得应有的价值。或者说，数据空间的任务和目标就是培育数据生态系统。

（7）从本质上看，数据空间是由一个个数据提供者和数据消费者构成的数据交互网络。网络节点是数据提供者或数据消费者，数据交互（交易）关系构成他们之间的边（关系）。

另外，还可以将数据空间理解为，由特定行业或领域的参与者自行开发，或由经过数据空间认证机构认证的软件供应商、数据经纪人或市场提供的，可互操作的数据共享应用程序的集合。

总之，可以从不同的角度思考、理解和定义数据空间。但无论如何理解和定义，数据空间的目的和目标是一致的，都是促进数据的安全可信、高效流通、交易和共享，进而实现数据的价值，达到价值共创。需要明确的是，目前数据空间只是一个功能性框架，任何数据空间都需要依据特定需求进行规划、设计和开发。另外，数据空间建设不仅仅是技术问题，还包括管理和治理问题，特别是跨域、跨行业的数据空间构建，如何使不同利益相关者具有共同的价值目标和愿景尤为重要。

1.1.2 可信数据空间

"可信数据空间"是我国政府基于我国数字经济发展和数据要素市场建设需要，针对数据空间的本质属性提出的新概念。数据空间、可信数据空间、工业数据空间、农业数据空间、文化数据空间等，都是同义词。从字面上看，可信数据空间突出"可信"，更加强调"多元主体信任"是数据空间各类业务活动的前提，特别是数据交易业务等，要建立在参与者"可信"基础之上。或者说，数据空间中参与者之间的信任，是数据空间运行和发展的基础，也是数据空间发展的重要价值取向。

1. 可信数据空间的定义

2024 年 11 月 21 日，国家数据局印发《可信数据空间发展行动计划（2024—

2028年）》将可信数据空间定义为，基于共识规则，联接多方主体，实现数据资源共享共用的一种数据流通利用基础设施，是数据要素价值共创的应用生态，是支撑构建全国一体化数据市场的重要载体[8]。

《可信数据空间发展行动计划（2024—2028年）》指出，到2028年，建成100个以上可信数据空间，形成一批数据空间解决方案和最佳实践，基本建成广泛互联、资源聚集、生态繁荣、价值共创、治理有序的可信数据空间网络，各领域数据开发和流通使用水平显著提升，初步形成与我国经济社会发展水平相适应的数据生态体系。由此可知，可信数据空间是发展我国数据基础设施的重要组成部分，是我国发展数字经济的软基础设施，是支撑我国数据要素市场发展的重要载体。正如国家数据局副局长陈荣辉所说，可信数据空间是基于共识规则、联接多方主体，实现数据资源共享共用、数据要素价值共创的应用生态，是从数据要素角度探索数据规模化流通利用的中国方案，将助力构建繁荣活跃的全国一体化数据市场。

在国家数据局正式发布《可信数据空间发展行动计划（2024—2028年）》之前，我国工业互联网联盟还提出了"可信工业数据空间"的概念，并进行了一些相关研究。在其发布的《可信工业数据流通关键技术研究报告》中，将可信工业数据空间定义为，在现有信息网络上搭建数据集聚、共享、流通和应用的分布式关键数据基础设施，通过体系化的技术安排，确保数据流通协议的确认、履行和维护，解决数据要素提供方、使用方、服务方等主体间的安全与信任问题，进而实现数据驱动的数字化转型。

2. 可信数据空间与数据空间的区别和联系

客观地说，无论是数据空间、工业数据空间，还是可信数据空间，目前都处于前期发展探索阶段。欧盟的官方正式文件未对"数据空间"进行定义，其资助的数据空间支持中心（Data Spaces Support Centre，DSSC）对数据空间的定义（或解释）是，由治理框架定义的分布式系统，可在参与者之间实现安全可信的数据交易（Data Transactions），同时支持信任和数据主权（Data Sovereignty）。此定义最为突出的概念是"治理框架""分布式系统""安全可信""数据主权"和"数据交易"。

相较于DSSC的定义，我国国家数据局对可信数据空间的定义，更加突出"共识规则""数据共享""数据交易""价值共创""基础设施"和"应用生态"。从字面上看，二者差异较大。但本质上，存在许多共同的含义，只是不同文化背景下，表述存在差异。例如，我们的"共识规则"，本质上就是"安全可信"。不同的是，我国的定义立意更加高远，具体表现为以下几点。

（1）我国可信数据空间的定义，站在发展国家数字经济和数据要素市场的高度。

（2）强调"价值共创"，表明数据空间中的数据参与者是利益共同体，应该本着互惠互利、促进数据价值实现的原则，发展和建设数据空间。

（3）强调"生态"，是发展的理念，同时蕴含着科学治理之道。

（4）强调"基础设施"，进一步突出在数字经济时代，数据空间对社会经济发展的重要价值。

而国际数据空间（International Data Space，IDS）的理念和思想是，数据空间保障了数据空间内的业务活动，如数据交易等，是可信的。或者说，数据空间为数据交易双方构建了可信的数据交易环境。

3. 对可信数据空间的进一步认识和理解

可信数据空间是基于我国数字经济发展实践，提出的一个全新的数据治理与共享的概念，旨在为数据交换、流通、共享和利用提供"安全、透明、可控、可信、可管"的环境。在这一空间内，各类数据——包括公共数据、企业数据、个人数据等——通过可信的数据治理机制进行管理，并在确保数据主体隐私、数据合规和安全的前提下，实现数据的高效流通和利用。也就是说，可信数据空间是建立在数据可信、隐私保护、透明、可追溯和合规等基础上，使各方（参与者）可以放心（相互信任）、透明地共享和交换数据的数据价值共同体。因而，数据空间的核心功能是建立参与者之间的信任，并协商可用的数据合同。数据空间的参与者能够通过控制数据共享，为所有相关方创造价值。

数据空间既是多组协议，也是数据共享的辅助技术基础设施。可信数据空间可以理解为我国数据要素市场的软基础设施，是我国发展数字经济，促进数据要素市场相关制度得以落实的载体，也是我国数据要素市场参与者建立相互信任的载体，可信数据空间将提供安全、可信的环境，使得数据提供方、使用方等主体能够在保护隐私和安全的前提下，实现数据自由地流通和共享。这种环境的建立，有助于打破数据孤岛，促进数据资源在其生命周期中的优化配置和价值最大化。

概括地说，可信数据空间可以理解为，基于互联网或物联网的一种新型数据应用网络，是在现有网络基础之上搭建的，促进数据集聚（或集成）、共享、流通、交易和应用的分布式数据基础设施，通过体系化的可信技术安排，确保数据流通协议（数据访问和使用控制策略）的确认、履行和维护，解决数据市场参与方（包括提供方、使用方、服务方、监管方等主体）之间的安全与信任问题，进而实现数据共享和多元主体的价值共创。因而，可信数据空间的本质是，构建"可信""可控""可管""可享"的安全流通交易与共享利用环境。通过明确的数据访问和使用权限等管理规则，确保数据的流向和用途始终在数据提供者控制范围之内。同时，还涉及数据全生命周期的科学管理和治理，确保数据在生产（采集）、存储、计算、应用、销毁等过程中的安全、合规、真实、可用。

1.1.3 可信数据空间建设的意义与价值

可信数据空间是我国数据要素市场的软基础设施，其建设对于促进我国数据要素市场的高效运行，促进我国数字经济的发展具有极其重要的意义。可信数据空间的建设有助于构建数据流通体系。通过建立统一的参与者接入认证、身份认证、使用管控等机制与标准规范，实现我国数据要素市场参与主体之间互信体系的建立，促进数据的高效流通和交易。总体来说，可信数据空间是推动我国数据资源规模化流通、共享与开发利用的新模式、新路径，对于构建全国统一开放、高效流通、繁荣创新、价值共创的数据要素市场具有重要意义和价值。具体表现为以下几方面。

（1）可信数据空间建设能够提升数据流通效率。我国是数据大国，但数据孤岛现象严重，数据利用率低，数据难以跨行业、跨地区、跨部门、跨企业（或跨主体）流通和共享，制约了数据价值的释放。例如，2023 年，我国数据生产总量约 32.85 泽字节（ZB），但仅有 2.9%的数据被保存，企业超过一年未使用的数据占比近四成，大量数据一直在"沉睡"，数据要素价值尚未充分释放[9]。可信数据空间旨在打破数据壁垒，实现数据跨域、跨行业、跨主体的安全流通。

（2）可信数据空间建设能够推动我国数字经济转型。国家推动可信数据空间发展的重要原因之一，就是推动数字经济的快速发展。随着数字技术和人工智能等技术的普及，数据已经成为数字经济的重要资源。通过建立可信数据空间，国家能够促进数据流通，释放数据的价值，推动经济结构转型。

（3）可信数据空间建设能够提升我国数字经济的国际竞争力。在全球数字化竞争日益激烈的背景下，拥有完善、可信的数据管理体系，将大大提升国家在全球数字化经济中的竞争力。可信数据空间的建设，一方面，有利于维护我国数据主权；另一方面，可以使我国相关企业在数据领域占据技术制高点，引领未来数据产业的发展方向。

（4）可信数据空间建设能够提高社会治理能力。数据的可信流通与共享不仅能够促进数字经济的发展，还能够有效提高政府在社会治理中的能力。通过构建可信数据空间，国家能够提升跨部门、跨区域的数据共享能力，优化资源配置，提高政府决策的科学性和公共服务的精准性。

从微观看，可信数据空间的建设，一方面，有利于提振数据持有者进行数据共享的信心；另一方面，有利于提高数据消费者参与数据利用的积极性。首先，为数据提供者提供数据出域后的控制能力，如数据适用对象、范围、方式等，消除流通顾虑，释放数据供给；其次，为数据使用方提供数据要素流通的中间服务，便于供需对接，促进应用场景和数据价值化配置；最后，保障数据流通全生命周期可信、可用、可控、可审计,通过数据流通处理的日志存证,提供内外部合规记录,实现数据资源有效管理[10]。

可信数据空间建设还可以保护国家、企业以及个人的数据安全与隐私,数据的广泛共享和交换容易引发隐私泄露、数据滥用等问题。可信数据空间通过区块链、加密、智能合约等技术,保障数据的安全性、完整性和隐私性,防止数据在流通过程中的泄露和篡改。

1.2 数据空间的功能

从上述数据空间的定义及其建设目标可以基本了解数据空间的功能。欧盟委员会认为,数据空间(或数据市场)是一类特定的数据中介机构,主要具有三方面的功能。一是促成潜在数据供应商(数据提供者)与数据买方(使用方或数据消费者)之间的匹配,为数据"供需关系"牵线搭桥[11]。二是保障数据的实际传输,创建参与者之间的信任,平台可以通过隐私保护技术,对数据共享伙伴进行筛选,对单个交易进行监督和协议制定,并执行使用限制。三是提供技术基础设施,数据空间可以定义为一种"架构",在稳定的核心和可变的组件之间实现模块化[12]。概括地说,数据空间的核心功能是,在参与者之间代理信任,并协商可用的数据协议,支持对数据共享的控制,从而为所有参与者创造价值。

从我国对可信数据空间的定义可知,可信数据空间主要具有四方面的功能。一是为数据要素市场提供软基础设施,为数据交易提供技术支撑。二是为数据交易提供安全可信的环境。三是促进数据的高效流通和共享。四是实现数据市场参与者价值共创。

基于以上对数据空间的理解和认识,数据空间的功能主要概括为以下几方面。

(1)数据的安全可信流通。采用隐私计算、区块链等技术手段,确保数据在传输、存储和使用过程中的安全性,实现数据的"可用不可见""可控可计量"。

(2)数据持有者的主权保障。在促进数据流通的同时,确保数据持有者的主权,保护其隐私和数据控制权。

(3)数据集成与统一管理。数据空间通过数据集成、虚拟化、语义建模和元数据管理等技术,实现对多源异构数据的统一组织管理,支持对数据的编目、浏览、搜索、查询和监控等功能。

(4)数据空间参与者价值共创(或联合挖掘)。通过数据空间的互联互通,实现多源数据的按需或按应用场景融合,挖掘数据的潜在价值,为跨组织场景的数据共享、分析和服务提供新方案。

总的来说,数据空间是一个功能强大的数据共享与流通机制,是推动经济社会发展的重要基础设施，有助于解决数据孤岛问题，实现数据价值的最大化利用。此外，数据空间还强调数据的质量和真实性，通过建立相应的管理和治理体系，保障数据的正确性和可靠性。

1.3 数据空间的类型与特征

尽管数据空间的发展建设时间不长，但不同国家和地区基于自身发展数字经济的需要和对数据空间的认识，提出了一些不同类型的数据空间。如行业数据空间、企业数据空间、城市数据空间等。理论上，分类是理解和组织事物的基本方式，对数据空间类型和特征进行分析，有利于人们对数据空间的进一步认识。

1.3.1 数据空间的类型

国家数据局在《可信数据空间发展行动计划（2024—2028年）》中明确提出，开展可信数据空间培育推广行动，将可信数据空间按照建设主体分为企业、行业、城市、个人和跨境等几类，并要求积极推广企业可信数据空间，重点培育行业可信数据空间，鼓励创建城市可信数据空间，稳慎探索个人可信数据空间和探索构建跨境可信数据空间建设[8]。

从国际数据空间建设的情况看，按照数据空间建设主体的性质（即主导性机构的组织属性），以及数据空间的运营模式，可以将数据空间分为政府主导型、市场主导型和第三部门主导型三种（见表1-1）。尽管不同运营模式在目标追求、数据来源、资金渠道等方面存在一定差异，主导性机构和参与主体的总体规模也各不相同，但在内部分工、运营监管与技术架构等方面具有较大趋同性，均以数据主体自主权保护和数据可信流通为基础，通过有效的技术架构、制度安排来融合数据的公共获取、市场获取与公益获取，并逐步迈向混合型的数据多源汇聚态势，不断提升多主体数据利用合力。

（1）政府主导型（运营模式的）数据空间，以实现数据流通利用的公共利益为出发点。以欧盟为例，其共同数据空间建设的目标是，在健康、制造、金融等战略部门和公共利益领域提升大规模数据集的可获取性，促进欧洲单一市场的形成，破除国家间数据流通利用的制度壁垒[13]。因而，政府及其所属公共部门在数据空间项目的政策规划、方案编制以及资金来源、基础设施建设等方面始终发挥主导性关键作用，市场主体经审核满足规定要求后，担任相应角色并按需参与数据共享过程。

（2）市场主导型（运营模式的）数据空间，以促进企业数据流通和多主体数据联动为切入点。数据空间对技术工具、基础设施等运营条件的要求具有明显的高固定资产投入、长周期收益获取的特点，对主导性机构的规模、影响力、资金提出了较高门槛。尽管利润收益是企业的首要追求，但参与企业均将目光聚焦到多主体数据融合利用的比较优势和潜在增值，如谷歌云发起的"数据云联盟"，强调数据在不同业务系统、平台间的可移植和可访问，"以推动数据价值实现，有效解决企业当下的数据挑战，并加快路径探索"[14]。通常，市场主导型数据空间的建设主体多为行业/产业龙头型企业，其运营以企业投入、公共财政扶持为主，相对成熟的部分项目试图探索会员收费、许可交易费等维持运营。

（3）第三部门主导型（运营模式的）数据空间，以营造可信、安全的数据生态为着力点。多案例跟踪分析结果表明，行业协会、科研院所等非营利性部门在有效衔接政府与市场、数据链上下游各类主体方面具有独特优势。一是通过深化与政府部门合作，成为数据空间项目落地的推进者和实施者。如德国的弗劳恩霍夫协会、日本的价值链促进协会，在德国工业数据空间、日本互联工业开放框架的实践中分别发挥了不可替代的重要作用。二是通过推动"行规行约"的实施，密切科研院所与企业的分工合作，如数据空间关键组件的联合研发、运营维护的协同支持等，以增强数据来源端和利用端的安全存储与可信流通。

表 1-1　数据空间的运营模式与案例

运营模式	数据空间	主导性机构	参与主体及其职责
政府主导型	公共采购数据空间 Public Procurement Data Space	欧盟委员会	电子采购的多方专家组负责项目计划、方案的论证与业务咨询
	跨境数据空间 The Once-Only Technical System	欧盟委员会	各成员国负责确保公民数据在欧盟内部的跨境流动、可信共享与可互操作
市场主导型	能源数据空间 EnDaSpace	讯能集思 Synergies	希腊的 TXT 工程软件解决方案提供商、通信与计算机系统研究所 ICCS、独立输电运营商 IPTO 等，负责技术研发、业务方案设计与运维
	能源数据-X 联盟 Energy Data-X Consortium	欧洲输电系统运营商 TenneT	电力供应公司 50Hertz、配电系统运营商 E.ON、数字服务参与者 EWE NETZ、国际数据空间协会 IDSA、弗劳恩霍夫协会等，负责技术优化、客户服务与标准化设计
第三部门主导型	农业领域数据空间 DjustConnect	佛兰德斯农业、渔业和食品研究所(ILVO)	比利时乳品工业联合会 BCZ、比利时马铃薯贸易和加工专业协会 Belgapom vzw、跨专业组织 Belpork 等，参与数据空间建设，承担技术工具研发、业务模块运维及质量监测
	多式联运客运数据空间 i4Trust	FIWARE 基金会、iSHARE、FundingBox 平台	数字创新中心(DIH)提供技术指导与咨询服务

续表

运营模式	数据空间	主导性机构	参与主体及其职责
第三部门主导型	区域数据空间 datahub.tirol	奥地利蒂罗尔地区代理处(Standortagentur Tirol)	阿亨湖旅游局(Achensee Tourismus)、拜仁旅游营销有限公司等承担运维
	欧洲制造业数据空间 EuProGigant	德国达姆施塔特工业大学、奥地利维也纳工业大学共同主导	科学顾问委员会、行业委员会、代际咨询委员会等十余家机构,负责咨询指导、技术研发等

1.3.2 数据空间的特征

通常,数据空间具有图 1-2 所示的部分或全部特征,即主权性、可靠性、安全性、可治理、开放性、生态系统、延展性和分布式。

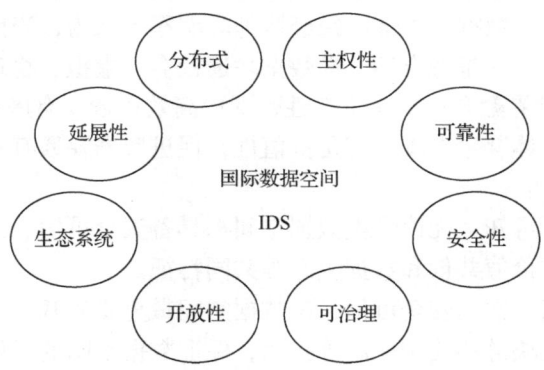

图 1-2 数据空间主要特征

欧盟共同数据空间的工作文件强调,共同数据空间应该具备以下关键特征。
(1)安全且保护隐私的基础设施,以汇集、访问、共享、处理和使用数据。
(2)具备清晰实用的结构,以公平、透明、适当且非歧视性的方式,访问和使用数据,同时配备清晰且值得信赖的数据治理机制。
(3)充分尊重欧洲的规则和价值观,特别是个人数据保护、消费者保护和竞争法。
(4)数据持有者可在数据空间内,自主决定是否允许访问或分享其控制下的个人或非个人数据。
(5)所提供的数据支持重复使用,包括支付报酬或免费使用。
(6)面向无限数量的组织与个人。

通过对欧盟工业、医疗、交通、能源等不同行业数据空间建设情况的调查发现，欧洲数据空间的关键特征可以概括为基础设施、治理机制、价值遵从、数据主权、商业模式和开放参与。

国家数据局局长刘烈宏指出，可信数据空间须具备数据可信管控、资源交互、价值共创三类核心能力[4]。基于此，数据空间的核心特征包括数据主权保障、安全可信流通和价值联合挖掘。

第四产业数智研究院认为，可控交换是数据空间的基础，通过技术驱动，保障现实世界数据交换协议的有效实施，确保数据流通安全合规，保护数据主权。为达成上述目标，数据空间在设计上，应该具备三个核心特征：

（1）参与主体通过数据连接器，实现对数据留痕、处理及使用的全流程控制。

（2）对数据空间内围绕空间与其他主体之间的数据可控交换，进行记录和清算。

（3）基于清算运营能力明确可清算范围，进而界定数据空间的边界。

国家信息中心大数据发展部高级经济师郭明军等认为，当前我国数据空间呈现出三大典型特征：一是融合性，即数据联通社会、虚拟、物理三大空间，促进"人-机-物"三元世界融合；二是生态性，形成高效传输、有序调度、合规流通、安全可控"四位一体"生态圈；三是价值性，促进数据要素有序开发，实现数据的经济社会价值[15]。

通过以上分析可知，无论哪类数据空间都具备安全可信、共享、去中心化、互操作、多元主体价值共创和数据生态等共同特征。

（1）安全可信。数据安全可信，是数据空间最重要的基本特征。利用密态计算、数据沙箱、区块链和使用控制等技术，保证数据空间的任何参与者，特别是数据所有者或数据提供者的数据自主权。可信与安全密不可分，数据空间为参与者提供可信的交易、服务和利用环境，这是数据空间持续发展的基础，但是，安全不等于可信。安全技术在一定程度上能保障数据真实和不被篡改，但并不意味着数据本身是可信的。只有安全可信，数据空间的参与者才敢共享，才愿意共享自己的数据。因此，数据空间采用认证机制、可信数字身份和数据自主权等管理制度与技术，保障数据空间的参与者及其活动是真实可信的。同时，从政策法规、管理策略和技术三个层面，保障数据空间内的数据活动是安全的，数据空间的参与者是可信的。

（2）共享。共享是数据、信息和知识的重要属性，也是数据空间的重要特征之一。数据空间建设旨在让参与者在数据空间中实现公平交易和竞争，实现数据共享，充分释放数据价值。

（3）去中心化（分布式、联邦或联盟）。国际数据空间协会（IDSA）认为，在数据生态系统中，"数据空间"是基于公认原则构建的、用于可信数据共享和交换的去中心化基础设施。它提供了基于共同协议和格式的数据交换标准化框架，以及安全可信的数据共享机制。因而，去中心化是数据空间区别于当前购物平台等平台经济模式的重要特征。如果安全可信强调的是"数字社区"的民主与权益，那么去中心化就是建立数据空间的"自由和平等"。在平台经济中，"马太效应"使得平台运营者拥有或持有海量用户数据，为保持自身的竞争优势，往往不愿意与他人共享自己持有的数据。但发展数字经济，就要使数据的潜在经济价值得到有效发挥，必须使数据高效流通和共享。

（4）互操作。互操作是数据空间又一重要特征。数据互操作不仅体现在技术层面，还涵盖法律、政策、组织和管理等多个层面。从政策层面看，数据空间要求不同地区和国家的数据管理与利用政策能够相互兼容，实现互操作。从技术层面看，数据空间本质上是数据应用网络。宏观上，它类似于万维网，可以实现跨区域的数据传输、交换和共享，实质上就是以数据交易为中心的万维网子网，由不同类型的数据空间构成。微观上，数据空间是数据集的网络，数据空间中的每个节点都是相对独立的数据集或数据服务。因而，实现数据跨区域、跨行业、跨类型流通，保障数据空间内不同参与者之间以及数据空间之间的互操作是数据空间发展的必然要求。

（5）多元主体价值共创。数据空间的最终目标是实现数据价值，确保每个参与者能够按照自己的贡献获得应有的价值回报，因而，价值共创是数据空间建设的根本目标。数据作为新型生产要素，其价值链更长，在数字技术等赋能下，数据从产生到形成数据产品，再到消亡，每个阶段都会创造价值，各阶段的参与者都能够从数据的相关服务中获得应有的回报。

（6）数据生态。数据空间是持续生长的数据服务系统，是活的数据业务生态圈。随着时间推移，数据空间的参与者、数据类型、数量和服务等都将不断发展。

概括地说，相较于数据库技术，数据空间技术具有以下特点：现收现付，数据在先、模式在后，数据模型持续演化，数据集成不改变数据原有格式，数据内容以共存形式分布在不同数据源，自动处理数据源的动态变化，充分利用数据源的自我管理能力，对数据具有部分控制能力，建设过程信息丢失相对少，支持数据关联的动态变化，以及服务质量存在不确定性等[16]。

从实际功能的角度来看，数据空间是一种基于数据构建的、以实现共享为驱动目标的业务协作模式[13]；从应用场景的角度来看，数据空间是通用的多源异构数据组织和管理模式，它以数据价值联合挖掘为目标，将非可信环境下的多方数据按需融合，为跨组织场景的数据共享、分析和服务提供新方案[17]；从形态建构的角度来看，数据空间是网络空间从"以计算为中心"向"以数据为中心"转变的新形态，是依托互联网和其他网络形成的、由海量数据实体组成的一体化虚拟空间[18]；从技术适配性的角度来看，数据空间致力于构建跨组织创新协同与价值共创的数据流通利用生态，为解决当下数据动态供给、数据自主权与可信、数据安全、数据互操作等问题开辟新路径[19]。

1.4 数据空间与数据中心等的异同

对数据的开发利用与管理，一直是计算机、数据科学和信息资源管理等学科研究的重要问题。只是在不同时代，技术水平不同，人们对数据价值的认知存在差异，采用的方式和方法不同。在数据空间概念提出之前，通常是以"集中式"模式来管理和处理数据。可信数据空间与数据云、数据中心和数据开放平台等既有联系，又有区别。总体而言，它们是不同时代的产物，在目标、定位、功能、技术架构等方面有所不同，但管理对象都是各类数据。

1. 数据空间与数据云的异同

数据空间与数据云在数据管理和存储领域都扮演着重要角色，但二者在概念、功能和应用场景上存在明显差异。具体不同主要有以下几点。

（1）概念定义不同。数据空间是用于传输、处理、共享和分析数据的虚拟或物理环境，旨在实现可信的数据流通，它基于共同商定的原则构建，是包含数据模型、数据集、本体、数据共享协议及专业管理服务的生态系统。数据云则是基于云计算技术的数据管理和分析平台，它将数据存储、处理、分析和共享等功能整合在一起，以提供灵活、可扩展和易于使用的数据服务。

（2）功能不同。数据空间侧重于数据的共享和流通，它强调去中心化、安全性和可信流通等。数据云则提供更加全面的数据管理功能，包括数据存储、处理、分析和共享等。数据云可以根据用户的需求进行定制和扩展，满足不同规模和类型的数据处理需求。此外，数据云还提供丰富的数据处理和分析工具，以及直观的用户界面和 API（应用程序编程接口）。

（3）应用场景不同。数据空间的应用场景相对广泛，可以应用于个人数据管理、企业数据管理、科研数据管理等多个领域，它特别适用于需要高效数据共享和流通的场景，如团队合作、项目管理、文件共享等。数据云则更加专注于为企业提供一站式的数据解决方案，帮助企业实现数据的集中管理和统一访问，它适用于大数据分析、实时数据处理和分析、物联网和边缘计算等场景。

数据空间与数据云也有相同点。

（1）数据存储与管理。数据空间和数据云都提供数据存储功能，允许用户将数据保存在虚拟或物理环境中，以便后续处理、分析和共享。二者都关注数据管理,包括数据的组织、访问控制、安全性等方面。

(2)技术支持。数据空间和数据云都依赖于现代计算机技术,特别是云计算技术,以实现高效的数据存储和管理。二者都利用网络技术,使得用户可以在不同设备上访问和管理数据。

总之,数据空间与数据云在数据存储与管理方面存在相似之处,但在概念定义、功能特点和应用场景上存在显著差异。用户可以根据自身需求选择合适的解决方案,实现对数据的高效管理和利用。

2. 数据空间与数据中心的区别

数据中心是现代信息社会的基础设施,主要负责数据存储、计算和管理。它是一种数字资源的集中式存储与处理平台,核心目标是保障数据在存储、计算及传输过程中的高效性与安全性,通常包括服务器、存储设备、网络连接和其他计算资源。数据空间则侧重于数据流通、交易和利用,通过构建安全、透明、可信的数据交换和共享环境,促进数据的流通和利用。数据空间是数字经济时代的基础设施,注重在参与者之间建立信任,注重数据的利用和价值。具体而言,二者的区别有以下几个方面。

(1)功能定位不同。数据中心是算力基础设施,其核心功能是存储和计算,为用户提供数据存储、处理和计算能力。而数据空间的核心功能则是聚焦于数据的可信共享与流通,它通过政策法规、管理制度和可信技术等,确保数据在流通和交易过程中实现安全、可信且合规的使用。

(2)技术架构不同。数据中心注重硬件层面的建设,如存储设备、计算机集群和网络设备的配置。而数据空间更多依赖技术、协议、标准规范等,构建多方信任的网络,确保数据在共享过程中的透明度和不可篡改性。

(3)应用场景不同。数据中心的主要应用场景集中于企业、政府等组织机构,用于存储大量结构化或非结构化数据,支持业务处理与计算分析。而数据空间则主要在数据跨行业、跨企业的共享和流通中发挥作用,应用场景涵盖政府数据共享、行业数据合作、数据资产交易等多个层面。

3. 数据空间与政务数据开放平台的区别和联系

政务数据开放平台作为一种重要的政府数据管理和共享工具,旨在推动政府部门的数据开放,促进公共数据的使用,推动社会治理和经济发展。二者的区别主要体现在以下几个方面。

(1)功能定位不同。政务数据开放平台主要侧重于政府部门向社会公众和各类企业开放公共数据,以支持决策、创新和公共服务。而可信数据空间则更为综合,它不仅关注数据开放,还强调多方数据共享、交互与合作,在数据流通过程中引入可信管控，确保数据在流通和使用过程中保持安全、透明和合规。可信数据空间实现的是多方主体之间的可信共享，并且能够有效管控数据的使用过程，防止数据滥用或泄露。

（2）数据流通方式不同。政务数据开放平台的数据流通通常是单向的，政府将开放的数据提供给公众和企业，缺少多方数据的交互和复用。开放平台侧重的是数据的透明公开和普遍使用，但没有形成多方共治的数据生态。可信数据空间支持不同组织间的数据交互与共用，通过安全、合规的管控机制，实现数据的高效流通和多方利益的平衡。在可信数据空间中，数据流通不仅限于政府和公众之间的交互，还包括企业、机构和平台等多方主体的深度合作。

（3）数据使用过程的管控能力不同。政务数据开放平台多缺乏对数据使用全过程的监控和管控。用户下载和使用开放数据时，往往缺少对数据使用行为的审计和监督，存在数据滥用的风险。政务数据开放平台的管理体系还停留在数据的开放和获取阶段，缺少对数据共享过程中的信任保障。而可信数据空间通过智能合约、数字身份认证、区块链审计等手段，能够对数据使用全过程进行管控，从数据共享的发起、流转到最终使用，确保各方在合法合规的框架内行事，这种管控能力是政务数据开放平台所缺乏的。

数据空间是一个总括术语，指涵盖数据模型、数据集、本体、数据共享合同和专业管理服务等的数据生态系统，以及与之相关的软能力（即治理、社会互动、业务流程）。数据平台是一种旨在优化数据存储和交换机制，实现数据保存、生成和共享的解决方案。相比之下，数据平台指的是由可互操作的硬件/软件组件构成的架构和存储库，遵循软件工程方法，能够创建、转换、演化、整理和利用静态/动态数据。这两个概念虽然存在明显差异，但在发展过程中相辅相成，需要协同考量，因为两者可被视为一枚数据经济"硬币"的两面。

1.5 数据空间建设现状

客观地说，数据空间并非全新概念或事物。事实上，早在 2005 年美国计算机科学领域的一些学者提出数据空间概念之前，图书馆界的学者就已开始研究和探索多源异构数据整合与集成，以及实现跨地域图书馆、跨行业图书馆之间信息资源共享的问题。例如，教育部建设的"中国高等教育文献保障系统"（China Academic Library & Information System，CALIS），是经国务院批准的我国高等教育"211 工程""九五""十五"总体规划中三个公共服务体系之一。在 20 世纪末期，受限于当时的认知，其主要目的是解决"快速增长的文献需求与购买经费不足"的矛盾。因而，当时图书馆学界讨论的问题主要是文献信息资源"共享"的方式与方法[20-22]。

从欧洲的数据空间建设现状来看，数据空间是一种由治理框架定义的分布式系统，该框架在保障数据主权的同时，支持安全可信的数据共享，核心功能包括明晰数据权属管理、保障数据安全流通、促进数据价值释放等。目前，较为成熟的解决方案包括基于本体的数据模型[23]、分层数据模型[24]、基于关系嵌入的匹配方法[25]等。在实践应用方面，近年来数据空间及相关技术发展迅速，在部分行业和地区取得突破性进展。从行业维度来看，工业数据空间可视为跨企业的数据管理系统，拥有丰富的应用场景和广阔的需求市场，是极具代表性的应用领域[26]。例如，有学者提出异构数据的存储和访问方案[27]，有学者构建适用于工业数据的计算模型[28]；还有学者搭建旨在提高生产车间智能化水平的车间匹配工业数据空间（Industrial Data Space for Machining Workshop，IDMW）[29]。此外，医疗数据的互联共享对医学研究和医疗诊断进展有直接影响，也是数据空间研究的热点方向。例如，整合热带病多源异构数据的按需数据集成（On-Demand Data Integration，ODIN）数据空间[30]、面向用户敏感数据的可信集成知识（Trusted Integrated Knowledge Data Space，TIKD）数据空间等[31]。

1.5.1 国际数据空间的发展

1. 欧盟的数据空间发展

数据空间概念提出后，迅速引起政策制定者的关注，尤其是在数字化转型方面占据先发地位的欧洲各国与欧盟，率先关注"数据空间"的政策意义。2014年，德国最早提出"工业数据空间行动"，率先将"数据空间"付诸实践，旨在打造基于标准通信结构、促进数据资源共享流通的虚拟空间——安全可信的工业数据交换空间[32]。此后，欧盟于2016年倡议建立欧盟国际数据空间（International Data Space，IDS），为其后续在《数据法案》中明确要求建立"欧盟共同数据空间"奠定基础[33]。2016年，德国弗劳恩霍夫协会联合130多家公司成立"工业数据空间协会"，共同推进构建"工业数据空间"。2017年，"工业数据空间参考架构模型1.0版"发布，系统阐述了工业数据空间的理念、目标与构架。2019年，"工业数据空间协会"更名为"国际数据空间协会"，不断吸纳国际成员，影响力逐渐扩展到欧洲以外的国家[34]。

此后，国际数据空间协会（IDSA）着手建立相应的数据空间运作框架与规范，基于欧洲信任价值观，致力于打造值得信赖、实现机会均等、公平竞争、保障数据参与主体权利的国际数据空间，为欧洲共同数据空间提供数据基础设施服务[35]。

在此基础上，2020年，欧盟发布《欧洲数据战略》，旨在创建面向世界的、开放的欧洲单一数据市场，在欧盟范围内安全地跨行业、跨领域共享和交换数据，并提供快捷方便的访问接口。《欧洲数据战略》提出数据空间的愿景："欧洲数据空间是真正统一的数据市场,其中有安全的个人、非个人数据和敏感的商业数据,企业可以很容易地从市场中访问高质量的工业数据,以促进企业发展与价值创造。"为了实现这一战略目标,欧盟在《数据法案》中提出打造"共同数据空间",希望通过整合技术工具、基础设施和共同规则,搭建可互操作的数据空间,突破数据要素安全可信流通的技术和法律壁垒。2022年以来,欧盟陆续出台《数字市场法》《数字服务法》《数据治理法案》等系列法案,发布《2023—2024年数字欧洲工作计划》《塑造欧洲数字未来》等多份政策文件,初步搭建起欧洲共同数据空间的总体框架。

截至2024年5月15日,Data Space Radar公布了160个数据空间项目案例,其中,2023~2024年增幅最大,新增近40个。从分布领域看,制造业/工业4.0领域的数据空间案例最多,占比19%;能源领域次之,占比14%;移动领域占比10%;智慧城市领域占比9%。

另外,国际数据空间协会从项目建设计划、主体间伙伴关系、资金资源、实施方案等维度对各数据空间项目的成熟度进行评估,划分为探索、筹备、实施、运行、扩建五个阶段。统计结果显示,39.38%的数据空间处于实施阶段,37.5%处于筹备阶段,11.25%处于探索阶段。总体上看,大多数数据空间项目仍处于方案设计和探索阶段,成熟项目还很少[36]。

2. 日本的数据空间实践

2019年,日本工业价值链促进会发布"互联工业开放框架",正式开启日本工业数据空间布局。不同于德国工业数据空间项目,日本模式围绕互联工业开放框架,回避数据主权问题,采用分布式平台方法促进数据共享。基于分布式平台,数据提供方和数据使用方直接对接,探索形成双方认可的数据字典,大幅简化企业内部元数据管理和数据模型管理等基础性工作。在此基础上,互联工业开放框架支持提供多样化的数据流通指导合同,通过数据提供类、数据产生类和数据平台类三种合同形式,明确工业数据的使用许可范围、供需双方的权利义务以及数据使用过程中衍生的其余问题,保障双方权益。2021年,日本参议院通过《数字改革关联法》等法案,并发布"综合数据战略",以"可用、可控、可信、互联"与"共创价值"为指导方针,挖掘数据价值,致力于将日本打造成现实空间和虚拟空间高度融合、兼顾经济增长与社会发展的超智能社会。2022年,日本NTT DATA集团发布《全球可信数据空间架构概念》白皮书,提出基于"安全、可靠、全局"概念构建全球可信数据空间[37]。2024年,日本与欧盟签署跨境数据流动协议,为双方及全球范围内的数据流动、数据空间建设注入重要推动力[38]。

1.5.2 我国可信数据空间的实践探索与理论研究

近年来，我国数字经济蓬勃发展，数据基础设施建设加速推进，如何构建高效的数据流通交易市场成为人们关注的焦点。可信数据空间作为我国未来数据要素市场的核心组成部分和数字经济的关键数据基础设施，也是数据要素市场的软基础设施，其理论研究与实践探索进入加速期，逐渐受到学界和业界重视。

1. 我国数据空间相关实践

2021年，《工业互联网创新发展行动计划（2021—2023年）》等文件发布，提出在重点行业建设工业数据空间，引导数据有序开发共享[8]。

2022年初，中国信息通信研究院联合一些头部企业和研究机构，共同提出可信数据空间的概念，并发布《可信工业数据空间系统架构1.0》白皮书[39]，发起成立可信数据空间生态链组织，牵头立项《可信数据空间系统架构》标准（IEEE P 3158），为各参与方探索并加强可信数据空间在数据要素流通领域的应用、推动数字经济发展奠定基础。可信数据空间是在现有信息网络上搭建的分布式关键数据基础设施，聚焦数据集聚、共享、流通和应用，通过体系化的技术设计，确保数据流通协议的确认、执行和维护，解决数据要素提供方、使用方、服务方、监管方等主体间的安全与信任问题，进而实现数据驱动的数字化转型。

2022年，上海数据集团有限公司和华为云计算技术有限公司联合编制《城市数据空间CDS白皮书》[40]，在业内首次提出城市数据空间CDS（City Data Spaces）理念，双方依托各自在数据要素领域积累的经验，取长补短，基于对国外数据空间和国内数据要素发展现状的洞察分析，提出城市数据空间的"2+1+1"顶层架构体系，即2个保障参考体系（制度和组织）、1个基础设施、1个数据生态，并且在基础设施层面进一步提出，构建城市数据空间基础设施的"1+4+2"统一基础架构，即1个城市数据底座，4个数据分层（数据资源、数据治理、数据资产和数据交易），以及2个治理框架（安全可信和合规可控），旨在鼓励行业内外各单位共同探讨，推动行业形成统一认知。

2024年5月，我国"国家数据空间发展战略研究"项目组发布《数据空间发展战略蓝皮书》[41]，是系统阐述数据空间发展的重要文献，旨在为数据空间的建设和发展提供战略指导。蓝皮书深入分析了数据空间的发展背景与意义，总结了国内外数据空间的发展现状与挑战，并提出了明确的发展战略与目标。它强调数据空间在促进数据流通、优化资源配置、推动产业升级等方面发挥的重要作用，并从技术、产业、应用等多个维度规划数据空间的发展路径。同时，蓝皮书还提出一系列保障措施，包括强化政策支持、加大技术研发投入、重视人才培养和促进多方合作等，为数据空间的健康发展提供有力支撑。

2024年8月，国家信息中心与浪潮云信息技术股份公司联合发布《数据空间关键技术研究报告》[42]，指出数据空间是一个互联的生态系统，旨在实现数据在不同组织和行业间的安全、透明流动，同时保障数据隐私和治理，具有基础设施、数据主权、治理机制、商业模式、价值遵从、开放参与等六大关键特征。报告提出了数据空间的业务、功能和技术框架，强调信任体系、数据互操作、流通控制和分布式架构等关键技术，同时指出当前数据空间面临产品技术供给不足、标准规范难以统一等挑战，建议建立多方合作平台，制定统一标准，加强技术研发和政策引导，以推动数据空间的落地应用。

2024年11月21日，国家数据局印发《可信数据空间发展行动计划（2024—2028年）》。

2. 我国数据空间理论研究

除政策倡议、机构报告外，我国一些科研机构和学者也对可信数据空间相关问题进行了研究。例如，《数据空间发展战略蓝皮书》提出，人-机-物的网络互联产生了大量数据，这些数据通过社会再生产又作用于人-机-物，最终形成人类活动的新空间——数据空间。中国科学院计算技术研究所则认为，数据空间是数据连接形成的空间，是人-机-物三元空间。中国信息通信研究院提出以可信工业数据空间为主导，构建可信工业数据空间生态链。

另外，我国多位学者围绕可信数据空间展开深入研究。包晓丽探讨了可信数据空间的技术与制度双重治理机制，强调应通过技术手段，如隐私计算保障数据的可信流通，同时通过制度规范明确各方权利义务，实现数据的合规使用；彭芩萱等聚焦全球数据主权博弈背景下，欧盟数据空间治理规则体系的构建，揭示了欧盟在数据空间治理中寻求技术主导地位、塑造和维护欧洲价值观、引领规则体系构建三大特点[43]，为我国数据空间治理提供借鉴，特别是在立法先行、法益平衡、话语对接和国际合作等方面提出了具体建议；吕指臣等全面阐述了数据空间建设的理论逻辑、发展现状与实践路径，强调通过完善数据基础制度体系、加强核心技术研发和数据基础设施建设、构建多层次数据流通交易市场体系等措施，推动数据空间的建设与发展[2]；郭明军等聚焦我国数据空间建设的核心要件、发展路径与推进策略，提出网络传输体系、算力调度体系、数据应用体系、安全保障体系"四位一体"的数据空间总体架构[15]，并明确了起步验证、打造样板、创新驱动的"三步走"发展路径；苏宇等深入探讨了共同数据空间在数据要素可信交易流通中的制度问题，认为共同数据空间是数据流通、交易与利用的一种集约化合规方案，需通过法律制度和合规体系建设，解决共同数据空间建设中的法律地位认可、行政职权规范、主体权益保障等问题[44]，确保数据的安全可信流通和合规利用。夏义堃等分析了数据空间建设的实践进展与运营模式[36]，以 Data Spaces Radar 的案例为基础进行研究，从实践进展、运营模式和核心要素等维度，提炼数据空间建设的特征，并提出数据空间建设的架构原则和底层逻辑，指出数据空间在制度规范统一性、技术设计整体性和治理模式协同性等方面具有显著优势，为我国数据要素的高质量流通和利用提供了有益的借鉴和参考；刘博文等探讨了基于数据空间的产业数据流通利用的逻辑框架与技术实现[19]，通过构建数据链、创新链、产业链协同联动的思路，提出数据空间在产业数据流通中的技术架构和功能模块，强调数据空间在解决产业数据动态供给不足、信任低下和互操作性不强等问题中的技术适配性优势，为产业数据的可持续流通和利用提供了理论指导和技术支持；钱锦琳等聚焦数据空间视域下科研数据共享的思维链推理与行为策略，基于演化博弈论构建科研数据共享的两方博弈模型，分析了不同主体在数据共享中的动态演化机理[45]，通过构建基于信任-动态-适配-协同的"四位一体"思维模式，数据空间能够有效促进科研数据的合规共享，形成唯一演化稳定策略；王雪等聚焦健康医疗数据利用中的数据权益保障问题，以欧盟健康数据空间为例进行分析，基于利益相关者理论，系统梳理了健康医疗数据利用中各主体的权益困境，并探讨了欧盟健康数据空间的应对方案，提出我国在健全健康医疗数据权利保障制度、保护患者隐私、强化技术标准建设等方面的具体建议，为我国健康医疗数据的合理利用和权益保障提供了重要的理论参考和实践指导[46]。

1.6 本章小结

数据空间是一个新兴的概念，《欧洲数据战略》将其概述为指导欧洲开展数字经济的活动。欧洲大数据协会将数据空间视为由数据集、本体、数据共享合同、专业化数据管理服务，以及包括治理、社会互动和业务流程在内的软能力组成的生态系统。我国国家数据局 2024 年 11 月 21 日印发《可信数据空间发展行动计划（2024—2028 年）》，将可信数据空间定义为，基于共识规则，联接多方主体，实现数据资源共享共用的一种数据流通利用基础设施，是数据要素价值共创的应用生态，是支撑构建全国一体化数据市场的重要载体。客观地说，数据空间建设涉及多个学科领域的理论、技术和方法，因而，可以从多个视角对其进行理解。

目前，数据空间的发展还处于初级阶段，许多问题有待研究和解决。但无论何种类型（或架构）的数据空间都具有一定的共性功能和特征。数据空间的目标是培育健康的数据生态；其价值取向是在保障数据持有者数据自主权的前提下实现数据的高效流通与共享；其体系架构是一个数据空间的网络，是一个数据参与者的网络，也是一个数据连接器的网络。本章对数据空间功能与特征进行了分析和总结，并与当前的一些数据管理与应用模式进行了对比分析。

参 考 文 献

[1] Michael F, Alon H, David M. From databases to dataspaces: a new abstraction for information management. SIGMOD Record, 2005, 34(4) 27-33.

[2] 吕指臣, 卢延纯, 马凤娇. 数据空间建设: 理论逻辑、发展现状与实践路径. 北京工业大学学报(社会科学版), 2025, 25(2): 82-95.

[3] Spiekermann M. Data marketplaces: Trends and monetisation of data goods. Intereconomics, 2019, 54(7): 208-216.

[4] 中关村智慧城市信息化产业联盟. 刘烈宏论述的"数据空间到底是什么？"一文盘点数据空间的内涵、发展现状、实践路径. [2024.12.02]. https://mp.weixin.qq.com/s/89CqTJYAH6QsiJAvNmlHrQ.

[5] Singh M, Jain S K. A Survey on Dataspace Berlin: Springer, 2011.

[6] Halevy A, Franklin M, Maier, D. Principles of data space systems// Proceedings of the 25th ACM SIGMOD-SIGACT-SIGART Symposium on Principles of Database Systems. ACM Press, 2006:1-9.

[7] International Data Spaces Association. Design Principles for Data Spaces: Position Paper. 2021. https://publications.rwth-aachen.de/record/ 853797/files/853797.pdf.

[8] 国家数据局. 可信数据空间发展行动计划(2024—2028 年).[2024-12-16]. https://www.gov.cn/zhengce/zhengceku/202411/P020250105293637969784.pdf.

[9] 新华社. 激活"沉睡"资源，助力产业发展——国家数据局详解近期数据新政策.[2024-12-03]. https://www.gov.cn/zhengce/202412/content_6995695.htm.

[10] 杨云龙, 张亮, 杨旭蕾. 可信数据空间助力数据要素高效流通. 邮电设计技术, 2024,2: 57-61.

[11] Richter H, Slowinski P R. The data sharing economy: On the emergence of new intermediaries. International Review of Intellectual Property and Competition Law,2018,50(12): 4-29.

[12] Plantin J C, Lagoze C, Edwards P N. Re-integrating scholarly infrastructure: The ambiguous role of data sharing platforms. Big Data & Society, 2018, 5(1): 205395171875668.

[13] Otto B, Hompel M, Wrobel S.Designing Data Spaces. Berlin: Springer,2022.

[14] Google Cloud. Data Cloud Alliance. [2024-9-22]. https://cloud.google.com/solutions/data-cloud-alliance? hl=zh_cn.

[15] 郭明军, 郭巧敏, 马骁, 等. 我国数据空间建设: 核心要件、发展路径与推进策略. 社会治理, 2024,5: 4-14.

[16] 朝乐门. 数据空间及其信息资源管理视角研究. 情报理论与实践, 2013, 36(11): 26-30.

[17] 范淑焕, 侯孟书. 数据空间: 一种新的数据组织和管理模式. 计算机科学, 2023, 50 (5): 115-127.

[18] 罗超然, 马郓, 景翔, 等. 数据空间基础设施的技术挑战及数联网解决方案. 大数据, 2023,2: 110-121.

[19] 刘博, 夏义堃. 基于数据空间的产业数据流通利用: 逻辑框架与技术实现. 图书与情报, 2024,2: 33-44.

[20] 黄长著, 霍国庆. 我国信息资源共享的战略分析. 中国图书馆学报, 2000,3:3-11.

[21] 赵禁, 张卫华. 网络环境下大学图书馆的信息资源建设与共享. 大学图书馆学报, 2003,2:40-42.

[22] 李静, 李红. 我国区域资源共享现状及保障机制的再思考. 医学图书馆通讯, 1997,3: 43-44.

[23] Ibrahim E, Adnan M, Brezany P, et al. Intelligent data spaces for e-science.//Proceedings of the 7th WSEAS International Conference on Computational Intelligence, Man - Machine Systems and Cybernetics (CIMMACS '08), 2008: 94-100.

[24] Yang D, Shen D, Nie T,et al. Layered Graph Data Model for Data Management of Dataspace Support Platform.Berlin: Springer, 2011.

[25] Koutras C, Fragkoulis M, Katsifodimos A,et al. REMA: Graph Embeddings-based Relational Schema Matching. EDBT/ICDT. 2020.

[26] Angrish A, Stayly B, Lee Y,et al. A flexible data schema and system architecture for the virtualization of manufacturing machines (VMM). Journal of Manufacturing Systems, 2017, 45: 236-247.

[27] McHugh J, Paul E, Jenny W, et al. Integrated access to big data polystores through a knowledge-driven framework//Proceedings of the 2017 IEEE International Conference on Big Data (Big Data), 2017: 1494-1503.

[28] Xiao G, Calvanese D, Kontchakov R, et al. Ontology-based data access: A survey//Proceedings of the 27th International Joint Conferences on Artificial Intelligence, 2018.

[29] Li P, Cheng K, Jiang P, et al. Investigation on industrial dataspace for advanced machining workshops: enabling machining operations control with domain knowledge and application case studies. Journal of Intelligent Manufacturing ,2022,33 103-119.

[30] Nadal F, Sergi, Kashif R, et al. ODIN: A dataspace management system // Proceedings of the ISWC 2019 Posters & Demonstrations, Industry and Outrageous Idea Tracks, 2019: 26-30.

[31] Hernandez, Julio, Lucy M, et al. TIKD: A trusted integrated knowledge dataspace for sensitive healthcare data sharing// Proceedings of the 2021 IEEE 45th Annual Computers, Software, and Applications Conference (COMPSAC), 2021: 1855-1860.

[32] 张红艳, 闫一新. 数字经济时代工业数据治理发展路径. 中国工业和信息化, 2022,4: 12-15.

[33] 包晓丽. 可信数据空间: 技术与制度二元共治. 浙江学刊, 2024,1: 89-100.

[34] 邱惠君, 王梦辰, 刘巍. 从德国数据空间的实践探索看如何构建数据流通共享生态. 中国信息化, 2020,12: 105-107.

[35] 景然. 数据主权、单一市场与共同空间: 数据流通的欧盟战略及其镜鉴. 网络安全与数据治理, 2023, 42(9): 36-41.

[36] 夏义堃, 程铄, 王雪, 等. 数据空间建设的实践进展与运营模式分析——基于 Data Spaces Radar 的案例. 图书与情报, 2024,2: 18-32.

[37] NTT DATA. NTT DATA 发布《全球可信数据空间架构概念》白皮书. [2025-01-07]. https://www.nttdata.com.cn/news/2022/07/06.

[38] 中国国际贸易促进委员会北京市分会. 欧盟与日本关于跨境数据流动的协议正式生效. [2025-01-07]. http://www.ccpitbj.org/web/static/articles/catalog_40fcc0367c729df20181af782c2307f1/article_ff8080818e8a79a501908756429e101f/ff8080818e8a79a501908756429e101f.html.

[39] 中国信息通信研究院. 可信工业数据空间系统架构 1.0 白皮书.[2024-10-28].http://www.caict.ac.cn/kxyj/qwfb/ztbg/202201/ P020220125561909082218.pdf

[40] 上海数据集团有限公司, 华为云计算技术有限公司. 城市数据空间 CDS 白皮书. [2024-12-17]. https://bbs.huaweicloud.com/blogs/417145.

[41] 安徽新闻网. 第二届数据空间大会优秀成果发布 重磅发布《数据空间发展战略蓝皮书》和三项优秀成果. [2025-01-07]. https://kcr.ahnews.com.cn/kcr/content/4658_1133337.html.

[42] 国家信息中心公共技术服务部,浪潮云信息技术股份公司. 数据空间关键技术研究报告. 2024.

[43] 彭苏萱, 李白杨, 李光辉. 全球数据主权博弈背景下欧盟构建数据空间治理规则体系的现状与特点. 信息资源管理学报, 2021, 11(2): 78-84.

[44] 苏宇, 卢怡. 数据要素可信交易流通: 共同数据空间的制度塑成. 电子政务, 2024,12: 53-64.

[45] 钱锦琳, 夏义堃, 纪昌秀. 数据空间视域下科研数据共享的思维链推理与行为策略研究. 图书与情报, 2024,2: 45-54.
[46] 王雪, 夏义堃. 健康医疗数据利用中数据权益保障的现实困境与完善对策——以欧盟健康数据空间为例. 图书与情报, 2024 ,2: 55-68.

第 2 章 可信数据空间的架构

架构是构建系统的艺术和科学，架构是对构成系统的组件要素有组织地规划和设计，架构是连接业务战略与技术实现的桥梁。国际标准化组织 ISO、国际电工委员会（IEC）和电气与电子工程师协会（IEEE）联合发布 ISO/IEC/IEEE 42010:2011，将架构定义为"系统的基本结构，具体体现在架构构成中的组件、组件之间的相互关系，以及管理其设计和演变的原则"。架构通常在不同层面和范围开展。企业架构通常包括多种不同类型，如业务架构、数据架构、应用架构和技术架构等。

可信数据空间架构，是指可信数据空间的体系结构，是对可信数据空间的构成及其组件的科学规划和设计，使其满足数据空间中的数据能够实现"可信可管、互联互通、价值共创"的目标。可信数据空间架构，理论上包括可信数据空间业务架构，即可信数据空间的功能需求分析与设计；可信数据空间数据架构，即对可信数据空间的主题域进行分析，包含实体（可信数据空间的参与者）分析和数据流分析；可信数据空间的技术架构，即可信数据空间主要技术与组件。从目前的研究和建设现状看，国内外数据空间架构主要涵盖业务架构、技术架构和系统架构。

本章在介绍国际数据空间参考架构、我国可信数据空间架构相关实践和欧洲工业数据架构等的基础上，重点论述可信数据空间的业务功能需求，以及构成数据空间的关键组件。

2.1 数据空间建设目标与原则

国际数据空间协会（IDSA）的核心任务之一就是，开发并维护一种数据共享和交换的参考框架，从而能够保障在数据驱动的商业生态系统中，优先考虑数据主权。数据架构是在业务战略和技术实现之间架起一座通畅的桥梁。可信数据空间是我国数据要素市场的主要载体，其体系架构设计也是最为关键的问题之一。

2.1.1 数据空间建设目标

1. 国际数据空间建设目标

数据自主权是国际数据空间的核心内容。国际数据空间协会将数据自主权定义为,自然人或公司实体对其数据完全自决的能力。国际数据空间协会针对数据空间的特定功能和相关方面提出了一个参考架构模型,包含在业务生态系统中,实现安全可信的数据交换要求。国际数据空间旨在满足以下战略要求。

(1)信任。信任是国际数据空间的基础。国际数据空间内的每个参与者在被授予访问权限之前,都需要经过数据空间相关机构的评估和认证。

(2)安全和数据主权。国际数据空间的所有组件都依赖于最先进的安全措施。除架构规范外,安全性主要通过对国际数据空间中使用的每个技术组件的评估和认证来确保。为了确保数据提供者的数据主权,国际数据空间中的数据所有者在将数据传输给数据使用者之前,会将使用限制信息附加到数据中。要使用数据,数据使用者(或消费者)必须完全遵守数据所有者(或提供者)的使用策略限制或条件。

(3)数据生态系统。国际数据空间的架构不需要中央数据存储功能。相反,它追求数据存储去中心化的理念,这意味着数据在物理上仍属于相应的数据所有者或提供者,直到传输到受信任的数据使用方。这种方法需要对每个数据源以及数据对其他公司的价值和可用性进行全面描述,并能够集成特定领域的数据词汇表。此外,数据生态系统中的元数据经济人(或元数据代理)为实时数据搜索提供服务。

(4)标准化的互操作性。国际数据空间连接器作为其架构的核心组件,有不同的类型和功能,并且可以从不同的供应商处获得。尽管如此,每个连接器都能够与国际数据空间生态系统中的其他连接器(或其他技术组件)进行通信。

(5)增值应用程序。国际数据空间允许将应用程序部署到国际数据空间(IDS)连接器上,以便在数据交换过程中提供服务。包括数据处理、数据格式对齐和数据交换协议服务等。此外,还可以通过远程执行算法来提供数据分析服务。

(6)数据市场。国际数据空间支持利用数据应用程序创建新型数据驱动服务。它还通过提供清算机制和计费功能,以及创建特定领域的元数据代理解决方案和市场,为这些服务培育新的业务模式。此外,国际数据空间协会还为参与者在指定使用限制信息和请求法律信息时,提供模板和其他方法支持。

2. 我国可信数据空间建设目标

可信数据空间发展联盟在《可信数据空间建设及应用参考指南(V1.0)》中提出,我国可信数据空间的建设目标是,以业务场景为牵引,通过建设统一的规则机制和安全可靠的技术系统,促进数据提供方、使用方、数据服务方等生态主体汇聚,推动数据资源规模化流通利用,释放数据要素价值。具体包括四个方面:一是形成一批高价值场景应用;二是建立一套完善的规则机制;三是开发一套可信的技术系统;四是建成一个繁荣的数据生态[1]。

《可信数据空间发展行动计划（2024—2028年）》的总体思路和目标是，以习近平新时代中国特色社会主义思想为指导，全面贯彻落实党的二十大和二十届二中、三中全会精神，完整准确全面贯彻新发展理念，着力推动高质量发展，统筹发展和安全，以深化数据要素市场化配置改革为主线，以推动数据要素畅通流动和数据资源高效配置为目标，以建设可信可管、互联互通、价值共创的数据空间为重点，分类施策推进企业、行业、城市、个人、跨境可信数据空间建设和应用，为充分释放数据要素价值，激发全社会内生动力和创新活力，构建全国一体化数据市场提供有力支撑[2]。

2.1.2 数据空间设计原则

数据空间最重要的设计原则是确保所有数据的数据主权，甚至支持在选定的参与者之间共享敏感和最有价值的数据资产。国际数据空间方案保障提供共享数据的数据所有者的数据主权。这是数据空间提供服务和建立创新业务流程的基础。

欧洲数据空间的规划设计通常会遵循三点：一是为用户提供全面服务，增强数据透明度和数据主权；二是为数据共享和交换创造公平的竞争环境，减少对大型（数据）垄断型企业的支配和依赖；三是对于新的用户行为和数字文化，用户应遵守规则，以合乎道德的方式使用数据（包括自己和其他用户的数据）[3]。

国际数据空间协会第一工作组的立场文件，在欧洲数据空间设计思想的基础上，通过勾勒开发数据空间的发展愿景和方法，提出四项"数据空间设计原则"，即数据主权、数据层面的公平竞争环境、去中心化的软件架构、公共与私人治理。

刘东提出数据空间的设计原则，包括数据主权、数据交换与共享的公平竞争环境、可信与协同治理、互操作[4]。

1. 数据安全

国际数据空间的战略要求之一是提供安全的数据供应链。这对于想要交换和共享数据，以及使用数据应用的参与者之间建立和保持信任至关重要。国际数据空间安全架构提供了识别国际数据空间中的设备、保护通信和数据交换交易，以及控制数据交换使用的手段。国际数据空间连接器确保安全架构的规格和要求在国际数据空间的日常交互和操作中实现。在数据空间内数据主权与数据自主权是确保数据安全的重要内容。

（1）数据主权。数据主权是指国家对其境内产生的数据及数据处理活动拥有的最高权威和控制权。这一概念强调在数字化时代，国家对在其管辖范围内生成、存储、传输、处理和使用的数据享有法律和监管的自主权。数据主权包括所有权与管辖权两个方面。数据所有权是国家对本国数据排他性占有的权利，体现了国家对数据的最高权威和排他性占有。数据管辖权是国家对本国数据享有的管理和利用的权利，包括制定和执行相关法律法规，对数据的收集、存储、处理和传输进行监管。

数据主权对于保护个人隐私、国家安全和经济利益至关重要。数据主权确保个人数据不被未经授权的第三方访问，防止数据泄露和滥用。数据主权有助于防止外部势力通过数据手段干涉国家内政，保障国家政治、经济和社会稳定。数据主权支持数据驱动的创新和经济增长，为数据产业的发展提供法律保障。

（2）数据自主权。数据自主权是指数据空间参与者能够使用和管理自己的数据，在向他方提供数据访问和使用权限时，能够保持对自己的数据是否流通、流通给谁、如何流通、何时流通、以何种价格流通等的控制权。在数据自主权原则下，数据空间将提供"数据访问和使用控制工具"，以便数据提供者能够授予、撤销、更改访问权限，以及指定新的数据访问和使用条件。此外，用户可以将管理其数据的权利外包给第三方（例如数据中介），就像参与者将其财务管理权外包给金融机构一样。

在国际数据空间中，数据自主权是指自然人或公司实体对其数据完全自决的能力。其参考架构模型规定了在可信的业务生态系统中安全交换数据和限制数据使用的要求。

国际数据空间促进了所有参与者之间的互操作性，数据的完全自决在这样的商业生态系统中至关重要。数据交换是通过安全和加密的数据传输方式进行的，包括授权和身份验证。数据提供商可以将元数据附加到使用国际数据空间（IDS）词汇传输的数据中，定义确保数据主权的条款和条件（如数据使用、定价信息、付款权利或有效期）。因此，国际数据空间通过提供可根据参与者的需求定制的技术框架，支持适用法律的具体实施，而不从商业角度预先定义条件。

2. 数据交换与共享的公平竞争环境

数据空间致力于创建公平的竞争环境，以促进数据的共享和交换。公平竞争的原则能促使新的加入者无须面对由垄断引发的数据共享与交换障碍。在公平竞争的环境下，参与者可以基于服务的质量进行竞争，而非基于其所控制的数据量。从数据价值实现的视角看，也可以理解为"价值共创原则"，也就是说，数据空间内的参与者在公平竞争的环境下，开展和利用各类数据，并获取各自的数据价值。

3. 可信与协同治理

在可信与协同治理原则下，数据空间通过身份管理、认证、智能合约等技术与工具，推动数据空间参与者之间实现相互信任，使得参与者在安全可信的环境中进行数据共享、流通与交换。具体而言，身份管理使得参与者能够确认进行数据共享的对象。认证能确保数据空间中的应用程序和连接器可被信任。智能合约使得数据仅以特定的方式被利用。

4. 互操作性

互操作性是数据空间设计的重要原则之一，它要求数据空间能够支持不同系统、不同平台之间的数据交互和共享。为了实现互操作性，数据空间需要采用通用的数据格式和标准，以及提供统一的数据访问接口和协议。连接器是数据空间的核心组件。数据提供方和使用方的数据交互都是通过连接器实现的，因而，不同类型的连接器，以及不同的连接器应用程序都应遵守互操作原则。

5. 其他考虑因素

除了上述设计原则，数据空间的设计还需要考虑以下因素。

（1）注重应用需求和生态系统的建设。任何类型的数据空间，都要从实际应用需求出发，都要符合多元主体的利益诉求，吸引更多主体接入数据空间，充分挖掘数据应用场景，促进参与者进行数据交易。数据空间的规划设计，要从数据生态系统建设角度去思考，为数据空间的可持续发展留足空间。

（2）坚持市场主体。数据空间是数据要素市场的软基础设施，因而，无论哪类数据空间都要发挥数据密集型企业的积极性，使得数据持有者"敢共享和愿共享"，并形成多元主体合作、共建共享的发展模式。

（3）重视建设与运营绩效。数据空间设计要考虑参与者的实际使用需求，不仅要重视数据空间建设，更要重视运营，注重可持续的商业机制建设、生态建设。

（4）重视数据访问和使用的便捷性。数据空间内数据安全很重要，但数据空间建设的根本目的还是高效的数据流通和利用，因而，应提供高效的数据访问和检索机制，以满足用户及时获取所需数据的需求。

综上所述，数据空间的设计原则是一个综合性的体系，旨在确保数据的合理使用和价值的最大化释放。这些原则共同构建了可持续、开放和互联的数据空间生态体系。总之，数据空间设计应遵循"数据（持有者的）主权、公平竞争环境、数据互操作（交互与共享）、协同治理和数据生态"等原则。

2.2 国际数据空间参考架构

数据空间代表一种没有中央存储的数据共享概念。数据只有用户需要时，才会共享。科学合理的数据和信息共享，一直都是数据管理解决的重要问题。在数据空间概念提出之前，人们就已经规划、设计和开发了多种数据共享模式和方案。例如，集中式共享模式、分布式共享模式、双边共享模式、第三方共享模式和联盟模式等。数据空间与现有的完全集中或分散架构的解决方案相比,是联合式数据共享架构的范例。

国际数据空间参考架构定义了去中心化的数据生态系统,数据提供者和使用者之间通过连接器进行数据交换与共享,连同认证服务、数据交易监管服务、结算服务、应用商店服务一起,构成完整的数据空间系统。

2019年4月,国际数据空间协会发布"国际数据空间参考架构模型(IDSA-RAM 3.0版)",2023年3月更新到4.2版,截至2025年5月,国际数据空间参考架构模型已更新到5.0版。它涵盖五层架构、三个维度、四类主体、三大流程,将数据提供者、数据使用者、中介经纪人、认证中心等多种数据参与主体联结起来,共同促进数据共享流通[5],如图2-1所示。

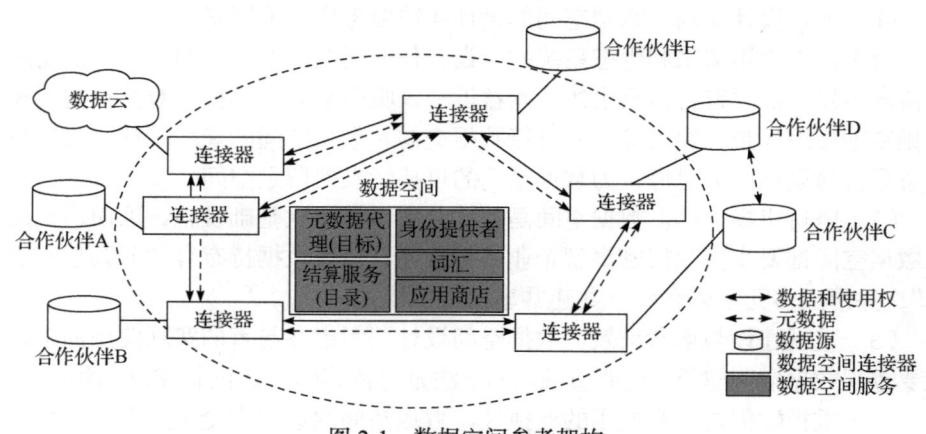

图 2-1 数据空间参考架构

国际数据空间协会与政府、工业界和科研界合作,为"共同数据空间"创建参考技术架构模型 IDS-RAM。该架构为数据提供者和数据使用者之间提供一系列专业数据服务中介机构,使数据在数据空间中进行安全交换和便捷连接,确保数据拥有者的数据自主权。虽然,国际数据空间要求所有参与者都应遵守协商的规则和流程,但它没有施加任何限制或执行预定义的法规。因此,国际数据空间的架构应被视为功能框架,提供参与组织可以根据其个人要求进行定制的机制[6]。

2.2.1　IDS-RAM 的五个层次

国际数据空间参考架构模型定义了数据主权、数据交换和共享的基本概念。该模型对数据空间的概念、功能和安全可信数据网络所涉及的内容和流程进行了概括,形成了数据空间功能框架。参考架构模型由 5 层构成:业务层、功能层、信息层、进程层和系统层[7]。

1. 业务层

业务层提供关于参与者的抽象描述，包括参与者与角色。数据空间中有很多利益相关的参与者，如数据所有者、数据提供者、数据消费者、数据应用程序开发者与提供者、数据空间运营者、监管者等。业务层规定了数据空间参与者可以承担的不同角色，以及每个角色的主要工作任务，并对它们进行分类。此外，它还制定了这些角色之间发生交互的基本模式。进而，国际数据空间有助于开发创新的商业模式和数据驱动的服务，供国际数据空间参与者使用。

2. 功能层

功能层定义了数据空间的功能要求，以及由此产生的要实现的功能，包括信任、安全与数据主权、数据生态系统等六个功能，如图 2-2 所示。

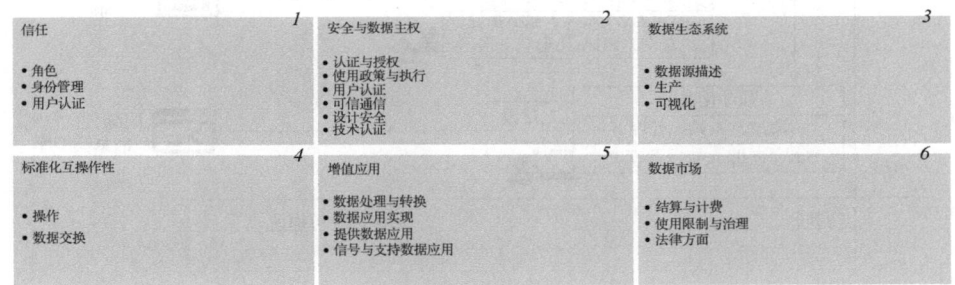

图 2-2　国际数据空间的功能架构[8]

3. 信息层

信息层指定信息模型，即与业务领域无关的公共语言，也即国际数据空间词汇表。词汇中心是国际数据空间信息模型，仅代表所有国际数据空间用例的最小共同点，是所有国际数据空间组件都必须理解的最小术语集。然而，在特定业务领域中，需要越来越多的专业术语。因此，最好使用更多的专业领域词汇表（或术语集）来扩展基本信息模型，并以与核心词汇相同的方式提供它们。同时，需要某种服务来提供一个平台，托管、维护、发布和记录其他词汇表，这项服务就是国际数据空间词汇中心。词汇中心和信息模型一起提供符合国际数据空间标准的端点，以实现与数据连接器和基础设施组件的无缝通信（数据语义互操作）。词汇中心可以访问定义的术语及其描述，显示词汇表不同版本的演变。词汇中心可以作为数据空间用例的数据方案的管理平台。

信息层定义了概念模型，描述了数据空间中静态和动态的数据连接。信息模型是国际数据空间参与者和组件共享的基本协议，可促进数据空间的兼容性和互操作性。信息模型的主要目的是，在分布式可信生态系统中实现数据资源的（半）

自动化交换，同时维护数据所有者的数据主权。因此，信息模型支持数据空间内各类数据产品和可重复使用的应用程序或数据处理软件（以下均称为数据资源，或简称资源）的描述、发布和标识。一旦确定了相关资源，就可以通过易于发现的服务来交换和使用它们。除了这些核心资源，信息模型还描述了国际数据空间的基本组成部分，如参与者、连接点、基础设施组件和流程。信息模型是一个通用模型，不涉及任何特定领域，如图 2-3 所示。

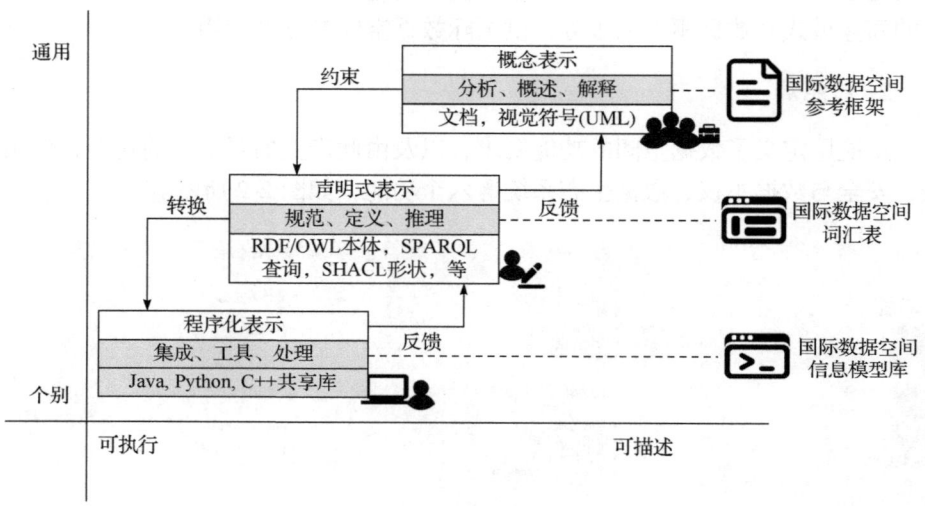

图 2-3　国际数据空间信息模型的表示

4. 进程层

进程层指定国际数据空间的不同组件之间发生的交互，提供了参考架构模型的动态视图，描述了以下进程及其子进程。

（1）加入，即如何作为数据提供者或数据使用者，被授予对国际数据空间的访问权限。

（2）数据提供，即提供数据或搜索合适的数据。

（3）合同谈判，即通过协商使用策略来接收数据报价。

（4）交换数据，即在国际数据空间参与者之间传输数据。

（5）发布和使用数据应用，即与国际数据空间应用商店交互或使用国际数据空间数据应用。

5. 系统层

关注逻辑组件的分解，考虑组件的集成、配置、部署和可扩展性，以及组件之间的交互等。

2.2.2 数据空间参考架构模型的三个维度（或视角）

数据空间参考架构模型的三个维度主要包括安全、认证和治理，如图 2-4 所示。这三个维度在数据空间的设计和实施中起着至关重要的作用。

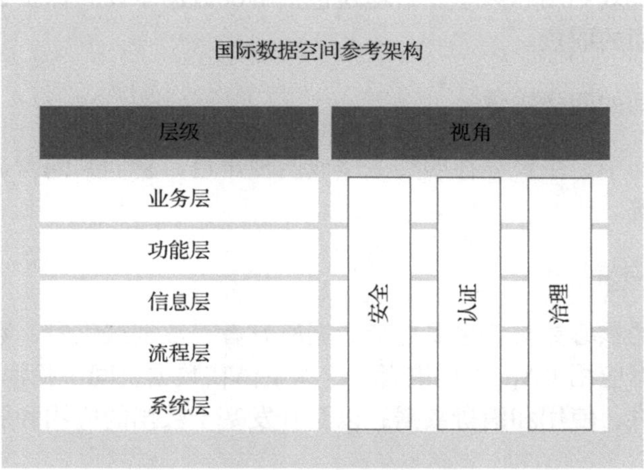

图 2-4　数据空间参考架构模型的三个维度[6]

1. 安全维度

国际数据空间安全架构提供了识别国际数据空间中的设备、保护通信和数据交换交易，以及控制数据交换后使用的手段。安全维度定义了数据空间内常见的安全措施和数据使用控制等概念。安全维度保护数据空间中的数据免受未经授权的访问、使用、披露、中断、修改或销毁等威胁，是数据空间建设的基本目的。数据空间内的安全措施主要包括数据加密、访问控制、审计跟踪等，以确保数据的机密性、完整性和可用性。国际数据空间参考架构模型 5.0 版，已将安全维度改为"信任维度"，表明信任比安全更重要。数据空间参与者的信任离不开安全技术，但安全不等于信任。数据空间参与者的信任还涉及文化、政策、法规等多个方面。

2. 认证维度

认证维度描述了认证机制作为数据空间中数据交互的基础，确保数据空间中的主体和数据的真实性和可信度。通过认证机制，可以验证数据提供者的身份和数据来源的可靠性，从而保证数据的准确性和完整性。数据空间的所有参与者和核心组件都需要认证。

3. 治理维度

治理维度描述数据空间内每个角色的责任，涉及数据空间的管理、运营和监督。治理机制确保数据空间符合相关法律法规、行业标准和组织政策的要求，同时促进数据的有效利用和共享。治理还包括解决数据争议、保护数据隐私和维护数据质量等方面的职责。

2.2.3 数据空间的四类主体

在数据空间中，主要存在四类主体或四种角色，它们共同营造一个相对完整的数据生态系统。

1. 核心参与者

数据空间的核心参与者主要包括数据所有者、数据提供者、数据使用者、数据消费者与数据应用（App）提供者。这些主体在数据空间中扮演着重要的角色，它们创建、提供、使用和消费数据，以及开发基于数据的应用和服务。

2. 中介

数据空间中的中介机构由数据代理人、数据交易结算所（或清算中心）、身份提供者、数据应用商店和词汇（或词汇表）提供者等构成。它们为数据交易提供平台和服务，促进数据的流通和共享。身份提供者是数据空间生态系统的守门人，负责签发、管理、监控所有想参与到数据生态系统中的主体（所有参与者，包括核心组件等）的身份信息。

3. 软件与服务提供者

软件与服务提供者为数据空间提供所需的技术基础设施、软件工具、应用软件和服务，包括数据存储、数据处理、数据分析、数据可视化等方面的软件和服务。

4. 治理监管机构

数据空间的治理监管机构负责数据空间的治理和监管工作。它们制定和实施相关法规、政策和标准，确保数据空间的合规性、安全性和可持续性。治理监管机构还负责解决数据争议、保护数据隐私和维护数据质量等方面的工作。

综上所述，数据空间的五个层次、三个维度和四类主体共同构成了一个复杂而有序的数据生态系统。在这个生态系统中，各主体之间通过交互和合作，共同推动数据的流通、共享和利用。

2.3 我国可信数据空间架构设计

我国为进一步促进数据要素的合规高效流通与共享，为数据市场的健康发展提供支撑。中共中央、国务院多次提出建设我国数据基础设施，建设安全可信的数据空间。国家数据局于 2024 年 11 月 21 日印发《可信数据空间发展行动计划（2024—2028 年）》，其中规划了可信数据空间的能力要求，如图 2-5 所示。

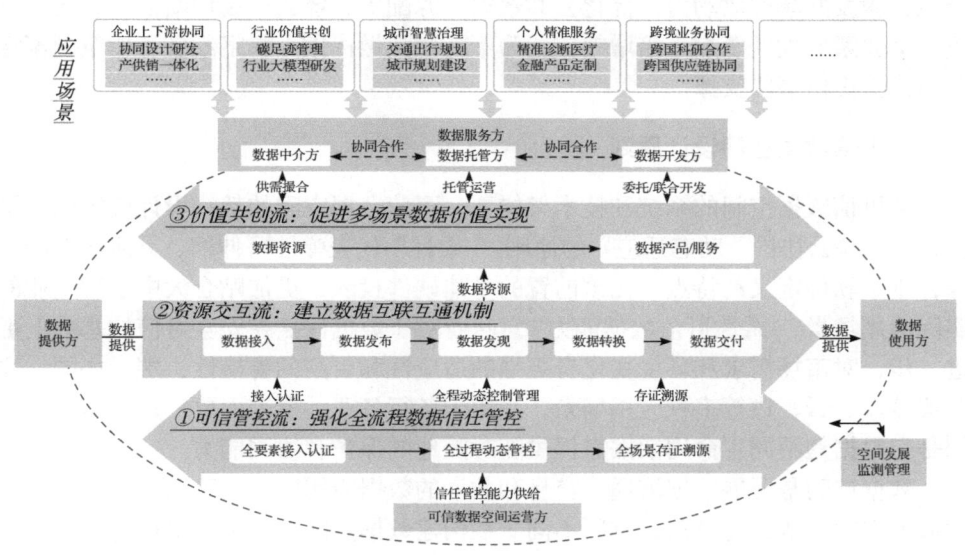

图 2-5 可信数据空间能力示意图[2]

2.3.1 我国可信数据空间建设背景

随着数字经济发展，全球供应链、产业链、价值链协同日趋紧密，社会各界对数据资源流通和开发利用的需求日益增长，但仍面临诸多堵点。

（1）数据管理意识和能力不足，出于安全顾虑不让数据进行流通。

（2）安全管理权责不清。数据天然具有主体多元性、易复制性等特点，在数据流通中各主体的权责如何界定、责任链路如何追溯仍是难点。

（3）利益诉求不一致。数据流通涉及数据提供方、各类数据商、数据使用方等多类主体，兼顾多方的收益激励规则，如何建立全流程监管规则和完善方案，解决数据离开提供者后是否会被滥用的担忧，是后续有待解决的问题。

我国是数据资源和应用大国，也是制造大国，在工业、公共服务和生活服务等领域都有海量的数据，如何发挥这些数据的价值，是数字经济发展亟待解决的重要问题。我国早已认识到数据对于社会经济发展的重要价值。在 2021 年发布的《中华人民共和国国民经济和社会发展第十四个五年规划和 2035 年远景目标纲要》中明确提出，统筹数据资源开发利用、隐私保护和公共安全，加快建立数据资源产权、交易流通、跨境传输和安全保护等技术制度和标准规范，推动数据跨境安全有序流通。2024 年 9 月 21 日，《中共中央办公厅 国务院办公厅关于加快公共数据资源开发利用的意见》发布，以促进公共数据合规高效流通使用为主线，以提高资源开发利用水平为目标，破除公共数据流通使用的体制性障碍、机制性梗阻，激发共享开放动力，优化公共数据资源配置，释放市场创新活力，充分发挥数据要素放大、叠加、倍增效应，为不断做强做优做大数字经济、构筑国家竞争新优势提供坚实支撑。

2.3.2 可信数据空间设计原则

从可信数据空间的系统和技术架构看，可信数据空间的架构设计应遵循"柔性设计、端云协同、动态适应"的原则。"柔性"代表弹性可伸缩、灵活适应能力强，基于软件定义的特点，无须前置的基建硬件投入，更加贴合大中小型企业的实际应用场景，"柔性可信数据能力"意味着对于数据保护在安全可信的基础上更进一步，对市场需求和环境变化有更强的适应性和更高的鲁棒性；端云协同，注重覆盖端、云、边等多种应用场景，适用于各行各业，覆盖面更广；动态适应，则是在数据的不同生命周期按需提供随时随地的保护和协同能力。

数据空间是开展数据流通、交易和共享的数据应用网络，不同行业不同领域的数据空间的数据业务需求有所不同。在构建数据空间时，可以根据特定数据空间的实际业务需求或技术要求，将数据空间建设的理念和原则应用于架构设计之中。但无论哪类数据空间，都应该遵循"可信可管、互联互通、价值共创"的理念，都应该遵守去中心化（分布式）、共享、协作、互操作、信任、生态和可审计等原则。

总体上，可信数据空间的设计同样遵循数据空间的四大设计原则：数据自主权、数据共享和交换的公平竞争环境、数据互操作、协同治理。在这四个原则的基础上，我国的可信数据空间规划、设计和建设，应突出安全可信和多元主体的价值共创的基本原则。

2.3.3 可信数据空间功能需求分析

近年来，数据空间正成为基于信任的数据共享新机制，助力数据要素市场建设，推动数据高效有序流通。目前，国家数据局正在推动数据空间的试点和试验，一是以数据为牵引，推动企业、行业、城市、个人、跨境等五类数据空间的建设，聚焦重点行业推动数据空间建设；二是围绕共性标准研制核心技术，建设数据基础设施并加强规范管理；三是加强国际合作，促进跨境数据的互联互通。当前，由于缺乏可信的数据流通基础设施、缺乏标准化的数据共享机制，存在数据安全保护不到位、确权难、流通难等问题，数据各类主体"不敢用、不会用、不想用"的问题较为突出，数据要素的数据价值未得到充分释放。因此，有必要对"数据空间""可信数据空间"的价值和功能需求进行分析，为数据空间的规划设计提供依据。

依据我国数据要素市场存在的问题和可信数据空间建设的总体目标，可信数据空间的功能需求可以从以下多个角度进行分析。

1. 数据流通与共享需求

数据价值只有在特定应用场景中应用数据后才能实现。对于企业，只有当数据应用于生产经营之后，才能为企业带来价值，才能实现数据价值。国民经济中的每个行业都存在"产业链"，链中的企业都存在上下游数据和信息共享的需求。我国虽然是数据大国，但是，一方面传统经济发展模式对数据的依赖性不高；另一方面以往对数据的集中式管理模式，存在许多数据孤岛，不利于数据的流通和共享。发展数字经济，建立数据要素市场，需要促进数据的高效流通和共享。实现不同地域、不同行业、不同组织之间的数据流通与共享，打破数据孤岛，促进数据的高效利用。

（1）建立统一的数据标准和接口规范，实现数据的互联互通；利用隐私计算等技术，保障数据在流通过程中的安全性和隐私性。

（2）构建全面的数据资源目录，便于数据的检索和定位；建立数据交换平台，实现数据的便捷交换和共享。国家发展改革委、国家数据局印发《公共数据资源登记暂行管理办法》，通过对我国现有的公共数据资源进行登记，最终形成公共数据资源目录。其目的就是便于对公共数据资源的发现、开发和利用。

（3）制定数据资源目录的标准和规范，对数据进行分类和标注。

2. 数据安全与隐私保护需求

我国数据资源丰富，但是目前普遍存在"不敢共享和不愿共享"的问题，其根源就是数据的所有者或持有者对数据安全的担心，或者说缺乏对相关参与者的信任。因而，建立可信数据空间，建立各种管理制度，以及通过可信技术，建立数据交易的可信环境或信任体系，是数据空间建设的基本要求。

（1）采用先进的加密技术对数据进行加密存储和传输。

（2）建立严格的数据访问控制机制，确保只有授权用户才能访问数据。

（3）利用差分隐私、同态加密等技术对个人隐私进行保护。

（4）建立数据使用控制机制，确保数据的合法合规使用。

3. 信任机制与合规需求

建立数据流通和共享过程中的信任机制,确保数据的可靠性和可信度,是实现数据交易和流通的基础。没有信任,就没有数据交易,也就没有数据流通。

(1)采用区块链等技术建立数据溯源和存证机制。
(2)建立数据质量评估和监管体系,确保数据的准确性和完整性。
(3)制定数据使用和管理规范,明确数据的权属和使用权限。
(4)加强数据合规性审查和监管,确保数据的合法合规使用。
(5)建立参与者与核心组件认证和动态评估机制,确保数据空间参与者和核心组件可信。

4. 应用场景与业务创新需求

(1)依据企业业务需求,结合数据特征,加强数据应用场景的开发。
(2)加强数据应用程序的开发,提升数据消费者利用数据的创新能力。

数据驱动创新已经成为数字经济时代企业业务创新发展的主要方式。可以通过建设企业可信数据空间,支持企业构建内部数据流通和共享环境,提高数据利用效率和创新能力。

综上所述,可信数据空间的业务需求分析涉及数据流通与共享、数据安全与隐私保护、信任机制与合规性,以及应用场景与业务创新等多个方面。这些需求共同构成了可信数据空间建设的核心目标和任务,为后续的规划、设计和实施提供了有力支持。

2.3.4 数据空间功能架构

数据空间架构的设计和实施可以由技术构件和管理构件组成。一般来说,数据空间的每个构件都由具有通用功能的数据空间组件组成。不同的构件都可以独立地、标准化地开发。构件是任何类型数据空间的核心要素。每个数据空间解决方案(架构)都可以集成多个构件模块,只要这些构件符合数据空间参考架构模型即可。另外,在构建数据空间时,利益相关者可以定义额外的构件模块,以支持创新特性和功能。业务相关者同样可以引入构件模块,使数据空间参与者能够使用新形式的智能合约,从而促进数据空间内业务模式的创新。

可信数据空间是以数据安全基础设施为底座,通过可信数据流通层和数据价值运营中心等构建的全栈数据应用生态。整体上,可信数据空间要建设成为我国数据要素市场的软基础设施,保障数据安全高效流通,保障数据所有者或持有者或提供者的数据主权,促进数据全生命周期的价值实现。

可信数据空间须具备数据"可信可管、互联互通、价值共创"三大类核心能力。

围绕这三大核心能力建设，可信数据空间具体应规划设计或实现以下功能。

（1）数据空间的所有参与者建立信任。

（2）数据所有者或提供者的数据主权能得到保护，从而激励数据所有者愿意共享、敢于共享数据。

（3）数据高效流通和共享，包括数据语义互操作和技术互操作。

（4）协同治理。数据空间建设的终极目标是实现数据价值，因而，数据空间要具备协同治理功能，使数据空间中不同参与者基于数据价值链都能获得应有的价值。

基于以上对可信数据空间的建设目标和主要功能的分析可知，可信数据空间的规划设计需要建设"数据主权与信任、数据互操作与共享、数据价值共创和协同治理"等四大功能构件，如图 2-6 所示。

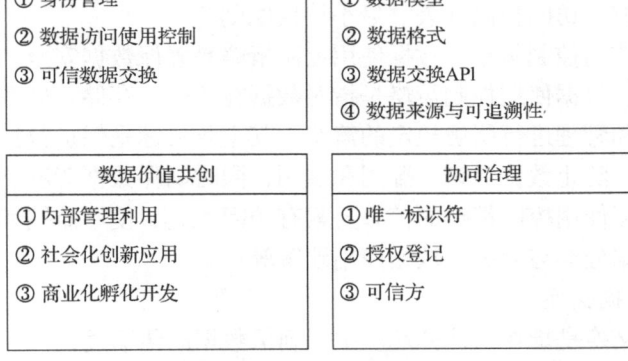

图 2-6　数据空间的功能构件

1. 数据主权与信任

国际数据空间实现数据主权的核心技术是"使用控制"，数据供需双方配置相应的数据控制策略后，由连接器负责执行，将数据的控制策略转化为形式化语言，与数据内容一起流转到数据使用方，并执行控制。

信任是数据空间数据提供者和数据消费者进行数据交易的基础。只有数据空间参与者间建立互信的信任机制或体系，才可能建立良好的发展生态。数据主权与信任功能模块包括身份管理、数据访问与使用控制策略和可信数据交换三个具体的功能组件。

1）身份管理

数据空间的身份管理是确保数据流通安全、可控和合法性的关键环节。身份管理是指对数据空间内所有参与方（包括个人、组织、设备、平台等）的身份进行注册、审核、认证和管理的过程。

身份管理能确保每个参与者都有唯一且可信的身份标识（即可信数字身份），以便在数据空间中进行安全的数据交换和共享。身份管理能够对数据空间中的利益相关者进行识别、验证和授权，确保组织、个人、机器（智能体）和其他参与者获得认证和验证。同时，身份管理可以提供附加信息，能够实现授权机制的数据访问和使用控制。

2）数据访问与使用控制策略

数据访问与使用控制策略是数据空间的数据提供者在发布和传递数据资源或服务时，与数据消费者或使用者进行条款协商的一部分，它能够保障相应条款的执行。这一策略或功能主要是保障数据提供者的数据主权，以防止数据被滥用。数据访问与使用控制策略的实施依赖于身份识别和认证等功能。

（1）数据访问策略。数据访问策略是网络安全和信息技术管理中的重要组成部分，它定义了如何管理和控制对数据资源的访问。数据访问策略的核心要素有身份验证、授权、访问控制列表、最小特权原则等。

（2）数据使用控制策略。数据使用控制策略是确保数据安全、合规和高效利用的关键措施。数据使用控制策略是指对数据在传输、存储、处理和使用过程中的访问、操作和管理进行明确规定的策略。其主要目标是保护数据的机密性、完整性和可用性，防止数据泄露、滥用和误用，同时确保数据能够支持业务决策和合规要求。数据使用控制策略的核心要素有访问控制、使用监控和审计、数据脱敏与加密、数据分类与分级、数据使用政策等。

3）可信数据交换

可信数据交换是指在云计算环境中，确保数据的传输过程安全可靠的一种机制。可信数据交换主要解决数据在传输过程中可能被篡改、窃取或者伪造的问题，保证数据的完整性、机密性和可用性。它是确保数据在不同系统、不同组织之间安全、可靠地传输和共享的重要手段。

2. 数据互操作与共享

所有加入数据空间的参与者，包括数据提供者、消费者、数据中介等都需要部署实现数据互操作的功能模块，以确保每个数据提供者发布的数据能够被有权限的数据消费者使用。同时，每个数据消费者都能够在技术层面访问和使用他们所选择的数据提供者所提供的数据。该功能模块包括数据模型、数据格式、数据交换 API、数据来源与可追溯性。

1）数据模型

数据模型和格式是数据处理和管理中的两个重要概念，它们各自具有不同的定义、特点和应用场景。数据模型是对现实世界数据特征的抽象，用于描述一组数据的概念和定义。它从抽象层面描述了系统的静态特征、动态行为和约束条件。数据模型通常由数据结构、数据操作和完整性约束三部分组成。

（1）数据结构。描述数据库的组成对象及相互关系，包括数据的类型、内容、性质和数据之间的相互关系。

（2）数据操作。描述对数据库各种对象实例的操作，即系统的动态行为。

（3）完整性约束。定义了给定数据模型中数据及其联系所具有的制约和依存关系，确保数据的一致性和准确性。

2）数据格式

数据格式是描述数据保存在文件或记录中的规则。数据格式有多种形式，包括数值、字符或二进制等。由数据类型及数据长度等描述。

3）数据交换 API

数据交换是指在多个数据终端设备之间，为任意两个终端设备建立数据通信临时互联通路的过程。数据交换 API 旨在促进数据空间参与者之间的数据共享和交换，涉及数据提供、数据消费、数据使用等场景。

数据交换在企业管理、政府服务以及跨组织合作中具有至关重要的作用。它能够实现信息的共享和整合，避免信息孤岛和重复录入，提高工作效率。同时，数据交换有助于管理者及时获得最新的数据和信息，从而更好地进行决策制定，减少信息滞后带来的风险。此外，通过数据交换，企业、政府和其他组织可以优化业务流程，实现信息的自动化传递和处理，进一步降低成本。

4）数据来源与可追溯性

数据来源与可追溯性是数据管理和分析中至关重要的两个方面。数据来源与可追溯性功能模块提供了在数据提供、数据消费、数据使用过程中进行追踪的手段，是许多重要功能的基础。

（1）数据来源。数据来源是指数据产生的源头或获取数据的途径。在数据分析和处理过程中，明确数据来源是确保数据准确性和可靠性的基础。数据来源通常包括内部来源和外部来源。内部来源，如企业系统、业务数据、日志数据等；外部来源，如第三方提供商、公共数据源、互联网数据等。

（2）数据可追溯性。数据可追溯性是指能够追踪和验证数据的来源、处理过程和最终用途的能力。这种能力对于确保数据的完整性、准确性和合规性至关重要。数据可追溯性通常包括以下几个方面：一是数据标识与分类，为每条数据分配唯一的标识符，如 UUID（通用唯一识别码）或其他类型的 ID，根据数据的性质和用途进行分类，便于后续的数据追踪和管理；二是数据历史，记录每次数据变更的历史，包括数据的添加、修改和删除，通过对时间戳、操作类型和操作者信息进行详细记录，确保数据的可审计性；三是数据流动监控，监控数据在系统中的流动情况，包括数据的读取、写入和删除操作，通过数据审计日志和数据流向图等工具，可视化数据的流动路径和状态变化。

3. 数据价值共创

可信数据价值共创是数据空间建设的最终目标。数据价值共创是一个涉及多个利益相关者的复杂过程，旨在通过多方参与和协作，共同挖掘和利用数据的潜在价值。数据价值共创是指以价值实现为内在驱动力，将政府与多个利益相关者（如企业、科研机构、公众等）作为紧密结合的整体，通过多方参与、协商合作，共同创造数据的价值。这一过程不仅关注数据的收集、存储和处理，更强调数据的深度开发和多样化利用，以实现数据的最大化价值。

数据价值共创过程涉及多个利益相关者，他们各自扮演着不同的角色，包括数据拥有者、数据汇聚者、数据加工者、数据分析者、数据利用者、数据运维者、资金提供者和终端用户等。数据价值共创可以采取多种模式，以适应不同场景和需求。

（1）内部管理利用共创模式。主要适用于政府机构或企业内部，通过整合内部数据资源，提升管理效率和决策水平。

（2）社会化创新应用共创模式。鼓励社会各界参与数据应用创新，通过开放数据接口和 API 等方式，促进数据在医疗、教育、交通等领域的广泛应用。

（3）商业化孵化开发共创模式。以商业价值为导向，通过数据交易、数据分析服务等方式，实现数据的商业化利用和增值。

4. 协同治理

数据空间数据协同治理是一个复杂的过程，它涉及多个行业、组织和技术领域的数据整合、共享和管理。数据空间是一个虚拟环境，用于存储、管理和共享各种类型的数据。数据协同治理则是指多个利益相关者在共同遵守一定规则的前提下，对数据空间中的数据进行协作式的管理和利用。数据空间数据协同治理包括下述三个方面。

1）唯一标识符

唯一标识符是一种用于唯一标识特定记录或对象的标识符。唯一标识符是将特定记录或对象与其他记录或对象区分开来的标记。它确保每个记录或对象在系统中都有唯一的身份，从而避免混淆或冲突。唯一标识符的主要功能是确保数据的唯一性和准确性，便于数据的索引、引用和管理。唯一标识符有多种类型和形式，包括但不限于：

（1）数字对象标识符（DOI）。用于唯一标识数字对象，如学术论文、电子书籍等。

（2）通用唯一标识符（UUID）。一种软件建构的标准，由一组 32 位数的 16

进制数字构成，通常以 8-4-4-4-12 的格式呈现，如 "550e8400-e29b-41d4-a716-446655440000"。UUID 在分布式系统中广泛应用，以确保元素的唯一性。

（3）全局唯一标识符（GUID）。微软公司的 UUID 实现，具有与 UUID 相同的功能和特性。

2）授权登记

授权登记涉及将某项权利或职责正式授予某个个体或组织，并在必要时进行官方记录或备案的过程。授权登记是指授权方（权利或职责的原始持有者）通过某种形式（如合同、协议或官方文件）将特定权利或职责授予被授权方（接受权利或职责的个体或组织），并在必要时通过官方机构进行登记或备案的行为。这一行为旨在明确双方的权利和义务，确保权利的合法、有序转移，并为未来的争议解决提供依据。授权登记通常包括以下几个步骤。

（1）确定授权内容。授权方需要明确授权的具体内容，包括权利或职责的范围、期限、条件等。这是授权登记的基础，也是双方协商的重点。

（2）协商并签署协议。授权方与被授权方就授权内容进行协商，并达成一致意见。随后，双方签署正式的授权协议或合同，明确各自的权利和义务。

（3）进行登记或备案：根据相关法律法规或政策要求，授权双方可能需要将授权协议提交给官方机构进行登记或备案。这一步骤旨在确保授权的合法性和有效性，并为未来的争议解决提供依据。

在数据空间运营过程中，为了明确识别数据空间每个参与者，必须建立身份验证登记机构。登记机构需要根据在数据空间内达成的运营协议成立，并必须由中立机构批准和监控。

3）可信方

基于验证后的身份，可信方可以验证和确认参与者的能力。具体包括两个方面，一是结构化过程中获取或评估能力，二是根据数字身份验证声明。第一个方面通常涵盖认证或注册，第二个方面通常由商业服务执行。因此，可信方提供指定和可衡量标准的数字证据[4]。

2.4 欧盟工业数据空间（Gaia-X）架构

为了给数据空间提供统一的基础设施底座，以德国、法国为代表，欧盟积极推动欧洲统一云计算基础设施建设。2019 年，德国正式提出 Gaia-X 计划，旨在为欧洲打造一个具有竞争力、安全可靠的数据基础架构，包括数据生态系统、联邦服务以及云计算、边沿计算和数据存储等基础设施生态系统。其中，联邦服务主要包括身份识别、联邦服务目录、主权数据交换和合规认证等内容。该计划已经应用到欧洲能源、金融、健康、工业 4.0 等领域。

Gaia-X 数据空间整体架构分为两个部分，数据生态系统和基础设施生态系统。两者构成了一个不可割裂的整体。连接两个生态系统的关键服务是联合服务，由身份与信任、合规、主权数据交换以及联合目录四个部分组成，如图 2-7 所示。

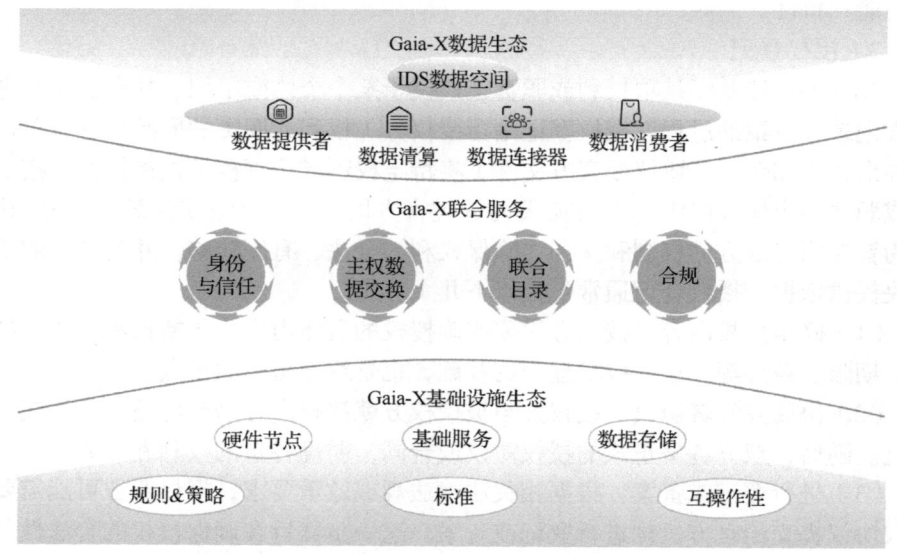

图 2-7　Gaia-X 数据空间整体架构

Gaia-X 和 IDS 形成一个完整的组合架构，Gaia-X 专注于主权云服务和云基础设施，而 IDS 专注于数据和数据主权。Gaia-X 和 IDS 相互补充和联合，以保护整个生态系统中端到端数据价值链的数据主权。

2.5　我国数据空间架构实践

2.5.1　可信工业数据空间建设

可信工业数据空间生态链和工业互联网产业联盟对可信工业数据空间的定义，是面向工业数据，可信、安全共享和流通的新型基础设施。可信工业数据空间生态链和工业互联网产业联盟基于"可用不可见、可控可计量"的应用模式，从业务视角、功能视角和技术视角设计了《可信工业数据空间系统架构 1.0》[9]。

1. 业务视角的系统架构

业务视角从数据共享流通各参与方的需求出发，基于各参与方之间的业务关系形成数据共享流通模式，主要分为三类：点对点模式、星状网络模式以及可信工业数据空间融合模式。

其中，融合模式主要基于点对点模式和星状网络模式中各利益相关方对数据的使用范围、深度和可信的不同要求，为可信工业数据空间定义了五种主要参与方，包括数据提供方、数据使用方、存证方、中介服务方和 IT 基础设施提供方，如图 2-8 所示。

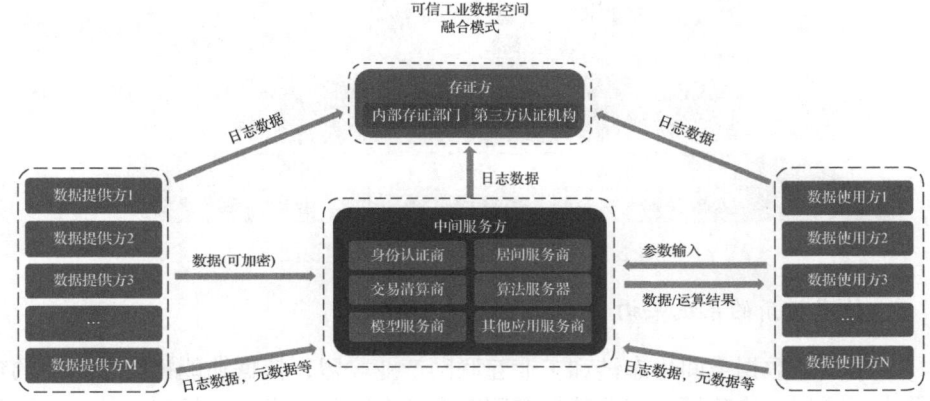

图 2-8 可信工业数据空间业务视图（融合模式）

2. 功能视角的系统架构

可信工业数据空间生态链和工业互联网产业联盟根据业务视图中各方主体扮演的角色以及它们之间的供需关系，分析归纳出工业数据空间五方主体之间的功能供需矩阵，如图 2-9 所示。

功能实现 供应需求	数据提供方	数据使用方	存证方	中间服务方	IT基础设施 提供方
数据提供方	—	数据使用控制	日志存证溯源	身份认证 目录推送 服务对接等	数据传输储存 数据处理计算
数据使用方	提供数据	—	日志存证溯源	身份认证 目录推送 服务对接等	数据传输储存 数据处理计算
存证方	提供日志信息	提供日志信息	—	身份认证 提供服务数据	提供日志信息
中间服务方	提供身份信息 提供目录信息	提供身份信息 提供检索信息 提供需求信息	提供身份信息 日志存证溯源	—	提供身份信息 提供传输储存 数据处理计算
IT基础设施 提供方	提供服务信息	提供服务数据	日志存证溯源	身份认证 提供服务数据	—

图 2-9 可信工业数据空间功能供需矩阵

结合供需矩阵形成可信工业数据空间的功能视图，如图 2-10 所示。

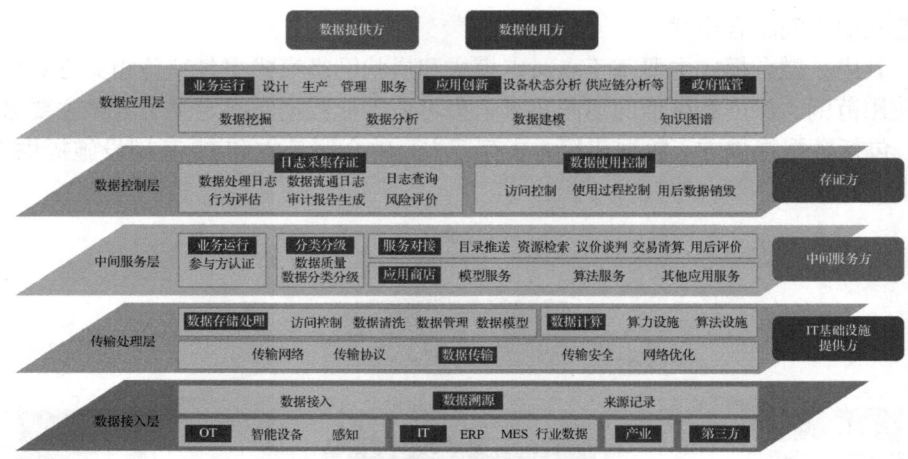

图 2-10 可信工业数据空间功能视图

3. 技术视角的系统架构

可信工业数据空间生态链和工业互联网产业联盟，依据功能视图中所示的功能要求，规划了构建可信工业数据空间需要的七大类技术，包括安全技术、隐私计算技术、存证溯源技术、数据控制技术、管理技术、计算处理技术以及 OT 技术，如图 2-11 所示。

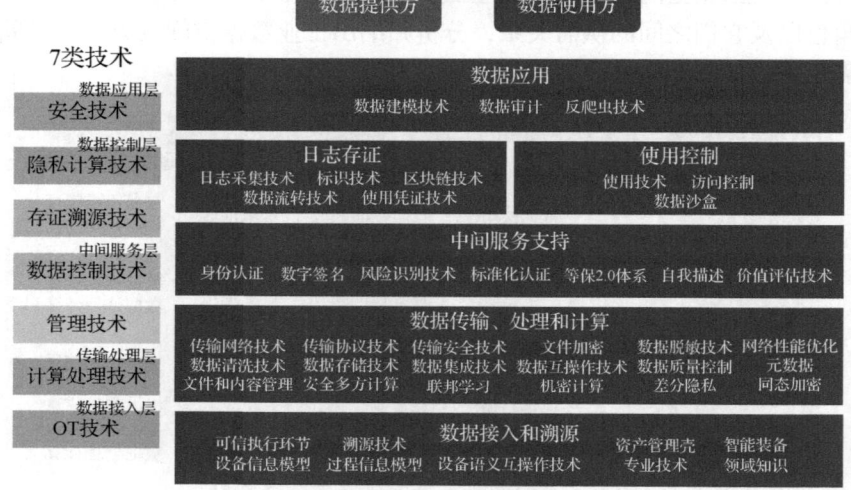

图 2-11 可信工业数据空间技术视图

2.5.2 城市数据空间体系架构

上海数据集团有限公司和华为云计算技术有限公司联合编制《城市数据空间CDS白皮书》，提出城市数据空间（City Data Spaces,CDS）体系架构[10]由四部分组成（2+1+1），即2个保障参考体系（制度和组织）、1个基础设施、1个数据生态，如图2-12所示。

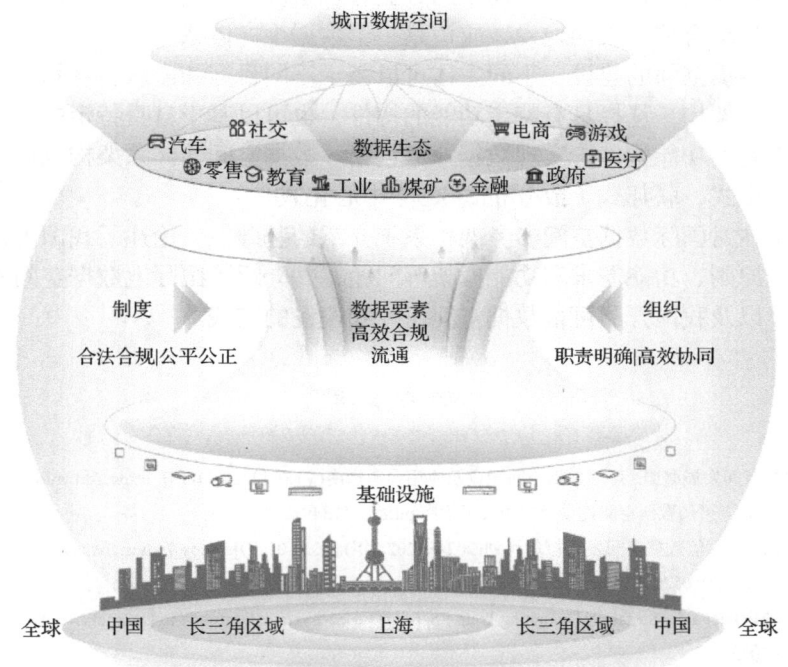

图 2-12　城市数据空间体系架构

首先，2个保障参考体系指制度参考体系和组织参考体系。其中，制度参考体系从立法和法规角度，发布城市数据空间相关政策制度，构建从地方数据条例、管理方法、实施细则到地方标准的四位一体式法规体系，提供全方位保障。组织参考体系从地方数据局到协同各级责任主体及标准委员会，形成清晰的组织架构保障。

其次，"1+4+2"的统一基础架构基础设施，即1个城市数据底座，4个数据分层（数据资源、数据治理、数据资产和数据交易），以及2个治理框架（安全可信和合规可控）。主要解决数据找得到、在哪里、可流通、可信任的问题。

最后，1个数据生态，包括参与到数据要素全生命周期流通的所有参与方，以及为这些参与方构建起来的生态培育环境。

2.6 本章小结

数据空间是数据要素市场的重要载体，是在确保数据安全和参与者信任的前提下，实现数据高效流通和共享利用的功能性框架，因此，它既不是单纯的基础设施或数据应用平台，也不是简单的数据管理系统，而是一个涉及数据技术和政策法规等的综合体。准确地说，应该是一个数据生态体系。

对于数据空间的建设，不同主体可以基于不同目标和需求，规划不同业务、功能和体系架构，选择具有特定功能的构件，也可以基于自身特定的需求，设计和构建专有的功能构件，实现数据业务创新。数据空间的体系架构或运营模式有三种：集中式、联邦式（或分布式）、去中心化式。

本章在对国际数据空间参考架构系统介绍的基础上，论述了我国可信数据空间架构的原则、功能需求和功能框架等问题，并介绍了国际上数据空间建设的一些案例，以及我国开展可信数据空间研究和建设的实践。

参 考 文 献

[1] 可信数据空间发展联盟. 可信数据空间建设及应用参考指南(V1.0).[2024-11-18]. https://download.s21i.co99.net/13115299/0/1/ 可信数据空间建设及应用参考指南.pdf&v=1734922511.

[2] 国家数据局. 可信数据空间发展行动计划(2024—2028 年).[2025-01-10]. https://www.gov.cn/zhengce/zhengceku/202411/ P020250105293637969784.pdf.

[3] Boris O, Michael T H, Stefan W.Designing Data Spaces: The Ecosystem Approach to Competitive Advantage. Berlin: Springer,2022.

[4] 刘东. 重塑数据可信流通——数据空间：理论、架构与实践. 北京：人民邮电出版社，2024.

[5] 邱惠君，王梦辰，刘巍. 从德国数据空间的实践探索看如何构建数据流通共享生态. 中国信息化，2020, 12: 105-107.

[6] International Data Spaces. Perspectives of the Reference Architecture Model.[2024-11-10].https://docs.internationaldataspaces. org/ids-knowledgebase/ ids-ram-4.

[7] International Data Spaces. Layers of the Reference Architecture Model .[2024-11-10]. https://docs.internationaldataspaces. org/ids-knowledgebase/ids-ram-4/layers-of-the-reference-architecture-model/3-layers-of-the-reference-architecture-model.

[8] International Data Spaces. Functional Layer.[2024-11-08]. https://docs.internationaldataspaces.org/ids-knowledgebase/ ids-ram-4/layers-of-the-reference-architecture-model/3-layers-of-the-reference-architecture-model/3_2_functionallayer.

[9] 中国信息通信研究院. 可信工业数据空间系统架构 1.0.[2024-10-28].http://www.caict.ac.cn/kxyj/qwfb/ztbg/202201/ P020220125561909082218.pdf.

[10] 上海数据集团有限公司，华为云计算技术有限公司. 城市数据空间 CDS 白皮书.[2024-08-16]. https://bbs.huaweicloud.com/blogs/417145.

第 3 章 数据空间关键技术和组件

数据空间作为一个由功能框架定义的分布式系统，旨在创建安全可信的数据流通环境。数据空间通过数据集成、虚拟化、语义建模和元数据管理等技术，实现对多源异构数据的统一组织管理，支持对数据的编目、浏览、搜索、查询、更新和监控等功能[1]。因而，数据空间既不同于传统的数据管理系统，也不同于一般的数据平台。它通过一些核心组件和关键技术，解决参与者之间信任和互操作问题。同时，数据空间也可以理解为由一组关键技术和组件构成的数据应用网络。

3.1 创建数据空间

3.1.1 创建数据应该思考的问题

如何创建数据空间？取决于数据空间的用途及其参与者的具体需求。无论数据空间是以集中、分散、联合还是混合模式组织，都具有一些基本功能。在规划和设计数据空间时，需要做出许多决定，以下是一些首先应该思考的问题[2]。

（1）数据空间有哪些参与者，是对少部分用户开放，还是更广泛的参与者？

（2）数据空间的系统架构模式是什么？是集中管控，还是参与者的独立性和自主性是重要的设计因素？

（3）对参与者有哪些要求，参与者技术成熟度应该达到什么水平？

（4）共享什么类型的数据，出于什么目的？

表 3-1 列举了数据空间内包含的实体及关系。图 3-1 描述了数据空间包含的实体及关系，或者说数据空间的概念模型[2]。

表 3-1 概念与关系

概念	关联关系	关联概念
数据空间治理机构	维护	数据空间参与者注册表
	颁发成员资格	参与者
	管理	数据空间
	执行	规则和政策

续表

概念	关联关系	关联概念
数据空间	有	规则和政策
	有	数据空间自我描述
	有	身份
参与者	是成员	数据空间
	有	身份
	有	参与者自我描述
信任锚	锚定	身份

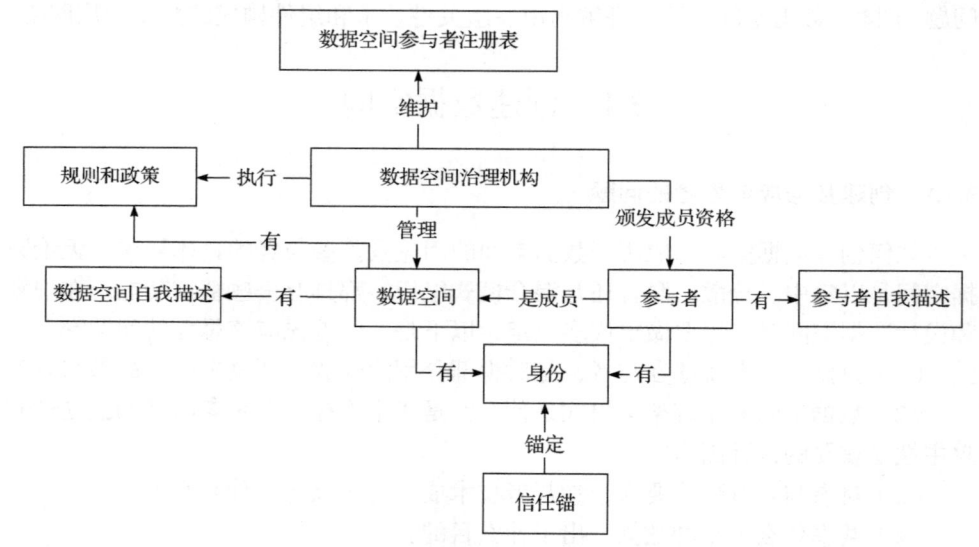

图 3-1 数据空间概念模型（实体及关系）

上述这些问题有助于选择数据空间的架构和部署模式。当你做出所有设计决定，就需要考虑以下一些功能元素。

（1）规则：需要哪些行为和技能（技术和组织）？

（2）政策：政策中需要表达哪些规则？

（3）参与者认证：用什么机制来验证参与者资格？

（4）参与者登记册：参与者在哪里可以看到参与者是谁？

除此之外，创建数据空间，还必须做好以下工作。

（1）数据空间自我描述。

（2）数据空间参与者政策。

(3)数据空间的信任锚和信息框架。
(4)参与者信任评估框架或模型。
(5)选择使用的技术组件。
(6)参与者登记注册与注册服务。
(7)提供申请参与者资格的工作流程。
(8)验证申请人是否符合要求。
(9)发放或撤销参与者凭证。
(10)为数据空间提供发现机制。

3.1.2 数据空间的功能

数据空间是一个基于治理体系的功能性框架。无论采用何种架构模式,发现其他参与者,以及以受控方式共享数据,以确保数据的自主性和代理权,这是任何数据空间都需要提供的核心功能。其他功能和服务还包括数据交易、数据托管、处理服务和应用程序。

1. 数据发现

数据发现是数据空间的核心功能之一。在数据空间内,消费者要发现数据需要依据数据目录和访问政策。

1)数据目录

数据目录是数据发现的基础。目录功能大大提高了数据资产和服务的可发现性。如果由于联合或去中心化设计而存在多个目录,则必须允许在多个站点的目录中对数据资产进行联合搜索。

无论数据空间采用何种设计(集中、联合或分散),数据是开放还是受保护,任何参与者之间共享数据都需要提供元数据。有关数据的元数据需要与查询词汇一起发布,并通过使用控制对访问目录项目进行控制。目录(元数据)不提供数据资产本身,但它们提供数据合同报价。

数据目录可能位于中央目录、多个联合目录和许多去中心化目录之间的某个地方,这取决于数据空间的架构。每一种目录架构都有其优点和缺点。

2)访问政策

访问安全的最佳做法是让 IT 系统只向用户展示他们需要知道的内容——以尽量减少潜在的攻击面。数据空间中的参与者只应看到他们被授权请求合同协商的数据合同报价。这并不意味着参与者已经对数据拥有授权,只是允许参与者看到数据存在。访问权限是数据合同谈判的一部分。任何目录都必须通过访问策略实现基于属性的访问控制。

最常见的访问过滤器是参与者证明成员身份,以查看数据空间中的数据资产。

还可以应用过滤器，使数据资产仅允许特定参与者进行访问。如果参与者希望让其他实体看到数据合同报价，可以有一个访问策略，即简单的无操作或允许所有策略。访问策略也可以用作过滤器来控制对数据合同报价的可见性/访问。例如，基于时间的策略可用于控制何时可以协商数据合同报价，基于位置的策略可以将受众限制为来自特定地理区域的参与者。

2. 数据共享

一旦参与者加入数据空间并发现可用的数据合同报价，数据共享机制就会启动。数据共享是利用数据实现进一步数据处理和价值创造的核心活动。但数据共享是一个非常宽泛的术语。它可能包括一次性传输文件、访问 API、注册事件服务、订阅数据流，还包括数据共享方法，数据保留在源上，算法和处理代码被复制到数据位置进行就地处理。数据共享并不一定需要数据资产的物理移动。在共享数据之前，需要协商数据合同报价，以达成数据合同协议，该协议规定了数据共享过程的所有政策和细节。

1）合同谈判

合同谈判旨在达成协议，在数据空间的两个参与者之间共享数据资产。在合同谈判期间，数据合同报价的政策根据请求参与者的属性进行评估。需要注意的是，合同谈判不会自动导致即时数据共享或算法传输。

合同谈判的结果是生成数据合同协议，然后可以在稍后的时间点执行。谈判数据合同协议的人可能不是负责共享数据的人。或者，在达成协议后，可能存在无法立即共享的数据资产（例如，只有在问题事件发生之前，才能使用的事件通知）。图3-2展示了数据空间内数据共享合同谈判的过程。

2）共享数据

当需要共享数据时，可能需要重新验证数据合同协议的政策，因为自合同谈判以来可能已经过去了相当长的时间。是否重新审查所有政策的决定取决于各方的业务规则。如果数据需要高度保护或需要特定的监管流程来处理数据，建议进行额外的审查。

要行使数据合同协议（也可以是处理数据的代码），数据需要从一个参与者移动到另一个参与者。可以通过推送模式来完成，拥有数据资产的参与者将数据推送给其他参与者，也可以通过拉取模式来完成，数据资产通过链接提供给消费参与者。数据传输技术取决于数据资产的类型、信任级别、技术协议的可用性、基础设施环境和其他因素。所有数据传输技术都必须能够进行编排。此级别的编排意味着对数据共享过程拥有技术控制权，允许连接器启动和停止传输，以及拥有必要的技术能力来监控传输进度并接收有关遵守使用策略的信息。

第 3 章 数据空间关键技术和组件

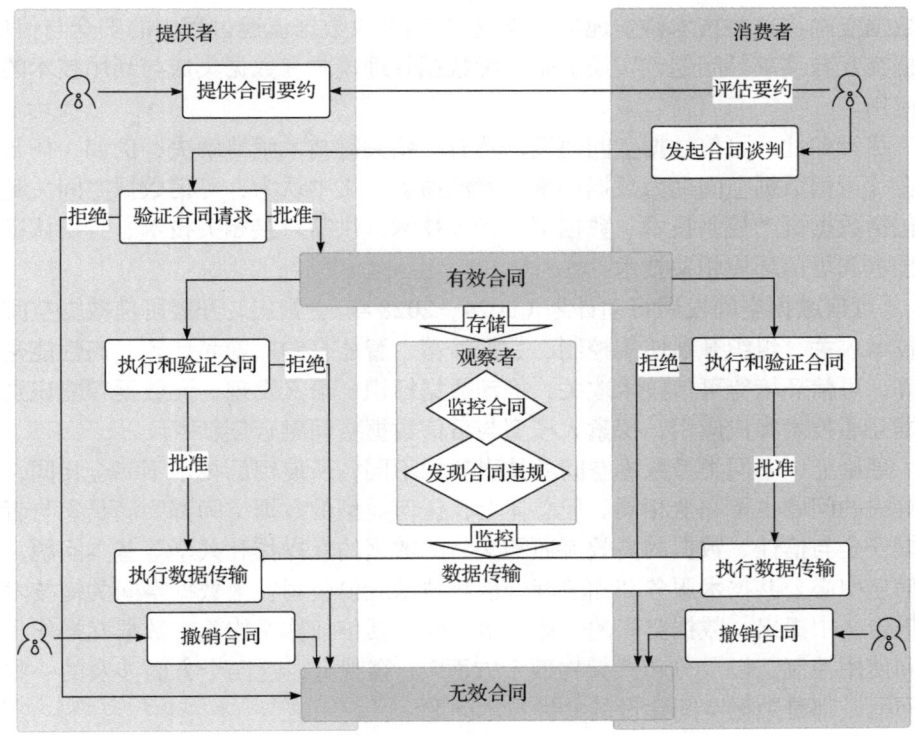

图 3-2 数据共享合同谈判[2]

数据共享必须适应广泛的场景。从两个数据空间参与者之间的简单文件传输，到用于流式传输或事件的 API 访问，再到通过加密计算、环境证明、签名代码、自定义加密算法等，在安全环境下实现的复杂应用场景。选择哪种共享解决方案取决于数据的保护需求和参与者之间的信任程度。

数据传输技术可以在数据合同协议中指定为政策，也可以通过共享的数据资产类型隐式推断。想要确保数据永远不会离开保证对其使用情况完全控制的环境，参与者可以通过在合同中设置政策并监控合规性来强制选择传输技术，以及存储和处理基础设施。

3.2 数据空间关键技术

数据空间作为一种促进不同区域和不同组织间数据共享和互操作的功能性框架，已成为跨领域和跨组织数据合作的关键技术架构。理论上，数据访问和使用控制、互操作和分布式架构等技术都不是新技术，也不是数据空间独有的技术，但数据空间将这些技术科学地加以集成，共同解决数据流通过程中的安全与信任、数据交互与共享等问题，实质上是一种数据管理模式和数据集成与利用技术的创新应用。

尽管如此，可信数据空间建设仍然有一些关键技术亟待解决，例如，杨云龙等在《可信数据空间助力数据要素高效流通》一文中认为，可信数据空间关键技术包括数据资产控制技术、数据资产管理技术、供需对接相关技术、身份认证相关技术和可信环境相关技术[3]。

《可信数据空间发展行动计划（2024—2028年）》指出，开展可信数据空间核心技术攻关，组织开展使用控制、数据沙箱、智能合约、隐私计算、高性能密态计算、可信环境等可信技术攻关，推动数据标识、语义发现、元数据智能识别等数据互通技术集成应用，探索大模型与可信数据空间融合创新[4]。

理论上，不同类型数据空间的技术架构不同，所使用的技术不完全相同，有待解决的问题也不完全相同。但总体上，任何类型的数据空间都要满足参与者的数据安全与信任、数据的高效流通和交易、数据的互操作和共享等基本问题。国家信息中心公共技术服务部和浪潮云信息技术股份公司在《数据空间关键技术研究报告》中提出，数据空间的关键技术主要包括信任体系构建、数据互操作、访问和使用控制，以及分布式架构四个方面[5]。客观上，这四个方面涉及的一些技术问题，都是数据空间建设的共性技术问题。

3.2.1 信任体系

2019年5月，诺贝尔经济学奖获得者保罗·罗默在《全球数字经济发展洞察》的演讲中指出，在数字平台的发展中，信任和规则的建立同样重要。数据是数字经济的关键核心要素，数字信任有助于解决数据治理和安全问题，促进数据要素市场形成，支撑数据的市场化配置，推动数字经济发展[6]。

信任体系是指在社会交往中，人们基于相互了解、共同价值观和道德规范而建立的一种相互信赖的关系网络。数字信任体系包括可信基础设施、可信身份、可信数据、可信行为等要素，其作用是解决网络应用中身份认证、授权管理和责任认定等问题，并确保数据的完整性、保密性和可用性[7]。

数据空间信任体系建设的目标是在数据生产者（创建者或所有者或持有者或提供者等）、处理者（或开发加工者）和消费者之间建立一种信任机制。这种信任是保护数据空间所有者等数据主权的关键，也是促进数据流通、消除数据孤岛、增加数据价值的重要手段。但数据空间信任体系不仅保护数据所有者的数据主权，还保护数据消费者等其他数据空间参与者的合法权益。数据空间信任体系的构建涉及以下一些关键技术。

1. 去中心化数字身份

去中心化数字身份是一种基于区块链技术的身份验证和管理系统，它允许在数字身份框架中的用户和企业在不同的网络和应用中使用统一的身份标识。去中心化数字身份是指将用户的身份信息存储在区块链上，并通过加密算法保护用户的隐私和安全。每个用户都拥有唯一的身份标识，可以在不同的应用和网络中使用，实现跨平台、跨应用的身份验证和管理。这种身份管理方式不依赖于任何中心化的权威机构，而是由用户自己掌握和控制自己的身份信息。数据空间内的所有参与者，包括各类机构、个人、连接器等都应当具有数据身份。

基于去中心化数字身份技术，支持数据空间内各类主体管控自己的数字身份信息。例如，在数据空间中，各参与者可以使用去中心化数字身份技术为自己的数据、应用程序或系统创建数字身份，并通过自签名方式授权他人访问自己的身份信息。在金融领域，银行可以使用去中心化数字身份技术来管理客户的身份信息，确保交易安全。

去中心化数字身份的关键组件包括去中心化身份标识符、标识符文档、可验证凭证等。其中，身份标识符是代表数字身份的字符串标识符，具有全球唯一性；标识符文档包含与标识符相关的元数据和信息，如公钥、身份验证方法等；可验证凭证则是一种不可篡改的声明，用于证明用户的某种属性或资格。

此外，去中心化数字身份还遵循一系列技术标准，如W3C（万维网联盟）的标识符核心规范、可验证凭证规范等。这些标准为去中心化数字身份的应用和发展提供了有力的技术支撑。

2. 可验证凭证

可验证凭证为数据空间的信任管理提供了支撑。数据空间内的各类参与者都可以利用可验证凭证传递权威方的验证信息，促进数据空间信任体系的建立。可验证凭证是一种基于密码学技术和区块链（或分布式账本）技术的电子凭证，用于证明身份和进行安全的数字交互。

可验证凭证是一种数字化的身份证明，它包含关于某个主体（如个人、组织或物品）的声明，这些声明由权威机构（即凭证的颁发者）提出，并通过数字签名和加密技术进行验证。与传统的物理凭证相比，可验证凭证具有更高的安全性、隐私性和便捷性。数据资产登记机构向登记企业签发数据资产登记凭证，数据使用方可通过该凭证了解数据产品的合规信息、质量信息和场景价值等。

例如，一家企业在获取另一家企业的数据时，可以查看其可验证凭证，以确认数据的可靠性和合法性。

3. 动态信任管理

数据空间内各类参与者主体部署环境差异很大，数据使用方式多种多样，参与者之间的信任需要动态信息管理来支撑。动态信任管理是一种在实体间信任关系管理中综合考虑多种影响因素，并动态地收集相关证据以调整信任评估、管理和决策的过程。动态信任管理在对数据空间应用中的信任关系进行管理时，综合考虑影响信任关系的完整性、安全性和可靠性的多种因素，并采用量化的方式加以形式化表示。它动态地收集信任关系相关的主观因素和客观证据的变化，同时实现对信任评估、管理和决策的相应调整。动态信任管理强调信任关系的动态性，即数据空间内参与者的信任值会随着时间和交互行为的变化而增减。

动态信任管理依托参与者信息服务和动态属性服务，共同实现和保障数据在满足条件的情况下使用。在数据使用策略中规定只有具有某个版本号的软件才能处理数据，如果软件版本发生变动，数据供给方可以自动暂停供给。

例如，在物联网领域，动态信任管理可以用于确保设备的安全连接。当物联网设备的软件版本发生变化时，动态信任管理系统可以自动检测到并根据预设的规则决定是否允许设备继续连接到网络。

3.2.2 数据互操作

互操作性是数据空间的关键（技术）特征之一，也是可信数据空间主要功能之一。互操作性是指不同平台应用、操作系统等主体间相互联通时，可以自动理解对方信息，实现高效协作能力。

1. 数据空间互操作性

1）互操作性的研究视角对比分析

现有互操作性的定义和研究，可以归纳为技术功能性视角、组织协同性视角与异构系统整合视角。它们分别从技术实现、治理规则和复杂系统融合的角度诠释了互操作性，见表 3-2。

表 3-2 互操作性研究视角对比分析

视角	关注对象	技术方法示例	核心诉求
技术功能性	传输接口、数据结构、通信协议	OPC UA 协议、HTTP/3	以最小化数据损失实现系统间信息交换
组织协同性	参与主体、协同程序、政策映射	智能合约、多边治理协议	关注跨组织治理规则对齐，通过动态管理最大化数据共享价值
异构系统整合	语义模型、物理交互、数据描述	数据模型	跨领域、跨模态系统的深度融合，关注解决语义歧义与设备异构性

（1）技术功能性视角。主要关注协议与数据格式兼容，如何以最小化数据损失实现系统间信息交换，有观点将其定义为"不同硬件和软件平台的系统以最小内容与功能损失交换数据的能力"，认为互操作性是异构系统间高效、无损交换数据的技术能力。还有观点进一步简化，提出系统间的互操作性可以"使用交换的信息和数据而不需要任何特殊的操作"，强调从技术角度实现协议兼容性与接口标准化，为技术层面的互操作性提供了理论基准。例如，工业自动化领域通过 OPC UA 协议（IEC 62541 标准）实现设备间实时数据互通，其技术层依托 TCP/IP 协议确保传输可靠性，句法层通过统一数据模型（如 UA Information Model）定义结构化数据格式，而传输层则优化实时通信性能。这一范式的局限性在于其隐含的"数据中立性"假设，即忽略数据主权与使用规则的约束，仅追求物理层的无缝连接。在数据空间中，技术功能性需进一步内嵌主权控制机制。例如，IDSA 框架要求连接器支持双向认证与动态策略执行（如基于 OAuth 2.0 的权限管理）。

（2）组织协同性视角。关注流程与规则的跨域对齐，认为互操作性是组织间业务流程、治理规则与文化协同的结果，需通过动态管理最大化数据共享价值，其本质是建立跨组织协作的信任框架与治理共识，有观点提出，互操作性需"通过管理组织系统、程序与文化，使信息交换与复用的机会最大化"，强调技术能力需与组织治理深度融合。组织以独特的业务流程、数据格式和标准运营，这些过程需要建立跨组织互操作性的共同标准、协议和规则，然而治理规则的统一无法直接解决数据语义歧义，如金融数据空间与工业物联网数据流因术语差异（如"风险"在金融中指市场波动，在工业中指设备故障概率）无法直接整合。

（3）异构系统整合视角。主张互操作性是跨领域、跨模态系统的深度融合能力，需解决语义歧义与设备异构性，实现"数据-上下文-业务逻辑"的全链路对齐。IEEE 1451 标准进一步扩展，提出互操作性需"通过标准化数据模型与通信接口，实现物理设备与信息系统的双向理解"。在这一范式下，通过语义互操作性增强系统之间的相互理解成为重要的研究层级，如农业数据空间项目 DEMETER 通过本体对齐工具将土壤传感器数据与气象数据库关联，构建跨系统决策模型，使作物产量预测精度提升 22%。

2）对数据互操作性的界定

通常认为，互操作性是不同系统和组织交换、理解和使用数据的能力。数据互操作对于数据空间实现数据共享和创造价值至关重要。不过，数据空间的互操作性问题与传统互操作性在理论层面存在重要差别，根源是数据协作与价值实现模式不同。传统互操作性以技术兼容性为核心逻辑，其理论根基可追溯至系统论与信息论，强调通过协议标准化、接口统一化实现异构系统间的数据流动与功能调用。例如，开放系统互连参考模型通过分层解耦，将互操作性简化为技术规范的逐层对齐，其本质是追求数据交换的效率与可靠性。然而，这种模型隐含了"数据中立性"假设——即数据仅作为无差异的比特流存在，其价值实现仅依赖于传输效率与完整性保障。

数据空间内数据被赋予主权属性，成为具有明确权属关系、使用约束与价值密度的数据资产，其流动不再是简单的物理层或应用层行为，而是涉及多方利益博弈的治理过程。互操作性的目标从"确保数据能流动"提升至"确保数据能在可信约束下高效流动"，其理论挑战从技术适配转向如何在不可信环境中构建可信管控机制，如何在语义异构性中保留数据主权，如何在跨域协作中平衡控制与开放的矛盾。

具体地说，传统互操作性的理论边界止步于不同数据系统间数据交互管道的建立，而数据空间的互操作性需重构数据生态的价值分配逻辑，其本质是数字经济时代新型生产关系在技术架构中的具象化。可以分别从技术、组织和系统视角对互操作性进行理解和界定。

在技术视角下，数据空间需要通过标准化协议、接口和数据格式，确保不同系统之间的数据能够顺利传输和调用，同时必须具备足够的灵活性，能够支持动态信任机制和访问控制策略，确保数据在跨域交换过程中符合预设的安全性与隐私要求。

在组织视角下，数据空间注重在跨组织、跨领域的数据共享中的治理规则，信任机制和合规性保障体系需与技术协议和语义标准相结合，形成一个多方认可的协作框架。特别是在处理数据主权和隐私保护时，需要有明确的政策和法律支持，确保不同数据空间的参与者能够在公平和透明的规则下进行数据交换。

在异构系统视角下，数据的语义一致性是实现可信数据空间内跨系统合作的关键。不同系统之间的数据不仅需要在格式上兼容，还需要在语义上达成共识。例如，通过本体对齐与标准化数据模型，确保各方对数据的理解和应用能够保持一致，从而支持更高效的协作和决策。

此外，在数据空间中，互操作性不仅仅是技术和语义兼容性的问题，还需要确保数据的可信性。这一可信互操作性的要求，源自数据作为具有明确权属关系、使用规则和隐私保护的数字资产的属性。具体而言，可信互操作性要求建立强有力的信任机制，包括动态信任锚点和认证机制，确保数据交换的各方都能确认对方的身份和数据来源的可靠性。与此同时，数据的隐私和安全性也至关重要，必须采取先进的加密技术和访问控制手段，确保数据在流动过程中不被未授权方访问或篡改。除了技术层面的保障，可信互操作性还需要在法律和合规层面提供保障，要求各方遵循相关的法律法规和协议，确保数据共享和使用的合法性和透明度。

2. 语义互操作

语义互操作是一个在信息技术领域中至关重要的概念，它关注的是两个或多个软件单元或系统之间交换具有精确含义数据的能力。接收方能够准确地翻译或转换数据所携带的信息、信息所携带的知识，即信息、知识能够被理解，最终产生有效的行为协作结果。这要求不仅信息能够被交换（即信息共享），而且交换的信息能够被正确地理解和使用。

语义互操作旨在解决数据层面的协作问题，通过对各行业领域的业务对象建模，抽象出多方共识的可表达数据语义模型，以约定传输数据本体属性、关系标准，便于数据使用方或消费方快速理解数据语义内容，提高数据的可用性。

例如，在医疗健康领域，不同医院之间可以使用语义互操作技术来共享患者的病历信息。通过建立统一的数据语义模型，不同医院的系统可以准确理解和解释患者的病历数据，从而实现更好的医疗协作。

在数据空间中，语义互操作主要依赖词汇语义服务实现。词汇语义服务通过词汇表发布来自各领域的数据模型，供数据连接器引用。概括地说，实现语义互操作的方法通常包括以下几个方面。

1）建立通用数据模型

不同系统之间需要有一个共同的数据模型来确保数据的准确交换。这个数据模型应该包含所有必要的术语和概念，并明确它们之间的关系。数据模型应面向公众开放，各类主体（包括组织和个人）均可以按照标准或规范创建并发布数据模型。

数据空间的目标是实现跨地区、跨行业或跨领域、跨机构的数据交互和共享。因而，数据空间应建立数据模型库供各类数据使用者下载和使用。数据空间中的数据模型应包括领域模型和实体模型。数据空间中的数据模型支持数据开发和数据使用者下载。通过模型工具，将数据模型集成到数据连接器内，将传输数据按模型转换形态，交付于数据使用者。数据使用者可以通过词汇表，解析数据模型，理解数据语义。

2）使用本体

本体是一种用于描述特定领域知识的概念模型。本体是概念与概念间关系的形式化说明。通过使用本体，可以确保不同系统之间对术语和概念的理解保持一致。

本体的应用十分广泛。在信息技术领域，本体通常被用来描述和组织网络中的知识、信息、资源和服务。具体来说，本体在语义网中扮演着重要角色，它可以被视为一种形式化的、共享的知识库，其中包含相关的概念、关系和约束条件。本体可以用于定义和描述语义网中的实体、概念、事件和行为，以及这些实体、概念、事件和行为之间的关系。

3）采用语义网技术

语义网技术提供了一种标准化的方法来描述和链接数据。通过使用这些技术，可以确保数据在不同系统之间的准确交换和理解。

4）实现数据转换和映射

在数据交换过程中，可能需要进行数据转换和映射以确保数据的准确性，可以通过编写转换规则或使用现成的转换工具来实现。

数据转换在信息技术和数据处理领域中是一个至关重要的过程，是指将数据从一种格式、结构或类型转换为另一种格式、结构或类型的过程。这个过程可能是简单的格式转换，如从 CSV 文件到 JSON 文件，也可能是更复杂的结构转换，涉及数据的清洗、验证和聚合等。数据转换的目的是确保数据能够在多个系统之间流通，同时保持其完整性和准确性。数据转换的主要内容包括以下几个方面。

（1）数据清洗。移除错误的、不完整的或者不符合要求的数据，确保转换后的数据质量。

（2）数据映射。将源数据的字段对应到目标数据的字段，确保数据在结构上的一致性。

（3）数据格式化。使数据符合特定的格式和标准，如日期格式统一为"yyyy-mm-dd"。

（4）数据校验和验证。确认数据的有效性，验证数据是否符合预定的规则和约束。

（5）数据聚合或分解。将来自同一数据集的多条记录合并为一条，或将一条记录分解为多条，以符合目标系统的要求。

（6）数据编码。将数据转换为适当的编码格式，以便在不同系统或应用中使用。

3. 技术互操作

技术互操作是数据空间关键技术的重要组成部分，它旨在解决通信层面以及接口层面的协同问题，确保不同平台、应用和系统之间能够高效、准确地交换和处理数据。数据空间技术互操作是指通过约定对接协议与交互模式，实现不同平台、应用和系统之间的数据交换和处理，其目的在于打破数据孤岛，促进数据流通和共享，提高数据处理的效率和准确性。

技术互操作通过约定对接协议与交互模式，解决通信层面以及接口层面的协同问题，兼容支持多项协议以满足多场景的数据传输与业务协同。在工业制造领域，不同的生产设备和系统可以使用互操作技术来实现协同工作。例如，通过兼容多种通信协议和 API 设计语言规范，不同厂家的设备可以无缝集成到生产线上，提高生产效率。

数据空间技术互操作主要通过标准化的通信与传输协议来实现。这些协议包括但不限于 TCP/IP、QUIC 和 WebSocket 等网络通信协议，以及 OAS、NGSI-LD API、LDES、Async API 等 API 设计语言规范。这些协议和规范的兼容性确保数据能够在不同系统之间顺畅流通。数据空间的技术互操作主要通过以下关键技术来实现。

（1）通信协议标准化。数据空间采用标准化的通信协议，如 TCP/IP 等，以确保数据在传输过程中的稳定性和可靠性。这些协议提供数据封装、传输控制、错误检测与纠正等功能，从而保障数据的完整性和准确性。

（2）API 设计语言规范。为了促进不同系统之间的数据交互，数据空间采用标准化的 API 设计语言规范。这些规范定义数据接口的结构、语法和语义，使得不同系统能够理解和响应彼此的数据请求。

（3）数据连接器。数据连接器是数据空间技术互操作的关键组件。它负责在不同系统之间建立连接，实现数据的传输和转换，通常具有高度的灵活性和可扩展性，能够适应不同系统和应用的需求。

3.2.3　数据访问控制

数据访问控制技术是数据提供者的数据主权在技术层面的实现，它通过一系列的策略进行具体的表达。数据访问和使用控制是确保数据安全、完整性和可用性的关键措施。数据访问和使用控制是指通过一系列策略、机制和技术手段，对数据资源的访问和使用进行管理和约束，以决定谁（主体，如用户、进程、系统）在什么条件下（如时间、地点、网络环境）可以对何种数据（客体）进行何种操作（如读取、写入、修改、删除等）。其目的在于防止未授权的数据访问、滥用、篡改或泄露，同时支持合法的数据使用，以实现组织的业务目标和合规要求。

数据访问控制技术通过预先设定的规则给予用户特定访问权限。常常基于角色和属性来设置数据访问策略，各类第三方服务商、数据提供者均可利用该技术实现数据访问的内外部权限管理，以满足数据安全合规管理要求。在企业管理中，企业可以使用数据访问控制技术来保护敏感的商业数据。例如，企业可以规定只有特定部门的员工能够访问财务数据，并且只能在特定的时间段内进行访问。

数据访问控制是数据库管理常用的技术方法，主要有以下几种访问控制的方法与技术。

1）用户认证

通过验证用户的身份来确定他们是否有权限访问特定的数据。常见的用户认证方式包括用户名和密码、生物特征识别（如指纹或面部识别）、数字证书等。

2）角色与权限管理

为用户分配不同角色，并为每个角色分配特定的权限。例如，在企业管理中，可以定义"经理""员工""财务人员"等角色，每个角色具有不同的访问和操作权限。

3）数据加密

对数据库中的敏感数据进行加密，防止非授权用户在没有解密密钥的情况下获取数据。常见的数据加密方式包括对称加密和非对称加密。

4）访问控制模型

包括基于角色的访问控制和基于属性的访问控制。

（1）基于角色的访问控制。根据用户在组织内的角色来分配访问权限。角色被定义为一组特定的权限集合，用户被分配到不同的角色，从而获得相应的权限。

（2）基于属性的访问控制。根据用户、资源、操作以及环境等属性来决定访问权限。这些属性包括用户的身份、职位、部门，资源的类型、敏感性，操作的类型，以及时间、地点等环境因素。

5）强制访问控制

系统根据预定义的安全策略和数据的安全级别来决定访问权限，用户无法自主更改权限。常见于军事、政府等对安全性要求极高的领域。

6）单点登录

用户只需进行一次身份验证，就可以访问多个相关但彼此独立的系统或应用程序，减少了烦琐的重复认证，同时也便于统一管理访问权限。

7）多因素认证

结合两种或多种不同类型的身份验证因素（如密码、指纹、短信验证码等）来确认用户身份，增强访问控制的安全性。

8）令牌

服务器生成并颁发给经过身份验证的用户的一段加密字符串，用户在后续的访问请求中携带令牌以证明其身份和授权。

可扩展访问控制标记语言（XACML）[1]是一种在国际互联网上用 XML 语言来为信息访问表达访问控制策略的 OASIS 规范[8]，已经成为数据空间中数据控制策略表达的参考标准。XACML 3.0 更是构建了由策略点构成的数据流模型[9]，能够使数据持有者实现对数据的持续可控，为数据空间实施数据控制提供了参考架构[10]，如图 3-3 所示。

---

1) XACML（eXtensible Access Control Markup Language），可扩展访问控制标记语言。XACML 可以表达与传播规则和策略，访问控制机制可以根据规则和策略决定对对象以及属性的访问。

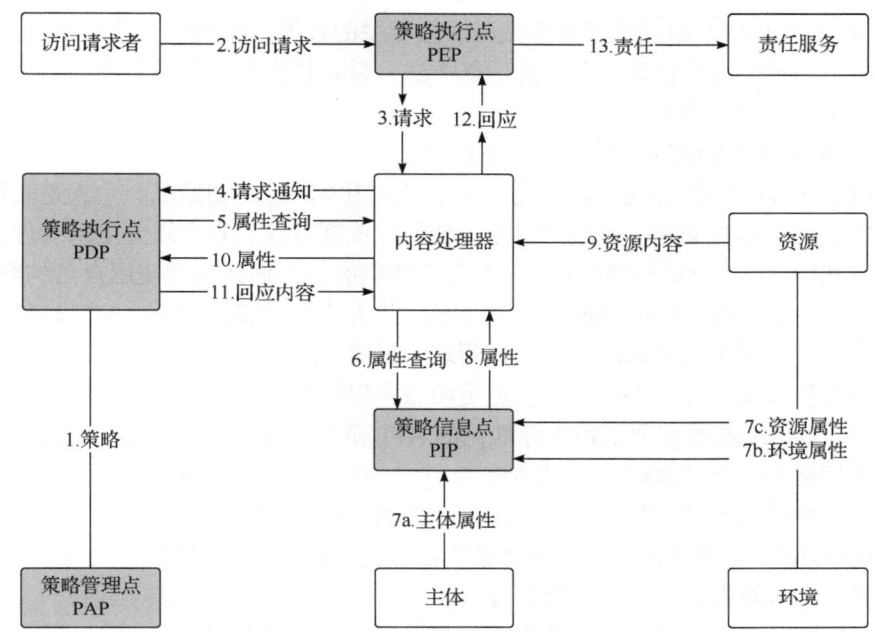

图 3-3 XACML 数据流模型图示

3.2.4 数据使用控制

数据使用控制是指在数据的传输、存储、处理和销毁等环节，通过技术手段和管理措施对数据的使用进行约束和管理，以确保数据的合法、安全、有效使用。国家数据局对数据使用控制的定义是，在数据的传输、存储、使用和销毁环节采用技术手段进行控制，如通过智能合约技术，将数据权益主体的数据使用控制意愿转化为可机读处理的智能合约条款，解决数据可控的前置性问题，实现对数据资产使用的时间、地点、主体、行为和客体等因素的控制。

数据使用控制的主要目的是，保护数据所有者或数据提供者的合法权益，防止数据的非法使用、滥用、泄露和篡改，同时支持合法的数据使用需求，确保数据的完整性和可用性。这对于保护个人隐私、维护国家安全、促进数据共享和合作具有重要意义。数据使用控制的关键是确保数据不被滥用。

如何保障数据安全始终是数据管理活动中需要解决的重要问题。数据使用控制技术是解决数据安全问题的重要技术方法，通常有数据加密、数字签名、存取控制、审计、认证、授权访问和数据备份等。

1. MY DATA 控制技术

MY DATA 控制技术（简称 MY DATA）是个人数据主权的技术实现方法。一一般来说，MY DATA通过控制或拦截与安全相关的数据流实现个人数据主权。MY DATA是一种个人数据管理和处理的新方法，旨在将当前以组织为中心的系统转变为以个人为中心的系统。

1）MY DATA的理念与技术实现方式

MY DATA的核心理念有三点，一是以人为本的控制和隐私。个人是其数据的主体，而不是被动地被收集的目标。他们应该拥有权利和有效方法来管理自己的数据和隐私。二是数据的可用性。个人应该能够轻松地访问和使用自己的数据，这通常通过安全的、标准化的API来实现。三是开放的商业环境。MY DATA基础结构实现了对个人数据的去中心化管理，提高了互操作性，使得公司更容易遵守数据保护法规，并允许个人方便地更换服务提供商。

MY DATA技术实现依赖于标准化的API和个人数据账户，允许个人在多个服务间切换并管理其数据。通过MY DATA，个人可以一次性地确认分散在各机构和企业中的自己的信息，并通过向企业提供自己的信息来获得商品或服务的推荐。MY DATA运营商在产业链中扮演核心角色，它们收集分散的个人信息，为用户提供一站式查询、资产管理等服务。

MY DATA强调个人应该拥有访问和控制自己数据的权利，这是基于加强数字人权和提供创新服务机会的原则。这使得个人能够对数据流进行细粒度的屏蔽和过滤，例如，使其匿名。与传统的访问控制系统相比，MY DATA还可以执行数据部分过滤和屏蔽、上下文和情况限制，以及使用目的的限制。MY DATA提供决策服务，包括策略编辑器在内的管理服务，以及用于创建控制点、执行点、信息点的开源软件开发工具包。MY DATA开放源码软件开发工具包，可轻松集成到任何系统中。

2）MY DATA控制技术的应用实例

MY DATA在信用管理、资产管理、健康管理等领域有广泛的应用前景。它使得个人能够更好地控制自己的数据，并从中受益，同时也为企业提供了开发创新服务的机会。MY DATA是一种以人为本的个人数据管理模式，也是一种增进个人、企业和社会互信的互惠机制，其基于一种法律确认的新型权利——个人信息可携带权。MY DATA技术在美国和韩国等国家和地区已经较为广泛地应用。以下是韩国MY DATA控制技术在金融、医疗和生活服务等领域的部分应用实例。

（1）金融领域。PAYCO MY DATA服务已通过沙盒测试并推向市场。该服务提供金融信息一站式查询，包括数据下载、数据查询记录、综合金融超市等功能。用户可以方便地管理自己的金融数据，并将其应用于信用管理、资产管理等流程中。

（2）医疗领域。"慢性肾脏疾病全国MY Health Data"项目根据慢性肾脏疾病数据为个人提供量身定做的菜单及运动指导，并在新药开发时提供临床试验匹配服务。另外,"MY Health Link"项目为患者提供 20 所中/大型医院的患者诊疗标准化数据,并使用个人基因等信息预测癌症危险程度,提供预防慢性疾病的服务。

(3)公共服务领域。与行政安全部的"公共 MY DATA 服务"链接,用户办理搬家迁入/迁出手续时,可以在线上使用一个文件夹一次性下载全部相关文件。此外,还可以使用陆军兵役信息及部队出入信息,为军人提供专用身份证明及支付服务。

(4)生活消费领域。通过分析通信与信用卡支付数据,为消费者提供"消费秘书服务",该服务包括个性化商圈分析、商品价格变化趋势分析等信息,帮助用户做出更明智的消费决策。

下面给出 MY DATA 控制技术在美国的一些应用实践。

(1)美国政府主导项目。2009 年,美国总统奥巴马发起一系列 MY DATA 倡议,旨在确保所有美国人都能轻松安全地访问自己的个人数据,并增强他们为自己和家人做出知情选择的能力。其中,Blue Button 计划允许退伍军人下载个人的健康资料,提供给医生、医疗保险或护理者。美国在能源领域也推出 Green Button 计划。

(2)美国企业主导项目。为落实个人信息可携带权,Google、Facebook、Microsoft、Twitter 等美国互联网企业发起 DTP(Data Transfer Project)项目。该项目旨在为用户创造一个在不同服务商之间传输数据的平台,实现个人数据的便携性和可转移性。

以上这些实例,展示了 MY DATA 在不同领域和场景下的应用,体现了其以人为本、增强个人数据控制权的核心理念。随着技术的不断发展和法律法规的完善,MY DATA 模式有望在可信数据空间得到推广和应用。

综上所述,MY DATA 控制技术更多是一种理念或框架,它强调个人对其数据的控制和隐私保护,并通过标准化的技术实现方式,促进数据的可用性和互操作性。与传统的数据控制技术相比,MY DATA 更加注重个人权益的保护和数据使用的透明度。

2. 策略协商技术

策略协商也是数据空间的一种数据控制技术。在商业活动中,商品提供者和消费者之间协商(非技术性的)合同是一种常见的活动。国际数据空间中的数据驱动型业务也是如此,但最终应通过技术手段来执行策略。因此,数据提供者和数据消费者必须协商数据使用合同,以建立数据经济。

策略协商过程涉及两个方面,第一个方面是使用限制与内部系统环境的技术映射,以及使用条件的协商。技术映射的目标是,基于已部署的系统,将使用限制实例化为可判定的技术特征。数据提供者通常无需知晓数据消费者信息技术架构的类型和变体。此外,数据提供者和数据消费者都不愿意透露更多信息,这对于他们的本地设置是非必要的。此外,任何可自动执行的限制都必须明确参数,通过二进制决策过程,以确定性方式判定各类操作是否被允许。

第二个方面是实际条件的协商。在规定使用限制时,数据消费者的要求和偏好通常是未知的。采用简单的接受或拒绝模式,会大大减少潜在数据消费者的数量,从而减少商业机会。此外,在不了解上下文和潜在用途的实施细节的情况下就确定义务是不合理的,因为实施细节之间的信息差会导致不可预见的不匹配和冲突。因此,应该让感兴趣的数据消费者进行适度的条件磋商。不过,数据提供者始终有权接受或拒绝请求,甚至可针对收到的磋商细节提出补充报价。

数据提供者通过模板化策略管理点制定 IDS 策略。首个处理环节的输出是国际数据空间策略提议。策略规范制定完成后,必须在数据提供者和数据消费者之间进行协商。作为协商的一部分,数据消费者也使用策略管理点来提交其 IDS 策略请求。如果要约和请求相匹配,协商就会终止,双方达成 IDS 策略协议。IDS 策略协议属于技术无关型策略,必须在数据消费者端进行转换和实例化。转换和实例化通常由策略管理点支持,结果是技术相关型策略,如 MY DATA 策略。技术相关型策略可以直接部署在数据消费者的目标系统上,用于执行数据使用控制。

3. 开放数字权利语言

开放数字权利语言(Open Digital Rights Language,ODRL)是一种策略表达语言,用于对数字资源的权利信息进行标准化表达。ODRL 提供了一种灵活且可互操作的信息模型,能够以策略的形式表达在一定的业务场景下,主体对资源允许或禁止的行为,以及额外的限制策略。它使用特定的词汇表和编码机制来表示内容和服务的使用情况,适用于基于主体、客体、权利的三元语义结构。通过 ODRL 信息模型,资源创造者(或持有者)和使用者(或消费者)都能够明确彼此的权利范围,从而避免权利的侵犯或滥用。

1)ODRL 的核心结构

开放数字权利语言的核心结构通常由参与者、内容和权利三部分构成。

(1)参与者。创建内容并拥有权利,或者被授予权利使用内容的实体。在数据空间内,参与者主要是指数据提供者和数据消费者。参与者由权利人、角色定位、主体形态、权限体系等要素定义。

(2)内容。指受权利保护或管理的数字资源,如电子出版物、数字图像、声音、电影、知识对象、计算机软件等。在数据空间内是指数据交易的标的,或数据交互活动的客体,可能是一个数据集或数据服务等。

（3）权利。包括许可和限制（条件和要求），定义了参与者对内容可执行或禁止的行为。

2）ODRL 的特点

开放数字权利语言具有以下一些特点。

（1）开放性。开放数字权利语言是开源软件，没有许可证要求，以"开放源码"软件的精神自由使用。

（2）灵活性。开放数字权利语言提供了丰富的词汇表和编码机制，能够表达各种复杂的权利策略。

（3）互操作性。开放数字权利语言支持基于 XML 的语法标记，不同系统之间能够方便地交换和解析权利信息。

（4）可扩展性。开放数字权利语言允许用户根据实际需求定义新的属性或扩展现有的属性集。

简单地说，开放数字权利语言是一种重要的数字权利表达工具，具有开放性、灵活性、互操作性和可扩展性等特点。它在数字版权管理、数字资源交易平台设计等领域发挥着重要作用，有助于促进数字内容的合法利用和传播。因而，适合在数据空间中应用，实现对数据相关主体的权益保护。

总之，开放数字权利语言已被广泛应用于数字版权管理、数字资源交易平台设计、开放型机构知识库著作权管理等领域。通过 ODRL，数字资源的创造者和使用者能够清晰地表达和管理彼此之间的权利关系，降低侵权风险，促进数字资源的合法利用和传播。此外，开放数字权利语言还作为 W3C 的候选标准，受到国际社会的广泛关注和认可。它的出现为数字权利的表达和管理提供了一种标准化、规范化和自动化的手段，有助于推动数字内容产业的健康发展。

3.2.5 分布式架构

国际数据空间通过去中心化的分布式架构为授权和身份验证提供一个安全可靠的平台，确保数据提供商或数据生产者的需求得到全面解决。分布式架构允许身份提供商识别和控制数据提供商和服务提供商。与其他数据网络架构（例如，数据湖或云服务）相比，分布式架构通过连接器进行去中心化数据交换，确保完全的数据主权。除了这些自我控制机制，分布式架构还允许在信息交换所记录数据传输信息。

1. 分布式架构的内涵

分布式架构是一种软件架构设计模式。分布式架构是指将应用程序的不同组件或服务部署在网络中的多个节点上，这些节点可以是物理服务器、虚拟机或容器。节点之间通过网络进行通信和数据交换，共同完成一个或多个业务流程。

数据空间为数据的高效流通提供了安全、开放且互操作的体系，以支持各行业的数据流通与协作。数据空间的分布式架构旨在打造各节点平行、权限平等的服务模式，通过去中心化的设计理念，数据连接器之间可直接通信，从而提高数据传输的效率与稳定性。

数据空间的分布式架构使得每个参与者都可以充当数据提供者和数据消费者，形成去中心化的数据交换环境。客观上，每个参与者的身份会依据业务场景而变化。在一个业务场景中是数据提供者，在另一个业务场景中可能就是数据消费者。而且，有些组织或个人，同时会是两个以上数据空间的参与者，他们在每个数据空间中可能具有不同的身份，充当不同的角色。

2. 分布式架构的实现方式

分布式架构主要通过多节点快速组网和通信协议兼容等技术来实现。

1）多节点快速组网

多节点快速组网是指将多个地理位置或网络节点快速、高效地连接在一起，形成统一管理和控制的网络架构。这种组网方式在企业、数据中心、云计算等领域具有广泛应用。通过连接器身份注册、网络寻址与互联等，支撑多节点快速组网。在数据空间中，各参与方的连接器通过连接器身份注册进行身份验证，确保经过认证的节点能够安全入网连接。

2）通信协议兼容

在多节点快速组网中，通信协议兼容是一个至关重要的因素。它确保了不同节点之间能够进行有效的数据通信，是实现网络互联、数据共享和业务协同的基础。数据空间的连接器需要具备多种数据传输能力，兼容多种协议，并建立错误检测与重传机制，包括流数据、批数据、块数据等。因此，需要多协议兼容的技术来支持实现。

3. 分布式架构的主要特点

（1）组件分布。系统组件分布在不同网络节点，这些节点可以是物理上分散的设备。

（2）网络通信。节点之间通过网络进行通信和数据交换，实现协同工作。

（3）独立运行。每个节点或子系统都可以独立运行，处理特定的任务。

综上所述，数据空间的关键技术涵盖信任体系、数据互操作、访问和使用控制，以及分布式架构等多个方面。这些技术的科学集成和综合运用可以确保数据在数据空间中的安全高效地流通和共享。

3.3 数据空间构件

数据空间为参与者提供了交换和共享数据的功能框架或服务平台。它为想要优化其数据价值链的组织提供了一个基本架构。主要目标是，让参与者在安全和值得信赖的业务生态系统中发挥其数据的潜在应用价值。因此，数据空间涵盖信息系统的观点，并提供了使参与者能够定义单个业务案例的构件。构件通常是指构成系统的各个部分或模块。这些构件共同协作，以实现数据的存储、传输、处理、共享和分析等功能。

数据空间中的各个构件通过相互协作和系统集成共同构成完整的数据生态系统。同时，通过实施严格的数据使用控制和加密技术，确保数据在共享、传输和存储过程中的安全性和隐私性。数据空间是一个具有多种功能的复杂的技术架构，其构件根据具体实现方案和技术框架的不同而有所差异。但是，无论以何种技术实现，采用何种体系架构模式，都需要以下构件[2]。

（1）注册。提供申请数据空间会员资格的服务（包括验证参与者自我描述的属性及其值，以及根据会员政策检查其适用性）。这项服务可以是基于机器的，也可以包括人工工作流程。

（2）会员凭据。发放和验证会员凭证服务，可用于会员凭据管理，也负责撤销证书。

（3）参与者目录。允许发现数据空间中的其他参与者。

例如，Eclipse 数据空间构件为企业在多方参与的数据交换中提供了标准化、可扩展的解决方案，作为数据空间的核心技术构件，主要包含以下组件。

· 连接器（Connector）。参与者通过连接器与数据空间进行交互，负责数据的上传、下载和共享。

· 联邦目录（Federated Catalog）。跨组织的目录系统，允许参与者查找和发布数据资源。

· 身份中心（Identity Hub）。负责管理和验证参与者的身份，确保只有授权的参与者能够访问数据。

· 注册服务（Registration Service）。参与者通过注册服务加入数据空间，并获取相应的访问权限。

· 数据仪表板（Data Dashboard）。为用户提供管理和监控数据交换的可视化界面。

此外，Eclipse 数据空间组件还包含多个关键库和模块，例如：

· 身份验证与信任管理。包括 identity-trust-core（处理核心功能）、identity-trust-service（提供身份验证服务）和 identity-trust-api（允许外部应用交互的 API）。

· 数据平面。实际进行数据传输和存储的部分，包括 data-plane-instance-core（管理数据传输和存储）、data-plane-instance-api（提供交互 API）、data-plane-google-storage（支持 Google Cloud Storage 数据传输）和 data-plane-aws（支持 Amazon Web Services 数据传输）。

· 策略管理模块。包括 policy-monitor-core（监控管理策略执行情况）、policy-definition-store（管理策略定义和存储）和 policy-evaluator-lib（评估数据共享和使用策略的库）。

· 合同管理库。包括 contract-definition-core（管理合同核心功能）、contract-negotiation-core（负责合同谈判）和 contract-agreement-core（处理合同协议的管理）。

· 数据传输管理。如 transfer-process-core（数据传输过程的核心模块），负责确保数据安全传输。

另外，从生态系统的角度看，数据空间是一个包括数据模型、数据集、本体、数据共享协议及专业管理服务的生态系统。这一生态系统通过优化数据存储和交换机制，支持数据的保存、生成和共享，最终创造新知识。其组件可能还包括：

· 数据模型组件。定义数据的结构和表示方式，确保数据的一致性和可理解性。

· 数据集组件。包含大量数据资源，这些数据资源可以被不同的用户和组织共享及利用。

· 本体组件。定义数据的语义和概念，帮助用户更好地理解和利用数据。

· 数据共享协议组件。规定数据共享的规则和流程，确保数据的安全、高效流通。

· 专业管理服务组件。提供数据的管理、监控、维护等服务，确保数据空间的正常运行和持续发展。

概括地说，数据空间的构件因具体实现和技术框架的不同而有所差异。在规划设计和创建数据空间时，可以依据具体的目标、参与者的需求和要实现的功能等，选择相应的组件。但无论采用哪种实现方式，都需要确保数据主权与安全、数据合规和高效流通，数据价值共创。

3.4 数据空间核心组件

数据空间通常包含一组具有特定功能的构件。每个构件又包含一组具有一定功能的组件，因此，数据空间是技术组件的集合。国际数据空间的核心组件包括数据连接器、应用程序、应用商店、元数据代理、清算中心和词汇中心。

3.4.1 数据连接器

数据空间是一个虚拟数字空间,是一个以连接器为节点的数据网络。每个数据连接器通过其暴露的数据端点进行数据交换。为了从技术上实现对数据使用的控制,通信双方(数据的提供者和数据的使用者)必须部署一个可信的系统,该系统支持数据提供者制定使用控制策略,并支持数据消费者验证这些策略的执行情况。这个系统在国际数据空间中被称为连接器。连接器是数据空间的核心组件,详细介绍见第 7 章。

3.4.2 应用程序

数据空间应用程序是一种独立的、可重复使用的软件,并可在数据空间连接器上部署、执行和管理。数据空间连接器可以利用应用程序实现多种功能。根据执行任务的不同,数据空间应用程序大致可分为三种:数据应用程序、适配器应用程序和控制应用程序。所有类型的应用程序都可以在应用商店下载,并通过连接器进行管理。

1. 数据应用程序

数据应用程序通过收集、处理、分析和可视化数据,帮助用户从大量复杂的数据中提取有价值的信息和见解。数据应用程序能够解释数据,分析趋势,展现洞察力,并为用户提供建议。这些应用程序通常是动态的、专门构建的用户体验,由软件和数据工程师开发。

数据应用程序是可重复使用、可被替换且独立于连接器运行的应用软件,用于执行诸如转换、清洗或分析数据等小型处理任务。换句话说,这类应用程序以某种方式对可用数据进行操作。

2. 适配器应用程序

适配器应用程序通常是指一种软件或中间件,它充当不同系统、设备或接口之间的桥梁,使它们能够协同工作。这种应用程序的主要作用是解决不同系统之间的兼容性问题,通过转换和适配数据格式、通信协议等,使得原本不兼容的系统能够进行有效的通信和数据交换。适配器应用程序类似于数据应用程序,也可重复使用、可被替换且独立于连接器运行,提供访问机构信息系统的功能,使这些信息系统能够与底层连接器协同工作。

3. 控制应用程序

控制应用程序是专门用于管理、监控或限制其他应用程序运行的软件工具。

这类程序通常提供应用程序黑白名单管理、网络访问控制、资源使用限制等一系列功能，以帮助用户或管理员更好地控制和管理计算机或网络上的应用程序。控制应用程序支持从外部系统控制连接器，还可将后端系统接入数据空间生态系统。因而，与前两个应用程序相比，控制应用程序主要作用于管理控制流，且与连接器紧密相关。

3.4.3 应用商店

数据空间应用商店是用于分发数据空间应用程序的平台。应用商店由应用程序注册表和搜索功能组成，支持通过不同的搜索项搜索应用程序。因此，应用商店能够实现 App 注册、发布、维护、查询和下载等操作，以及向连接器提供应用程序，供用户使用。应用商店架构如图 3-4 所示。

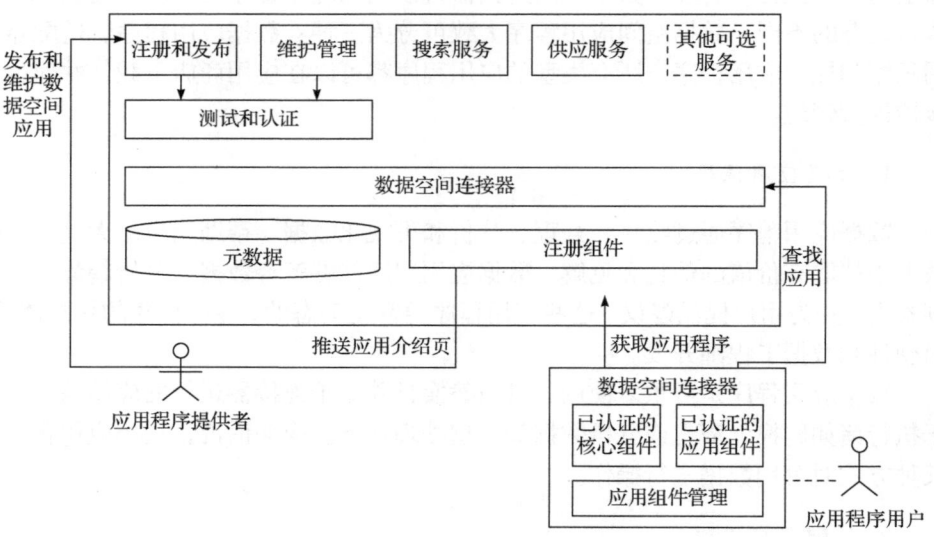

图 3-4 应用商店架构

数据空间应用商店还包含数据空间连接器，以便在数据空间内与应用程序提供者、应用程序需求者的连接器进行通信。因此，每个应用商店实例都必须符合连接器认证标准，除提供上述 App 注册、发布等操作外，还具备通用连接器的功能和端点，包括提供自我描述、有效的数字身份，并在通信中使用有效数据。从功能上看，连接器与应用商店相辅相成，连接器为应用程序组件提供嵌入载体，应用商店则丰富和强化连接器的功能属性。

3.4.4 元数据代理

元数据在图书馆等文献信息服务机构中有广泛应用。元数据是用来描述其他数据的数据，它提供关于数据的组织及其关系的信息。元数据可以视为一种电子目录，通过描述并收藏数据的内容或特征，进而实现数据检索的目的。随着大数据和人工智能技术的不断发展，元数据的重要性日益凸显。元数据在数据管理、数据治理、数据安全、数据质量等方面发挥重要作用。同时，随着技术的不断进步，元数据的采集、存储、分析和利用将会变得越来越高效和便捷。但是，客观上说，由于越来越多的数据事先没有数据结构或模型，没有元数据，因此，对这类数据的元数据发现、采集、存储和管理，仍然是一项亟待解决的技术问题。在数据空间内，每个数据提供者都会将自己数据（资产）的自我描述或元数据发布到中央元数据代理处，从而增加数据被发现的机会。

1. 元数据代理的内涵

在数据空间内，为了加强数据流通的安全性，通常数据不直接流动，元数据流将代替数据流在数据连接器和相应的功能组件中被识别和处理。元数据代理通常是指一种服务或系统，它负责接收、处理、转发和管理元数据。这种服务可以位于不同的系统、网络或应用程序之间，起到桥梁和中介的作用，确保元数据能够正确、高效地传递和共享。

元数据代理在数据管理和传输中发挥着重要作用，它可以帮助不同系统或应用程序之间实现元数据的无缝流动和共享，提高系统的响应速度和效率。同时，元数据代理也需要关注安全性、可靠性和可扩展性等方面的问题，以确保其在实际应用中的有效性和可靠性。

2. 元数据代理的构成

元数据代理涉及元数据的管理、传输和处理等多个方面。元数据代理是连接器的一部分，包含用于注册、发布、维护和查询自我描述的端点。

自我描述包含连接器本身及其功能和特性的相关信息，涵盖接口、组件所有者及组件提供者数据的元数据信息，由连接器运营商提供，可被视为元数据。

服务或数据连接器可以将其自我描述发送到数据空间元数据代理处，以便每个参与者都能在数据空间中找到它。数据空间元数据代理，可以理解为数据空间的"电话簿"。在数据空间中可以有多个元数据代理，以实现数据空间元数据代理功能的分发。数据空间运营者或管理机构可以决定是否设置一个主导的元数据代理，或者采用多个独立运行的实例。

3. 元数据代理服务

元数据代理的主要功能是提供远程数据搜索服务。如果事先已经知道搜索目标的标识（名称、属性或特征等，可以作为搜索词），则可以进行资源导向型搜索。

数据空间信息模型提供了搜索方案，连接器可以利用信息模型的知识来构建查询。元数据代理还提供额外的模板或预先制定的查询，以辅助连接器完成搜索任务。

元数据代理还可以提供其他服务，但这些服务必须使用数据空间信息模型中的术语，并在相应的元数据代理自我描述文档中进行描述。作为数据空间连接器的一部分，每个元数据代理都必须符合连接器认证标准，尤其是要具备提供通用连接器功能的端点。这类元数据代理必须提供自我描述，为其他数据空间组件提供更多信息。另外，元数据代理还必须拥有有效的数据空间身份（数字身份），并在数据空间通信中有效地使用该身份。

除了满足每个连接器都具备的基本要求外，元数据代理还提供扩展功能，目的是持久化存储自我描述文档，并提供有关内容的高效访问和搜索。因此，元素据代理通常具备可靠且可扩展的内部数据库。自我描述文档通常用关联数据表示，以资源描述框架格式编码，因此，可以使用三元组存储或属性图数据库存储。无论采用何种存储方式，元数据代理的内部架构都必须足够灵活，以应对数据方案的扩展。鉴于数据空间信息模型可不断添加新属性，因此，元数据代理必须保持数据的持久化存储能力，并能够查询尚未部署的已知信息。

此外，用于特定领域或专业数据空间运营的元数据代理，可能包含不属于核心数据空间信息模型或数据空间命名域的属性。这意味着此类元数据代理实例的自我描述，需要包含使用数据空间信息模型扩展的信息内容。在这种情况下，如果连接器尚未设置此属性，需要将附加要求在元数据代理自我描述以及返回消息的内容中进行说明。同时，元数据代理通过添加索引或缓冲模块，以缩短查询时间。

4. 自我描述的生命周期

自我描述本质上是数据空间参与者（包括各类数据及服务和组件等）对自身属性的元数据进行标注或描述。自我描述也是一类数据，也有生命周期。对于数据空间参与者提供的数据及其服务的自我描述，在未将其设置为不可用之前，都处于活动或可用状态。注意，不可用状态不同于"删除"。跟踪自我描述的使用情况，特别是唯一标识符，非常重要，可以避免名称冲突或虚假标记攻击。因此，连接器可以通过将其自我描述设置为不可用，不再公开或提供自我描述，但它不能强制元数据代理或任何其他连接器从其内部数据库中完全删除这些信息。连接器可以随时激活自我描述，还可以用新的自我描述覆盖已有的自我描述。

3.4.5 清算中心

数据空间清算中心是数据空间生态系统中的中介机构。所有数据空间连接器都可以在清算中心中记录信息，以此支撑可审计日志机制的运行。数据空间清算中心主要涉及两个过程：一是数据提供者和数据使用者之间的数据共享，二是根据使用合同或数据使用政策使用数据。

清算中心同样属于数据空间连接器，以清算中心容器作为服务形式之一开展运行。因此，清算中心连接器负责与其他数据空间连接器的部分通信工作。它为数据空间连接器提供 HTTP API，用于信息的记录和查询。

清算中心基于使用合同提供清算和结算服务，通过运用这些信息，可自动完成数据提供者和数据使用者之间的款项支付。

3.4.6 词汇中心

1. 词汇中心的概念

词汇中心是一个提供词汇学习、管理和应用功能的平台或系统。它旨在帮助用户更好地理解和使用特定领域的术语和概念，提升语言能力和专业素养。在数据空间中，互操作性需求要求必须使用通用、标准化的术语描述数据、服务、合同等。数据空间中标准化的标识符集合形成了数据空间的词汇表，最基本的词汇表就是术语表或术语体系。通常，为了对数据空间的数据、服务和合同进行描述，词汇表需要在数据空间相关参与者之间共享。

在数据空间中，词汇表或术语体系必须是机器可读的。数据空间依赖资源描述框架对相关数据及其服务的属性和自我描述进行编码。数据空间信息模型的术语体系[1]是所有数据空间参与者共享的核心词汇表。数据空间信息模型仅代表所有数据空间用例的最小交集，因此，它是所有数据空间组件或参与者必须理解的最小术语集或术语体系。

2. 词汇中心的功能与服务

在特定领域或不同的数据空间，往往需要更完整且更有表现力的术语，因此，通常会将基本信息模型扩展为其他词汇表，并以与核心词汇表相同的方式提供服务。为此，需要一个特定的服务平台，用于托管、维护、发布和文档化其他词汇表，这就是词汇中心的主要服务内容。

词汇中心不仅提供术语定义和描述，还提供数据空间连接器和基础实施组件之间的无缝通信。词汇中心为领域中数据空间词汇开发者提供了创建、维护和发布术语的工具。词汇中心中的词汇或术语推荐遵循资源描述框架（RDF 语义三元组）模式，但并不强制要求必须符合关联数据概念和本体的标准或规范。

词汇中心提供了数据空间语义互操作的基础。数据空间中的词汇可以由不同数据空间的领域专家创建和维护，也可以将第三方现有的词汇表或术语体系导入

---

1) 术语体系是专业领域内一系列相关术语的集合，这些术语具有明确的定义和用法，用于准确、清晰地描述和定义该领域的特定概念、现象或技术。术语体系是专业交流的基础，确保专业知识的准确性和一致性。

词汇中心，实现对原有词汇中心的扩展。例如，将不同行业协会、学会等国际标准组织的词汇表或术语表等在数据空间命名空间中进行注册。

3.5 本章小结

从技术视角看，数据空间由一组具有特定功能的技术构件构成，每个功能构件又由一定数量的组件构成，每个组件都有特定的功能。因而，对于数据空间的建设，不同主体可以基于不同目标和需求，规划不同业务、功能和体系架构，选择具有特定功能的构件，也可以基于自身特定的需求，设计和构建专有的功能构件，实现数据业务创新。数据空间的体系架构或运营模式有三种，集中式、联邦式（或分布式）、去中心化式。尽管不同体系架构在功能和业务模式上存在一定差异，但都需要解决数据主权和参与者信任与数据互操作等共性技术问题。本章一方面系统阐述了数据空间建设的关键技术，如信任体系、数据互操作、数据访问与使用控制等技术，另一方面探讨了数据空间建设的核心组件，如数据连接器、元数据代理和应用商店等。

参 考 文 献

[1] 中关村智慧城市信息化产业联盟. 刘烈宏论述的"数据空间到底是什么？"一文盘点数据空间的内涵、发展现状、实践路径.[2024-12-02].https:// mp.weixin.qq.com/s/89CqTJYAH6QsiJAvNmlHrQ.

[2] IDSA Rulebook.[2024-10-02]. https://docs.internationaldataspaces.org/ids-knowledgebase/idsa-rulebook.

[3] 杨云龙, 张亮, 杨旭蕾. 可信数据空间助力数据要素高效流通. 邮电设计技术, 2024, 2: 57-61.

[4] 国家数据局. 可信数据空间发展行动计划（2024—2028 年）.[2024-12-09]. https://www.gov.cn/zhengce/ zhengceku/202411/ P020250105293637969784.pdf.

[5] 国家信息中心公共技术服务部, 浪潮云信息技术股份公司. 数据空间关键技术研究报告.2024.

[6] 欧阳日辉. 数字经济时代新型信任体系的构建. 人民论坛, 2021, 19: 74-77.

[7] 李延昭. 数字信任体系：数字经济稳健发展的基础. 数字经济, 2024, 3: 58-61.

[8] Singh M P, Huhns M N. 面向服务的计算：语义, 流程和代理. 张乃岳, 戴超凡, 徐连君, 译. 北京：清华大学出版社, 2012.

[9] OASIS OPEN. eXtensible Access Control Markup Language (XACML)V3.0.[2024-03-02].https://docs.oasis-open.org/ xacml/3.0/xacml-3.0-core-spec-os-en.html.

[10] 刘博文, 夏义堃. 基于数据空间的产业数据流通利用：逻辑框架与技术实现. 图书与情报, 2024, 2: 33-44.

第Ⅱ部分　数据空间信任体系构建

随着全球化进程加速和跨文化交流增多，以及互联网的普及和社交媒体的兴起，信任理论面临新的挑战。如何建立跨文化信任，如何建立有效的虚拟社会和网络交易中的信任保障机制等问题亟待解决。

Frost & Sullivan 公司在 "Top Global Mega Trends to 2025 and Implications to Business, Society, and Cultures" 报告中指出，90%的变革性转变都高度依赖数据的流通与利用。然而，现实环境中，尽管人工智能技术得到了广泛应用，但并未有效降低数据流通利用的风险，数据割据、隐私泄露、数据滥用等现象频发，数据要素的合规流通与高效利用成为各国数字化发展亟待解决的重大现实问题[1]。

信任是信息安全的基石，是交互双方进行身份认证的基础。信任是数据空间中数据交换、共享和价值实现的基础，是数据空间中数据交易或数据服务的媒介。可信数据空间中，可信是基础。那何谓"可信"？在数据空间中如何建立信任？数据提供者如何能有效地控制其数据使用情况，有效地保护其数据自主权；数据消费者如何能够感受到数据提供者是值得信任的，其数据或服务是真实的、高质量的、可信的。从数据空间活动审视，可信是多方面的，一是数据空间参与者的相互信任；二是活动客体真实可信；三是活动及其组织者（例如，数据空间中提供的数据服务、应用程序、清算服务、智能合约等）可信。

可信数据空间信任体系的建设有三个层面（也可以理解为三个维度）。一是不同区域、不同国别数据空间在文化制度、价值观等方面能够相互包容和理解；二是数据空间参与者之间的信任；三是数据空间中提供的数据集、数据服务，以及交易活动是真实的、高质量的。概括地说，可信数据空间的信任体系需要建立在政策制度（法律法规、文化和价值认同）、管理制度（可管）和可信技术（可信）之上。这三个层面分别对应可信数据空间文化的建设，标准规范和协议的建设，以及可信技术的研发。

客观地说，数据空间的不同参与者之间建立信任有不同的愿景，如高安全级别，促进数据提供者和数据消费者之间的沟通，以及明确用户数据的最终用途。建立信任的方法包括授权数据提供者，赋予其完全控制其数据集的权限，以及提供概述数据使用条件和限制的全面许可协议，告知数据消费者数据的来源和数据共享活动的合法性等。在数据空间内，增强信任可能还需要可信赖的第三方中介，

---

[1] 梅宏. 数据要素化仍是国际性难题. 中国科学报, 2022-09-01.

将数据提供者和数据消费者聚集在一起，在安全的在线平台上交换数据。

概括地说，数据空间信任体系建设是一个复杂的系统工程，涉及多个层面。要实现数据空间数据与数据服务的"可信可管"，至少应做到以下几点：一是可信，数据空间所有参与者（包括数据提供者、使用者、中介，以及核心组件与应用程序等）都需要认证，都要有自己的"可信数字身份"，即数据空间身份认证与管理系统建设；二是可控，数据空间的数据提供者（包括创建者、持有者和服务者等）不仅拥有数据自主权（数据权属），而且还能够有效"控制"自己的数据被使用的情况，包括数据访问和使用控制，以及智能合约等系统的建设；三是可管，涉及数据空间的多个主体和多方面业务，包括数据流通与使用日志数据的审计等。

无论如何，信任体系的建设需要数据空间的各方都遵守"规则"，确保数据空间内数据的高效流通和多元主体的价值共创。

第 4 章　可信数据空间信任体系建设

诺贝尔经济学奖得主保罗·迈克尔·罗默（Paul Michael Romer）指出，数字平台成功的主要条件是建立数据信任，没有信任就没有数据流通，没有数据交易，数据价值也就难以实现，因此，建立可信数据生态和构建信任体系是数据空间成功的关键因素。国际数据空间协会的数据空间参考模型定义了两种基本的信任类型：一是静态信任，基于运行环境和核心技术组件的认证；二是动态信任，基于运行环境和核心技术组件的主动监控。本章将从政策法规、管理制度与措施（如认证、访问和使用控制等）、可信技术和参与者信任网络四个方面，规划和设计可信数据空间的信任体系。

4.1　数据空间信任体系概述

信任是社会互动的一个基本方面。它通常被理解为一种关系，在这种关系中，一个代理人（信任者）决定依赖另一个代理人（信任者的受托人）可预见的行为，以满足其期望[1]。信任是数字技术伦理学中讨论较多的概念。随着互联网经济的发展，数字环境下的信任概念——电子信任——受到越来越多的关注。电子信任发生在没有物理接触的环境中，在这种环境里，个体对道德和社会压力的感知会有所差异，而且互动是以"数字设备为媒介"[2]。数据空间信任体系本质上是电子信任体系，是数据空间内数据连接器之间的信任。当然，每个数据连接器的拥有者是数据提供者或数据消费者，他们之间的互信是根本问题。

4.1.1　信任的内涵与信任体系的维度

1. 信任的内涵

信任理论的起源可以追溯到社会学、心理学和经济学的早期研究。齐美尔（Georg Simmel）被认为开启了当代社会学信任研究的先河，他在《货币哲学》（Philosophie des Geldes）等著作中提出的信任理论具有开创性价值。他认为，社会开始于人们之间的互动，而信任是这种互动得以持续、社会得以运行的重要基础。

信任在汉语中的基本定义是"相信而敢于托付"。这不仅仅是一种心理状态，更是对他人在某些方面（如诚实、可靠性、正直等）的坚定信念和积极预期。

信任理论主要探讨信任在个体心理、社会关系、群体与组织，以及文化形态与政治问题等方面的作用和影响。其核心原理是信息不对称的缓解，以及制度、道德的约束。信任被视为一种重要的社会资本，能够促进合作，降低交易成本，提高社会效率。

信任是一个复杂的多维度概念，它在人际关系、团队合作、社会运行等多个方面都发挥着重要的作用。信任理论是一个涉及多个学科领域的复杂理论体系，对于理解人类社会的运行机制、促进合作与发展具有重要意义。

信任是数据空间中数据交换、共享和价值实现的基础，是数据空间中数据交易或数据服务的媒介。可信数据空间，可信是基础。什么是可信？在数据空间中如何建立信任？以及如何理解数据空间内的信任？

著者认为，从数据空间活动看，信任至少包括三点：一是数据空间参与者之间相互信任；二是活动客体（数据或数据服务）真实可信；三是活动及其组织者（如数据空间中提供的数据服务、应用程序、清算服务、智能合约等）可信。

2. 信任体系建设的维度

信任体系是指在社会交往中，人们基于相互了解、共同价值观和道德规范而建立的一种相互信赖的关系网络。著者认为，可信数据空间信任体系的建设应包含三个维度。一是不同区域、不同国别数据空间在文化制度、价值观等方面能够相互包容和理解；二是数据空间参与者之间的信任；三是数据空间中提供的数据集、数据服务，以及交易活动是真实的、高质量的。概括地说，可信数据空间的信任体系需要建立在政策制度（法律法规、文化和价值认同）、管理制度（可管）和可信技术（可信）之上。这三个维度分别对应可信数据空间文化的建设，标准规范和协议的建设，以及可信技术的研发。

总之，信任体系的建设具体包括：

（1）对数据本身及其算法有效性的信任，即数据真实、合法、合规。

（2）对数据空间各类实体的信任，如数据提供者、消费者、身份提供者、元数据代理等。

（3）对数据空间使能技术的信任，如数据访问和使用控制技术、存证溯源、数据沙箱、智能合约等技术。

（4）对广泛用户及其相互之间的信任，如评估机构和认证机构等。

随着社会进步和科技发展，现代信任体系在继承传统因素的基础上，更加注重通过法律制度的完善和信息技术的应用来强化信任机制。例如，身份验证和访问管理、数据保护和加密、安全审计和监控等技术手段的应用，为信任体系提供了更加坚实的保障。

4.1.2 数据空间建立信任的必要条件

如何在数据空间生态系统中建立信任，是可信数据空间建设者首先需要考虑和解决的问题。信任是人的感知，包括多个层面。信任是数据空间参与者之间的信任，这不仅仅指数据的提供者和使用者，数据连接器之间的相互信任也很重要。数据空间的关键价值在于，数据提供者可以利用使用控制策略来控制其数据在消费端的使用。一是数据提供者可以验证其使用控制策略是否由通信合作伙伴执行；二是连接器能够证明数据提供者的身份及其软件栈和状态的完整性；三是数据消费者可以利用相同的机制来确保数据提供者的可信度。为此，数据空间的信任建设至少需要在以下三个方面着力。

（1）认证程序。根据独立可信的第三方进行评估，提供有关使用组件和相关公司的验证信息。

（2）连接器身份和软件签名。从技术层面体现认证过程与结果的呈现机制，以便验证组件的身份和完整性。

（3）连接器系统安全。连接器的安全性须满足认证的要求，并对组件的身份和完整性进行适当的验证。

4.1.3 数据空间信任体系的核心要素与主要功能

数据空间参与者之间的数据共享活动依赖于一个核心概念，即信任。对数据本身及其算法有效性的信任，对管理数据空间实体的信任，对其使能技术的信任，以及对其广泛用户（作为数据生产者、消费者或中介的组织和个人）及其相互之间关系的信任。

1. 数据空间信任体系的核心要素

数据空间信任体系是在数据产生者、处理者和消费者等各类实体之间建立信任的一种机制，这种信任是保护数据所有者、生产者数据自主权的关键，也是促进数据流通、消除数据孤岛、增加数据价值的重要手段。

（1）数据自主权保护。数据空间连接数据从产生到消费的整个过程，其主要职责是确保数据主体的数据自主权得到保护。通过建立信任体系，可以确保数据在流转过程中不被非法获取、篡改或滥用，从而维护数据主体的合法权益。

（2）数据安全性。数据空间信任体系通过采用先进的加密技术、数字签名、可信数字身份技术等手段，确保数据在传输、存储和处理过程中的安全性。这些技术可以防止数据被未经授权的第三方访问、篡改或泄露，从而保障数据的完整性和机密性。

（3）可信数据流通环境。数据空间信任体系通过建立可信的数据流通环境，促进数据在不同主体之间的自由流通。这有助于打破数据孤岛，实现数据的共享和协同利用，从而充分发挥数据的价值。

（4）数据和数据服务的真实性。数据空间信任体系的建设，不仅要保护数据提供者的合法权利，也要保护数据消费者等所有参与者的合法权利。客观上，信任是活动双方的信任，信息体系是一个信任网络。不仅需要数据空间参与者双方要建立互信，数据空间任何活动客体也必须真实可信。具体而言，要保证数据空间内交易的数据的真实、可信且可用。

2. 数据空间信任体系的主要功能

数据空间信任体系的建设主要有三方面功能：一是培育数据空间的参与者自觉维护自己的信任度；二是参与者信任度的分析和测度；三是保障参与者履行信任。客观地说，目前利用安全技术实现的只是一种较低层级的静态信任。

（1）身份认证与授权。通过采用数字证书、身份认证等技术手段，对数据空间中的参与者进行身份认证和授权，确保只有合法的用户才能访问和操作数据，从而保障数据的安全性。

（2）数据访问与使用控制。通过制定严格的数据访问与使用控制策略，限制不同用户对数据的访问与使用权限，防止未经授权的访问和滥用行为，确保数据的合规使用和流转。

（3）数据隐私保护。通过采用隐私计算、数据脱敏等技术手段，保护数据中的个人隐私信息，确保在数据共享和流通过程中，个人隐私信息不被泄露或滥用。

（4）数据追溯与审计。通过记录数据的流转轨迹和访问记录，实现数据的可追溯性的目标。这有助于在发生数据泄露或滥用行为时，及时追踪和定位问题源头，并采取有效的应对措施。

4.2 数据安全的法规与政策（政策层）

4.2.1 数据安全可信与数据合规

对于数据空间内信任体系的建设，技术保障固然重要，然而数据提供者"不愿共享和不敢共享"的顾虑往往涉及数据权属等法律和政策层面的问题。因此，明确的数据权属制度（如数据自主权），安全、可信的数据交易环境是构建可信数据空间的前提。数据提供方必须拥有对数据访问和使用的主导权，能够决定数据的共享范围与使用条件，而这些权利首先应该通过法律或行业标准加以保障。此外，数据使用方必须遵守数据提供方预设的使用规则，确保数据不被滥用、擅自改变或扩展用途。而且，对于数据使用者的违规行为，必须有相应的惩罚机制。

例如，降低信任等级或限制数据使用权限等，以维护数据空间内数据共享生态的秩序。

本质上，数据安全政策和法规，解决的就是数据合规使用的问题。数据合规是指在采集、处理和管理个人敏感数据的过程中，要遵守与数据安全和隐私相关的法规要求、行业标准和内部政策。数据合规[3]是一个多元化领域，在经济、法治和技术等层面都有助于释放数据价值。在企业数据管理场景，数据合规指企业及其员工在处理和管理数据时，需遵守国际条约、国内法律法规、行业准则、商业惯例、社会道德，以及企业自身章程和规章制度等一系列要求。

数据合规的目的是，确保数据的处理和管理活动合法、合规，保护数据安全和个人隐私，同时促进数据价值的合法利用和发展。数据合规包含多个层面和多个方面。数据合规的主体是企业和从事数据业务的个人。数据合规要求从事数据业务相关的各类主体自觉遵守各方面的要求，包括法律法规、标准规范、行业准则、社会道德、组织的规章制度等。

数据合规有时被误认为是数据安全合规，数据安全合规与数据合规密切相关，但在技术层面存在较小的子集。数据合规涵盖组织在处理数据时必须遵守的一系列更广泛的规则和法规，而数据安全合规则特别关注管理数据的安全方面，包括通过实施数据安全解决方案（如加密、访问控制、防火墙、安全审计等）保护数据免受未经授权的访问、违规和其他安全威胁。换句话说，数据合规包括数据安全合规的所有方面，而数据安全合规并不能涵盖数据合规的所有方面。

4.2.2 欧盟的相关数据安全政策

不同地区、不同国家都有数据安全、个人隐私保护等方面的法律法规和标准文件。2020年2月19日，欧盟发布《欧洲数据战略》，旨在创建面向世界的开放的欧洲单一数据市场，在欧盟范围内安全地跨行业、跨领域共享和交换数据，并提供快捷方便的访问接口。

《欧洲数据战略》提出数据空间的愿景："欧洲数据空间是真正统一的数据市场，其中有安全的个人、非个人数据和敏感的商业数据，企业可以很容易地从数据市场中访问高质量的工业数据，以促进企业发展与价值创造。"为了实现这一战略目标，欧盟在《数据法案》中提出打造"共同数据空间"，希望通过整合技术工具、基础设施和共同规则，搭建可互操作的数据空间，突破数据要素安全可信流通的技术和法律壁垒。2022年以来，欧盟陆续出台《数字市场法》《数字服务法》《数据治理法案》等系列法案，发布《2023—2024年数字欧洲工作计划》《塑造欧洲数字未来》等多份政策文件，初步搭建起欧洲共同数据空间的总体框架。

4.2.3 我国的相关数据安全政策和标准规范

1. 标准在数据合规评估中的重要作用

标准为数据合规评估提供了明确、具体和可衡量的依据。通过遵循相关标准，评估人员能够对数据处理活动是否符合法律法规、行业规范以及道德准则进行准确判断。

例如，国际标准 ISO/IEC 27001 等，为数据安全管理提供了全面的框架和要求，包括访问控制、加密技术、风险评估等方面。国家标准《信息安全技术 个人信息安全规范》（GB/T 35273-2020）等，对个人信息的收集、存储、使用、共享等环节设定了详细的规范。

在数据合规评估过程中，标准有助于确保评估的一致性和公正性。不同的评估人员依据相同的标准进行操作，可以减少主观因素的影响，提高评估结果的可信度和可比性。同时，标准也能够帮助企业明确自身在数据管理方面的差距和改进方向，促进其不断完善数据合规体系，降低法律风险和声誉损失。总之，标准是数据合规评估的重要基石，为保障数据处理的合法性、安全性和可靠性提供了有力的支持。

2. 我国数据领域的标准规范

为了规范我国数据市场的发展，近几年，国家或相关行业出台了一系列与数据合规有关的标准，如《信息安全技术 个人信息安全规范》（GB/T 35273-2020），《信息安全技术 个人信息安全影响评估指南》（GB/T 39335-2020），《信息安全技术 个人信息处理中告知和同意的实施指南》（GB/T 42574-2023），《信息安全技术 电信领域数据安全指南》（GB/T 42447-2023），《健康医疗数据合规流通标准》（T/GDNS 002-2023）等。

例如，广东省 2023 年发布《健康医疗数据合规流通标准》（T/GDNS 002-2023）。该标准由广东省计算机信息网络安全协会发起，中国广电广州网络股份有限公司、广东省人民医院、南方医科大学南方医院、中山大学附属第一医院等多家单位共同起草编写。该标准洞察数据安全流通领域发展的最新需求，规定了健康医疗数据合规流通的总体原则、管理体系、流通框架、流通过程及流通监管的要求，内容涵盖医疗数据合规流通的全链条环节，旨在促进健康医疗数据高效应用、合规流通和共享，提升其对健康卫生事业和个人生命健康权益的优化效益，并为数据流通共享和创新应用中的国家安全、社会公共利益与个人隐私及相关信息权益提供更高层次的保障。

例如，该标准提到，数据来源于自行生产的，应当提供建设和运维的系统情况、传感器、智能设备数量和运行及平均采集规模等情况说明；数据涉及个人信息采集的，应当提供涉及个人信息的数据采集字段、采集方式和已经获得个人同意的证明，以及提供时已经获得单独同意的证明，同意范围包括用于健康医疗数据流通。

3. 我国数据领域数据标准的制定规划

为了落实《中共中央 国务院关于构建数据基础制度更好发挥数据要素作用的意见》和《国家标准化发展纲要》要求，遵循数字经济发展规律，以促进数据"供得出、流得动、用得好、保安全"为主线，遵循顶层设计、协同推进，问题导向、务实有效，应用牵引、鼓励创新，立足国际国内、开放合作的基本原则，建立国家数据标准体系，为推动数据要素高水平应用提供有力支撑。到 2026 年底，基本建成国家数据标准体系，围绕数据流通利用基础设施、数据管理、数据服务、训练数据集、公共数据授权运营、数据确权、数据资源定价、企业数据范式交易等方面制修订 30 项以上数据领域基础通用国家标准，形成一批标准应用示范案例，建成标准验证和应用服务平台，培育一批具备数据管理能力评估、数据评价、数据服务能力评估、公共数据授权运营绩效评估等能力的第三方标准化服务机构。

数据标准体系结构如图 4-1 所示。

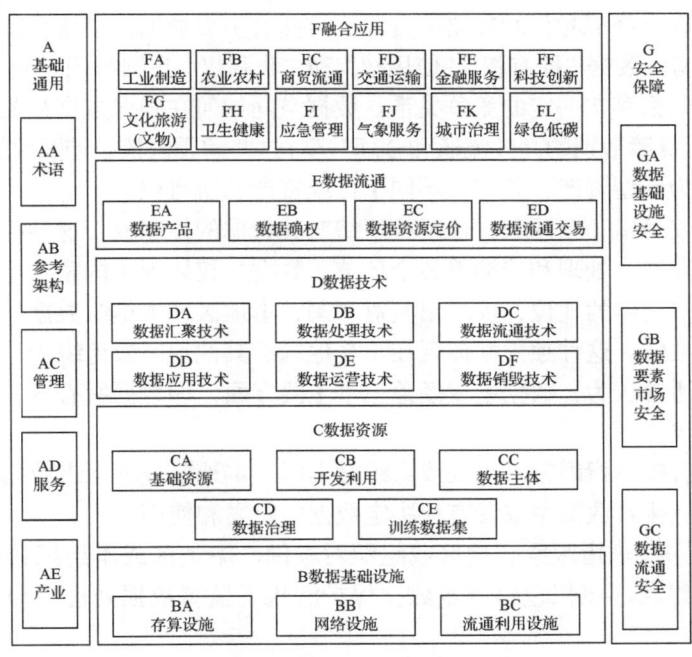

图 4-1 数据标准体系结构图

4.3 数据访问和使用控制（管理层）

如何从管理制度层面使参与数据空间的主体（数据空间参与者）之间能够建立相互的信任，是数据空间信息体系建设首先需要考虑的关键问题之一，也是实现数据空间"可信"的基本任务。目前，在国际数据空间领域，通常采用两种方法来实施对数据的使用控制。首先是数据使用限制政策语言，其次是使用控制技术。通过这两种方法来保护数据所有者或提供者的"合法权利"。

数据（库）访问控制策略是目前应用较为普遍的安全管理技术，也相对较为成熟。数据使用控制策略是近些年针对数据流通和使用中出现的安全问题，制定的一种积极防护技术和策略。数据访问和数据使用控制技术及策略，能够对数据空间数据提供者的合法权利进行有效保护，从而提高数据所有者或提供者数据交易和共享的积极性，一定程度上解决心理层面存在的"不愿共享"和"不敢共享"的问题。

4.3.1 数据权属的相关概念

数据是数字经济时代的战略性资源，谁拥有更多数据，谁就在市场上具有更大的竞争优势。数据"拥有权""使用权"和"获利权"在国与国之间、企业之间，甚至个人之间都存在一定的竞争关系。数据空间如何在确保数据相关主体合法权益的前提下，保障数据的高效流通和合理共享，这些问题的核心涉及数据权属问题。

数据作为新型资产，其产权不同于传统资产的所有权。

数据主权是指一个国家、地区或组织对其数据的控制权，这种控制权涵盖数据的生成、存储、处理和传输等各个环节。数据主权体现了国家、地区或组织作为数据控制权主体的地位，反映出其对本国、本地区或本组织数据进行管理和利用的独立自主性。这种独立性体现在不受他国、其他地区或组织干涉侵扰的自由权。国际上通常认为，数据主权涵盖三个主要方面，即数据所有权、数据管辖权和数据自主权。

数据所有权是指国家、地区或组织对本国、本地区或本组织数据排他性占有的权利。这意味着数据主权者有权决定数据的归属和使用方式。

数据管辖权是指国家、地区或组织对本国、本地区或本组织数据享有的管理和利用的权利。该权包括制定数据保护法规、监督数据处理活动、确保数据安全等措施。

数据自主权是指数据主体（包括个人、企业或国家等）能够自由地使用、管理、控制自己的数据，并决定数据的收集、使用、共享和传输方式。在数据空间中，对于数据所有者或数据提供者来说，数据自主权通常包括数据访问和使用控制权。数据自主权的核心在于确保数据主体对其数据拥有控制权和决策权，主要体现为数据的自我支配。具体而言，数据主体有权决定自己的数据如何被收集、存储、处理和使用，可以分为数据访问控制权和数据使用控制权，前者是指数据主体可以授权或撤销他人对其数据的访问权限，确保数据的私密性和安全性；后者是指数据主体有权决定数据的流通方式，包括流通给谁、如何流通、何时流通，以及以何种价格流通等。

我国作为是数据大国、数据强国，近些年来在数据领域提出并发展了一系列新理论。鉴于数据自身独特的属性，其权属划分和确认一直是个难题。但是，一方面为了推进数字经济的发展；另一方面为了保护数据相关利益主体的权益。在此背景下，围绕数据权属问题，诞生了数据产权、持有权、使用权、经营权等新的概念。

数据产权是指权利人对特定数据享有的财产性权利，包括数据持有权、数据使用权、数据经营权等。

数据持有权是指权利人自行持有或委托他人代为持有合法获取的数据的权利，旨在防范他人非法违规窃取、篡改、泄露或者破坏权利人持有的数据。

数据使用权是指权利人通过加工、聚合、分析等方式，将数据用于优化生产经营、形成衍生数据等的权利。一般来说，使用权是权利人在不对外提供数据的前提下，将数据用于内部使用的权利。

数据经营权是指权利人通过转让、许可、出资或者设立担保等有偿或无偿的方式对外提供数据的权利。

4.3.2 访问控制策略和使用控制策略

使用控制通过控制点对数据流进行监控来实现。在这些检查点处，决策引擎决定是否允许、拒绝或有必要修改数据。所需限制必须由数据所有者正式确定。使用限制可以通过两种不同的方式附加到数据上。一是使用限制可以直接附加到数据上，只有在使用限制保证得到遵守的情况下，解密操作才能在进行。二是使用限制可以独立于数据存储在中央实例中，在这种情况下，系统之间必须交换使用限制。

1. 访问控制策略

访问控制限制对资源的访问，目前存在几种访问控制模型，如全权访问控制、强制访问控制、基于角色的访问控制、基于属性的访问控制等。其中，基于角色的访问控制和基于属性的访问控制最为常用。

1）全权访问控制

（1）定义。全权访问控制是一种自主访问控制模型，它允许资源所有者或创建者自主决定哪些用户或用户组可以访问该资源，以及具体的访问权限，如读、写、执行等。

（2）特点。全权访问控制有三个特点，一是灵活性高，资源所有者对资源有绝对的控制权，可以根据实际需求灵活地分配和修改访问权限；二是易用性强，DAC 模型通常与直观的用户界面相结合，使得资源所有者能够方便地管理访问权限；三是安全性相对较低，由于权限的分配和管理依赖于资源所有者的主观判断和安全意识，可能存在权限滥用或误配置的风险。

（3）实现方式。从技术上审视，全权访问控制的实现方式主要有两种，一是访问控制列表。每个资源都配有访问控制列表，记录了哪些用户或用户组可以访问该资源以及具体的访问权限。当系统试图访问资源时，会先检查访问控制列表以确定当前用户是否有访问权限。二是访问能力表。与访问控制列表不同，访问能力表是基于用户主体中心视角构建权限管理体系。每个用户都有一个列表，详细列出了其可以访问的所有资源及相应的权限。

（4）应用场景。全权访问控制模型适用于小型组织或内部网络，特别是资源所有者能够充分理解并管理访问权限的情况。例如，在个人电脑的文件系统中，用户可以自行决定哪些文件可以被其他用户访问。

总之，DAC 模型是一种灵活且易用的访问控制模型，适用于小型组织或内部网络。然而，在安全性要求较高的环境中，可能需要考虑使用其他更严格的访问控制模型。

2）强制访问控制

（1）定义。强制访问控制是一种由操作系统约束的访问控制机制，用于限制主体（如进程、线程）对对象（如文件、目录、网络端口等）执行操作的能力。主体和对象都被赋予了一组特定的安全属性，这些属性决定了主体对对象的访问权限。每当主体尝试访问对象时，操作系统内核会检查两者的安全属性，并根据预先定义的授权规则决定是否允许访问。这些规则通常基于保密性和完整性原则，确保数据不被非法泄露或篡改。

（2）特点。强制访问控制主要有以下特点。

• 强制性。访问控制决策由系统内核在底层实现，而非依赖于应用程序或用户的自主决策。这确保了安全策略的一致性和强制执行。

• 安全性高。通过严格的访问控制策略，强制访问控制能够有效防止未经授权的访问和数据泄露。

• 灵活性较低。由于访问控制策略由系统管理员定义并执行，用户无法自主改变访问权限，这在一定程度上限制了用户的操作自由。

（3）实现方式。通常通过为系统和资源分配敏感标签来强制执行安全策略。这些标签反映了信息的敏感性和访问要求。系统根据这些标签和预定义的访问规则来决定是否允许访问。

（4）应用场景。强制访问控制的应用场景主要是对安全性有极高要求的场景，如政府机构、军事机构、金融行业等。在这些环境中，数据的保密性和完整性至关重要，因此，需要采用严格的访问控制机制来确保数据的安全。

总之，强制访问控制是一种高度安全的访问控制机制，适用于对安全性有极高要求的场景。然而，在追求安全性的同时，也需要权衡其带来的灵活性降低和管理成本增加的问题。

3）基于角色的访问控制

（1）定义。基于角色的访问控制是一种广泛应用于信息系统安全领域的访问控制机制。RBAC 的核心原理是，将权限与角色关联起来，而不是直接与用户关联。在基于角色的访问控制模型中，角色是权限的集合，代表了一种职责或功能。用户通过被分配到一个或多个角色来获得相应的权限。这样，系统管理员可以更容易地管理用户的访问权限，只需调整角色的权限，即可影响所有拥有该角色的用户。

（2）特点。第一，管理方便，通过角色来管理权限，简化了权限管理的过程，降低了管理开销。第二，灵活性高，可以轻松地添加新角色和权限，适应组织的变化。第三，安全性强，能够确保用户只有完成工作所需的权限，降低了安全风险。第四，支持角色继承，允许角色之间存在继承关系，使得权限管理更加灵活和强大。

（3）应用领域。基于角色的访问控制在数据安全控制领域广泛应用于各种需要精细控制访问权限的场景，如大型组织中，员工的角色和职责明确，适合使用基于角色的访问控制来管理复杂的权限体系；云服务提供商需要为不同客户提供差异化权限，基于角色的访问控制能够灵活地满足这种需求；网站后台管理系统，管理员、编辑、作者等不同角色对内容有不同的操作权限。另外，在金融行业，银行和金融机构需要严格控制数据的访问权限，确保敏感信息的安全；在医疗保健行业，医生、护士、药剂师等不同角色对患者信息的访问权限不同。

总之，基于角色的访问控制通过引入角色的概念，实现了用户和权限的逻辑分离，简化了权限管理过程，提高了系统的安全性和可维护性。在选择基于角色的访问控制作为访问控制机制时，应根据系统的规模、复杂度及实际需求进行权衡和选择。

4）基于属性的访问控制

（1）定义。基于属性的访问控制是一种灵活且强大的安全模型，用于决定用户是否能够访问特定资源。基于属性的访问控制是一种细粒度的访问控制机制，它通过评估与主体（如用户、进程等）、客体（如数据、资源等）、操作，以及环境条件相关联的属性来确定访问权限。这些属性包括但不限于用户的身份、角色、职责、位置、时间，资源的类型、敏感性、所有者等，还包括环境因素，如设备类型、网络位置等。

（2）构成。基于属性的访问控制有两个核心组件，一是策略决策点，存储和评估策略，为策略执行点提供决策依据。策略决策点会根据传入的属性信息和已定义的策略，计算出访问决策结果并返回给策略执行点。二是策略执行点，负责在访问请求发生时，获取相关的属性信息，并根据策略决策点提供的决策结果，决定是否允许访问。

（3）特点。一是灵活性与细粒度，它能够基于多种属性组合制定访问策略，适应复杂多样的业务场景和需求变化；二是动态调整度高，访问策略可以根据实时的属性变化进行动态调整，确保访问控制的及时性和有效性；三是可以集中化管理，通过统一的属性管理和策略定义，降低了角色和权限管理的复杂性。

与传统的基于角色的访问控制相比，基于属性的访问控制提供了更精细、更灵活和更动态的访问控制策略。基于角色的访问控制主要基于用户的角色来分配权限，而基于属性的访问控制则基于多种属性组合来评估访问权限，这使得其能够更好地适应复杂多变的业务需求和安全要求。总之，基于属性的访问控制是一种强大且灵活的访问控制模型，它根据用户的属性及环境条件来决定用户是否能够访问特定资源，通过精细的策略定义和动态调整能力，确保数据的安全性和保密性，并适应不断变化的业务需求和安全要求。

2. 使用控制策略

1）使用控制的概念

除了上述控制资源访问权限的传统访问控制，国际数据空间参考架构还侧重于构建以数据为中心的使用控制策略。其目的是，在数据被访问后，仍能对数据的使用进行限制。这是通过数据绑定规则来实现的（一种数据使用控制的方式），例如，如何处理、聚合或转发消息到其他端点。以数据为中心的使用控制策略，允许用户持续控制数据流，而不仅仅是访问。通过国际数据空间连接器实施的使用控制，能够确保数据不会以不当方式处理，例如，将个人数据转发到公共端点。在保密层面，能够保证数据消费者不会将分类数据转发给未经授权的第三方，同时可以确保两家竞争公司的数据集不会在服务过程中被同一第三方汇总或处理。这样，公司就能控制自己的数据，避免被第三方用来为直接竞争对手谋利。

国家数据局对数据使用控制的定义是，在数据的传输、存储、使用和销毁环节采用技术手段进行控制，如通过智能合约技术，将数据权益主体的数据使用控制意愿转化为可机读处理的智能合约条款，解决数据可控的前置性问题，实现对数据资产使用的时间、地点、主体、行为和客体等因素的控制。

使用控制是数据空间中保障数据安全的重要管理手段和技术措施。使用控制是对传统访问控制的延伸，旨在规范并执行对数据使用的限制（明确规定数据应发生或不应发生的操作）。因此，使用控制关注的是与数据处理有关的要求（义务），而并非单纯的数据访问（规定）。使用控制与知识产权保护、数字版权管理密切相关。

2）使用控制的方法

在国际数据空间中，有两个活动流来实施数据使用控制。首先，是表达数据使用限制的政策语言。政策语言是描述性的，与技术无关，最初基于开放数字权利语言（ODRL）。为了在国际数据空间中表达使用限制，开发了几个预设的策略类，用于表达数据空间用例中最常见的数据使用限制。其次，国际数据空间组织开发和使用不同的使用控制技术，以便在技术层面执行数据使用限制。使用控制技术分为主动式技术和追溯式技术。主动式技术在运行期间跨系统边界执行规定和义务。这些技术在运行期间控制数据的使用，并确保符合使用限制（即防止数据滥用）。追溯式技术是一种监控和记录技术，不会阻止或主动控制任何数据使用。因此，该技术无法实现对违规数据访问行为的预先阻断，而是扮演侦查执法工具的角色。

数据提供者和数据消费者对适用于交换数据的使用限制达成共识。此外，在国际数据空间合同中政策类别以国际数据空间政策（一种类似 ODRL 的语言）呈现，作为 IDS 信息模型的一部分，这些政策能够转化为机器可读政策，并通过 MY DATA 控制技术等使用控制技术在技术层面执行。我们将与技术无关的策略称为"规格级策略"，将与技术相关的策略称为"实现级策略"。规格级策略直接对应上述政策类别。实现级策略则可直接映射到具体的使用控制技术，以实现技术层面的执行。

作为起始步骤，国际数据空间的数据提供者需要将数据使用限制指定为策略。策略编辑器能够在策略制定过程中为数据提供者提供支持。策略编辑器提供多种预制模板，这些模板对应数据使用控制策略的不同类别。数据提供者可以选择一个模板，填入所需的信息，生成相应的国际数据空间策略，并将其应用于使用控制技术，在目标系统中执行策略，实现对数据的保护。

策略转换可以作为策略编辑器的一部分，也可以纳入策略实例化过程。在实际应用中，后者更为常见，因为数据提供者在设定使用限制时，通常不知道数据消费者的目标系统和环境。

数据使用控制策略可以允许或禁止数据空间数据消费者对数据资产执行指定操作。此外，政策还可能要求在特定情况下执行特定操作，通过许可或禁止指令，明确赋予数据使用权限。使用数据的操作包括显示、打印、计算等。此外，策略可能针对特定的细粒度进行精准管控，例如允许读取数据的策略，仅赋予从数据源获取数据资产的权限，而没有打印数据等其他权限。

3）使用控制的策略技术

在数据空间中，数据使用控制主要包括控制策略编排技术和控制策略实施技术两个方面。

（1）控制策略编排技术的关键是生成可自动实施的控制策略，数据提供方通过可视化配置，将数据访问主体、时间、部署环境、使用方式等生成可机读策略。在数据传输到数据使用者连接器时，使用者连接器会依据策略设置的数据使用权限，仅允许获得授权的用户、程序、组件对数据进行访问和处理。

（2）控制策略实施技术的关键是通过将数据使用策略转变为可执行的代码程序，结合身份验证和授权机制，实现约束条件下的数据处理。策略控制技术的应用方式因数据使用控制场景需求、工程化方式的不同而有所不同。

可通过使用控制技术设置白名单、黑名单，或同时采用两种方法，以支持数据自主权并保护数据。在白名单机制中，除非有政策允许使用，否则任何数据使用都会被拒绝。黑名单机制则与之相反，除非有政策禁止使用，否则任何数据使用都是允许的。

4.4 数据可信安全技术（技术层）

《可信数据空间发展行动计划2024—2028年》指出，可信数据空间核心技术攻关，组织开展使用控制、数据沙箱、智能合约、隐私计算、高性能密态计算、可信执行环境等可信管控技术攻关，推动数据标识、语义发现、元数据智能识别等数据互通技术集成应用，探索大模型与可信数据空间融合创新。

4.4.1 数据溯源

国际数据空间通过建立透明度机制和提供清算功能，实现了对数据来源和数据谱系的跟踪。这与数据所有权、数据主权等主题密切相关。数据来源跟踪的实现，依赖于集成到IDS连接器中的本地跟踪组件和布置在信息交换所的集中来源存储组件，后者负责收集数据交换交易过程中各项活动的日志记录，并要求数据提供商和数据消费者确认成功交换数据。通过这种方法，数据来源能够实现递归追溯。此外，来源信息可融入IDS词汇体系，确保在数据交换过程中，参与者始终能将数据来源作为元数据的一部分。

1. 数据溯源的定义

数据溯源是一个新兴的研究领域，它主要关注数据的起源、演变历史，以及处理过程。数据溯源旨在记录原始数据在整个生命周期内（从产生、传播到消亡）的演变信息和处理内容。它强调溯本求源，通过追踪路径重现数据的历史状态和演变过程，从而实现数据历史档案的追溯。尽管数据溯源的定义因应用领域不同而有所差异，但通常包括以下几个方面：

（1）数据起源。追踪数据的来源，了解数据的生成背景和初始状态。

（2）数据演变。记录数据在生命周期内的变化过程，包括数据的处理、转换和传输等。

（3）数据历史状态。重现数据在不同时间点的状态，以便进行数据分析和审计。

2. 数据溯源的作用

数据溯源的重要作用主要体现在以下几个方面：

（1）数据真实性验证。通过数据溯源，可以验证数据的真实性，确保数据的准确性和可靠性。这对于科学研究、商业决策等至关重要。

（2）法规遵从性。数据溯源有助于组织遵守相关法规和行业标准，确保数据的合法性和合规性。

（3）数据完整性。通过记录数据的历史演变过程，可以保护数据的完整性，防止数据被篡改或删除。

（4）透明度与问责制。数据溯源提升了数据处理的透明度和问责性，使得数据的使用和处理过程更加可追溯和可审计。

3. 数据溯源的方法

数据溯源的主要方法包括标注法和反向查询法。

（1）标注法通过记录相关信息来追溯数据的历史状态，即采用标注方式记录原始数据的一些重要信息，并让标注和数据一起传播。通过查看目标数据的标注，可以获得数据的溯源信息。

（2）反向查询法（逆制函数法）通过逆向查询或构造逆向函数对查询求逆，即根据转换过程反向推导，由结果追溯到元数据。

4. 数据溯源的模型

数据溯源的关键是建立合理的数据模型，并根据模型明确数据溯源的大体思路和基本步骤。常见的数据溯源模型包括：

(1）同构型数据溯源模型。适用于数据结构相对简单、统一的情况。

(2）异构型数据溯源模型。考虑数据的异构分布特性，适用于数据结构复杂、多样化的情况。该模型通过加入异构分层的三维坐标模型（时间、过程、数据的异构分布特性）构建完整的溯源信息。

5. 数据溯源在数据空间中的应用

在数据空间内，数据溯源技术的作用主要是确保数据的可信度、安全性和合规性。具体来说，数据溯源能够追踪和查询数据的来源、处理过程和流向。

(1）保障数据安全。及时发现和解决数据安全问题，防止数据被篡改或窃取，保护数据的完整性和隐私。

(2）提高数据质量。追溯数据的来源和处理过程，确保数据的真实性、准确性和完整性，减少因数据问题导致的决策失误。

(3）支持合规性。在数据法规日益严格的背景下，数据溯源可以确保数据的合规性，避免违反相关法律法规。

(4）促进数据共享与利用。提升数据的透明度和可信度，促进数据的合理利用和价值实现。

数据溯源是一个重要的技术领域，它记录了数据的起源、演变历史和处理过程，为数据的真实性验证、法规遵从、完整性保护和透明度与问责制提供了有力支持。在数据空间中，数据溯源技术可以应用于数据的全生命周期管理，包括数据的采集、存储、处理、分析和应用等各个环节。这使我们对数据有全面的认识，为后续的数据治理工作提供重要依据，并推动数据空间内的数据流通和价值转化，其技术的应用领域也将不断拓展和深化。

6. 数据溯源的技术工具

在数据审计过程中，审计人员需要运用多种技术工具来辅助审计工作，包括数据采集工具（如 SQL、Python 等编程语言）、数据分析软件（如 Tableau、Power BI 等）、风险评估工具（如 COSO 框架），以及数据可视化工具和数据挖掘工具等。这些工具的应用可以大大提高审计工作的效率和质量，帮助审计人员更好地发现问题、分析问题。

数据溯源的技术工具主要包括以下几类：

1）大数据可视化溯源平台

• FineBI、FineReport、FineVis：帆软公司旗下的商业智能工具，专注于数据可视化与数据分析，支持多种数据源接入，提供数据处理和分析能力，适用于企业级数据管理和分析。

• Tableau：比较受欢迎的大数据可视化工具，以其强大的数据分析和可视化功能著称，支持多种数据源和丰富的可视化选项。

• Power BI：微软推出的商业智能工具，集数据连接、数据建模和数据可视化于一体，与微软其他产品无缝集成。

• QlikView/Qlik Sense：以其强大的数据关联功能和灵活的自定义选项著称，适用于复杂的数据分析和可视化需求。

• Splunk：专注于机器数据分析的工具，广泛应用于 IT 运维、应用管理和安全监控等领域，提供丰富的数据可视化选项。

• Looker：Google Cloud 推出的数据平台，集数据分析、数据可视化和数据应用开发于一体，支持多种数据源连接和大规模数据集处理。

• Google Data Studio：Google 推出的免费数据可视化工具，用户可以通过简单的拖放操作创建专业的报告和仪表盘。

2）专门溯源系统

• 京东方舟溯源系统：京东推出的溯源系统，具有全流程可追溯、数据安全可控、开放兼容等特点，适用于产品从生产到销售的全程可追溯管理。

• 阿里巴巴溯源系统：阿里巴巴推出的溯源系统，采用先进的大数据技术，实现对产品来源的实时追踪，并提供丰富的数据可视化工具。

• 华为智慧溯源系统：华为推出的溯源系统，采用物联网技术，实现对产品从生产到销售的全程实时监控，具有强大的数据分析功能。

• 区块链溯源系统：如蔚来链、IBM Food Trust 等，利用区块链技术提高溯源信息的透明度和不可篡改性，在食品安全、药品追踪等领域表现突出。

3）网络安全与数据取证溯源工具

• IP 地址溯源工具：如 WHOIS 查询、Traceroute 等，用于追踪攻击者的 IP 地址物理位置和拥有者。

• 网络抓包工具：如 Wireshark、tcpdump 等，可以截获网络通信数据包，用于分析网络流量、检测攻击、追踪请求来源等。

• 隐写溯源取证系统：如安企神、SecureDocs Tracer 等，结合数字水印技术和溯源功能，用于电子文档的加密保护、使用权限管理以及溯源追踪。

4）数据血缘与影响分析工具

• Talend、Apache Atlas、Alation：帮助构建数据血缘关系，自动生成数据流图，动态更新，实现上下游数据变更、影响分析和精准溯源。

• Git for Data、dbt、Snowflake Time Travel：实现对数据和表格的版本控制，数据错误可以快速回滚到正确版本。

• Google Data Catalog、AWS Glue：集成了 AI 的溯源分析能力，能够提前预测变更影响，避免问题。

这些工具各有特色，适用于不同的业务场景和需求，用户可以根据实际情况选择适合的工具进行数据溯源。

4.4.2 数据审计

数据审计是对组织数据进行系统性检查和评估的过程,以确保数据的准确性、一致性和合规性,有助于提升数据的可靠性,为决策提供准确依据。

1. 数据审计的内涵

数据审计是对组织或企业的数据进行全面、系统、深入的审查和评估,旨在发现数据中的问题、风险或不合规之处,并提出相应的改进建议。这一过程不仅涉及对数据的深入分析,还包括对数据处理流程、存储环境及访问权限的全面审查。

数据审计的主要目的是保障数据的安全性、完整性和合规性。通过追踪数据流向、检测异常访问和修改,数据审计能够及时发现并预防潜在的数据风险。此外,数据审计在保障数据合规性方面也发挥着重要作用,确保被审计对象的数据符合相关法律法规和监管要求,如数据保护法、隐私法等。

2. 数据审计的步骤

数据审计的步骤通常包括确定审计目标、确认数据源、确认数据完整性、制定审计程序、数据抽样、数据分析、发现问题、解释结果、提出建议,以及撰写报告等。

以下是一个利用统计分析法进行数据审计的实例。

1)审计目标

评估某商业银行各分行授信审批效率的差异,并识别出审批效率较低的分行。

2)审计方法

采用统计分析法,具体运用简单线性回归模型开展相关分析工作。

3)审计步骤

(1)数据收集:收集各分行近两年的授信项目平均审批时间数据。

(2)模型构建:定义简单线性回归模型的自变量(今年各分行授信项目平均处理天数)与因变量(上年各分行授信项目平均处理天数),并假定两者间存在线性关系。

(3)数据拟合:利用回归模型拟合数据,计算出最优拟合直线,并输出拟合线图。

(4)假设检验:分析各数据点(代表各分行)与拟合直线的偏离程度。

(5)结果分析:识别出与整体表现(即拟合直线)偏离较远的分行,这些分行被认为是审批效率较低或存在异常情况的分行。

4）审计发现

通过统计分析,审计人员发现某几家分行的授信审批时间明显长于其他分行,且这些分行的审批时间在过去一年中并未有显著缩短。进一步调查后,审计人员发现这些分行在审批流程中存在环节冗余、审批人员不足等问题,导致审批效率较低。

5）审计建议

针对审计发现的问题,审计人员建议相关分行优化审批流程、增加审批人员,以提高授信审批效率。同时,建议总行加强对各分行审批效率的监督和考核,确保各分行能够按照规定的审批时间和流程进行业务操作。

3. 数据审计的方法

在数据分析环节,审计人员会运用多种数据分析方法,如统计分析、比率分析、比较分析、趋势分析和大数据审计法等,对数据样本进行深入挖掘和分析。

(1) 统计分析法。利用统计学原理对数据库字段项之间存在的函数关系或相关关系进行科学分析,如常用统计、回归分析、差异分析等。

(2) 比率分析法。通过比较两个相关联的经济数据,体现各要素之间的内在联系,便于审计人员判断。

(3) 趋势分析法。对被审计单位若干期相关数据进行比较和分析,从中找出规律或发现异常变动,有助于审计人员从宏观上把握事物的发展规律。

(4) 异常数量值分析法。针对一些业务数量值明显不符合常规的情况,建立审计分析模型进行查找,快速发现审计疑点。

(5) 时间序列分析法。在分析收入等具有时间序列性的数据时,可以利用差分自回归模型等时间序列分析模型,发现数据的异常波动或趋势。

4.4.3 区块链

1. 区块链技术

区块链是一种去中心化的分布式数据库技术,它将数据区块按照时间顺序组合成链式数据结构。链条上的每一个区块都包含一组交易记录、时间戳,以及前一个区块的哈希值等信息,并通过加密算法与前一个区块相连,形成连续、不可篡改的链式结构。

区块链技术最初与加密货币密切相关,由比特币的创始人中本聪提出。它的核心特征包括去中心化、不可篡改性和透明性。通过去除中介和信任机构,区块链让参与者可以直接在互信的环境下进行交易和信息交换。每个区块链网络中的节点共同参与数据的存储、验证和管理,有效避免了传统中心化系统中的单点故障和风险。

一旦信息写入区块链，便无法被修改或删除，这种不可篡改性使区块链在金融、供应链等领域的应用具有非常大的优势，能够有效防范欺诈行为。同时，区块链的透明性体现在网络中的每个节点都可以查看公共区块链上的所有交易记录，从而在企业和个人之间建立起高度信任机制。

此外，区块链还通过加密算法保障数据的安全性，通过公钥/私钥加密机制确保交易合法性和参与者身份。智能合约作为区块链的一项重要功能，能够在区块链平台上执行特定任务，实现交易流程的自动化处理和合同义务的自动执行。总之，区块链技术凭借独特的优势在多个领域展现出广泛的应用前景。

2. 区块链在数据空间中的应用

区块链在数据空间中的应用日益广泛，主要得益于其去中心化、不可篡改、透明性等特性，这些特性为数据的安全、可靠和高效管理提供了新的解决方案，例如，数据空间内数字身份的认证等。区块链技术在数据空间中有许多具体应用。

（1）数据安全性与隐私保护。区块链的不可篡改性使得数据一旦被记录到区块链上，就无法轻易更改或删除，从而保证了数据的真实性和完整性。这对于需要高度数据完整性的场景，如金融交易、医疗记录等至关重要，也是数据空间的主要功能之一。虽然区块链是公开的，但通过使用加密技术和访问控制机制，可以确保只有授权用户才能访问敏感数据，这有助于保护个人隐私，同时满足数据共享的需求。

（2）数据共享与协同。去中心化的数据共享是数据空间的重要特征之一。区块链允许数据在多个参与者之间安全地共享，而无须依赖中心化的信任机构。这降低了数据共享的成本和风险，促进了跨组织的数据协同。

（3）数据溯源与追踪。区块链上的每一笔交易或数据更改都会被记录下来，形成不可篡改的链式数据结构。这种技术特征使得数据的来源和历史变化可以被追溯，有助于解决数据争议和确保数据的可信度。在数据空间中，区块链可以追踪数据的流动路径和使用情况，这在数据治理、合规性检查和防止数据泄露等方面具有重要意义。

3. 区块链在数据空间中的应用实例

以下是一些区块链技术在数据空间中的典型应用实例。

1）实例1——粤澳跨境数据验证平台

粤澳跨境数据验证平台是在《横琴粤澳深度合作区建设总体方案》正式发布后，由粤澳两地政府推动与协调的首个跨境数字化基础设施项目。由横琴粤澳深度合作区金融发展局等推动，微众银行提供区块链技术支持。平台凭借区块链不可篡改且可追溯的技术优势，结合分布式数据传输协议，实现用户自主跨境携带资料的可信验证。已有多家银行在该平台上成功落地业务场景，相关业务办理时间大幅缩短。

（1）平台背景与定位。

背景：该平台由澳门科学技术发展基金、横琴粤澳深度合作区金融发展局协调和推动。

定位：作为粤澳跨境合作的重要金融基础设施，该平台着力深化服务粤澳民生，推进跨境金融创新。

（2）平台构建与运营。

构建：平台基于分布式数据传输协议理念和国产开源区块链底层平台FISCO BCOS进行开发，由珠海华发金融科技研究院有限公司、深圳联合金融控股有限公司作为内地侧运营方，南光集团下属的南光通有限公司、澳门万高信息科技有限公司作为澳门侧运营方，深圳前海微众银行股份有限公司作为区块链开源技术支持方共同研究打造。

技术特点：平台凭借区块链技术的不可篡改性和可追溯性，支持由个人自主携带数据跨境，在保护隐私的基础上实现数据要素的跨境流通和核验。

（3）功能与应用。

功能：平台提供跨境数据验证服务，支持数据提供方和数据验证方进行高效的数据验证操作。

应用：自2022年上线以来，平台陆续与工商银行、建设银行、中国银行、厦门国际银行、澳门国际银行等开展合作，落地个人资产证明验证、企业资产证明验证、个人流水证明验证等多个应用场景。此外，平台还与地方征信平台"粤信融"对接联通，共同打造粤澳跨境数据验证服务，形成了用户可携带跨境、南北双向互通、数据"可用不可见"的跨境数据要素流动模式。

（4）平台意义与影响。

意义：平台是落实《横琴粤澳深度合作区建设总体方案》和"横琴金融30条"的重要举措与具体实践，为粤澳两地机构提供高效的跨境数据验证基础设施，进而为两地的居民及企业提供便捷的跨境服务体验。

影响：平台成功入选中央网络安全和信息化委员会办公室"2023年区块链创新应用案例入选名单"，标志着其区块链技术的创新应用得到高度认可。同时，平台荣获2024年"数据要素×"大赛广东分赛区金融服务赛道三等奖，彰显了其在推动粤澳融合发展方面的积极作用。

综上所述，粤澳跨境数据验证平台是一个具有重要意义的跨境数字化基础设施项目，它将为粤澳两地的金融创新和民生服务提供有力支持。

2）案例2——潍坊市"区块链+蔬菜"创新应用项目

潍坊市农业农村局委托中国电信潍坊分公司建立信息平台，实现蔬菜全产业数据链跨端互通。通过区块链技术，打通监管端、企业端和用户端的互通应用，规范数据管理和采集标准。实现了蔬菜种植全过程管理，提高农产品效益35%以上。

（1）项目背景与意义。

随着数字技术的快速发展，区块链技术因其分布式部署、去中心化、不可篡改等技术特点，在农产品质量追溯、食品安全保障等方面展现出巨大潜力。潍坊市"区块链+蔬菜"创新应用项目旨在利用区块链技术，实现蔬菜从田间到餐桌的全产业链可信溯源，保障农产品质量安全，提升农产品附加值，推动农业产业转型升级。

（2）项目实施情况。

试点范围：潍坊市在多个区域开展了"区块链+蔬菜"创新应用试点，包括坊子区、寒亭区等。其中，坊子区玉棵松数字农业产业园和寒亭郭牌农业是典型试点主体。

技术应用：项目充分利用区块链、物联网、大数据等技术手段，构建蔬菜全产业链数据资源体系。通过物联网传感器实时监测蔬菜生产环境、生产过程等数据，并将这些数据上传至区块链平台，实现数据的真实、完整和可追溯。

平台建设：潍坊市建成"区块链+蔬菜"溯源管理平台，实现网络管理、联盟管理、节点管理、证书管理、合约管理等功能。平台覆盖多个蔬菜品种，覆盖面积达数万亩。

（3）项目成效。

提升农产品品质与安全：通过区块链技术，实现蔬菜从种植到销售的全过程可追溯，有效保障了农产品的品质与安全。

降低生产成本：项目通过精准灌溉、施肥等智能化管理手段，降低了水肥药等综合成本，提高了农业生产效率。

增加农民收入：随着农产品品质的提升和附加值的增加，农民的收入也得到了显著提高。

推动农业产业转型升级：项目推动了农业与数字技术的深度融合，促进了农业产业的转型升级和高质量发展。

潍坊市"区块链+蔬菜"创新应用项目已经取得显著成效，未来将继续深化应用，扩大试点范围，推动更多农产品纳入区块链溯源体系。同时，将加强与国内外相关机构的合作与交流，共同探索数字农业发展的新路径和新模式。

综上所述，潍坊市"区块链+蔬菜"创新应用项目是一项具有重要意义的数字农业实践，它将为潍坊市乃至全国的农业产业转型升级和高质量发展提供有力支撑。

3）案例3——数字版权链（DCI体系3.0）

数字版权链是中国版权保护中心联合多家科技平台企业提出的数字版权中国式解决方案，数字版权链其核心是DCI（Digital Copyright Identifier，数字版权唯一标识符），用于标识和描述数字网络环境下权利人与作品之间一一对应的版权权属关系。数字版权链是中国版权保护中心基于多年版权基础服务经验积累，结合对数字版权保护与服务创新模式的研究实践，联合华为云、蚂蚁集团蚂蚁链、淘天集团（阿里巴巴）等多家头部科技平台企业，共同提出的数字版权中国式解决方案。

（1）核心理念与支撑技术。

数字版权链（DCI体系3.0）以"共生、共治、共享"为核心理念进行建设机制创新，以区块链、云计算、人工智能等新一代数字技术的系统集成应用为支撑，构建数字世界版权智能大脑，打造集标准体系、技术能力、产品服务、新型基础设施和应用生态于一体的综合性数字版权服务创新体系与治理机制。

（2）主要功能与应用。

版权权属确认：数字版权链（DCI体系3.0）支持用户原创内容创作完成后提交DCI申领。提交后，数字版权链（DCI体系3.0）会实时对作品版权信息的真实性、有效性、一致性进行智能识别、记录、分析与核验，核验通过后可获得DCI。DCI描述了用户与数字内容一一映射的权属关系。

版权登记：获得DCI的用户，可进一步按需自愿办理数字版权登记，获得《作品登记证书（数字版）》。

版权保护与服务：数字版权链（DCI体系3.0）作为数字世界的版权基础设施，可实现数字内容的版权资产锚定，让版权权利流转全链路可记录、可验证、可追溯、可审计，从而更好地服务于版权权属确认、授权结算、维权保护等。

（3）建设成果。

入选优秀案例：由中国版权保护中心牵头，华为云计算技术有限公司、蚂蚁区块链科技（上海）有限公司等共同参与建设的"基于数字版权链（DCI体系3.0）的互联网版权服务基础设施建设与试点应用"项目，入选"2023年区块链创新应用案例入选名单"，是"区块链+版权"特色领域唯一入选优秀案例的试点应用。

推广应用：数字版权链（DCI体系3.0）已在数字文创、数字动漫、数字音乐等数字内容应用场景中取得示范效果，为数字内容平台及平台用户带来了版权服务新体验。

中国版权保护中心将继续加大试点成果转化力度，逐步完善基于数字版权链（DCI体系3.0）的标准化、体系化、数字化、智能化版权服务能力。同时，将加快对文化数据确权、生成式人工智能等新技术驱动下的新场景的探索实践，以DCI

标准引领、科技赋能、服务驱动，支撑版权资源在流动和共享中实现价值，为在新的起点上继续推动文化繁荣、建设文化强国、建设中华民族现代文明贡献版权智慧与力量。综上所述，数字版权链（DCI 体系 3.0）是数字版权保护与服务的创新模式，具有广阔的应用前景和发展空间。

上述案例展示了区块链技术在提升数据安全性、促进数据共享与协作、优化业务流程等方面的广泛应用和显著成效。随着技术的不断发展，区块链在数据空间中的应用前景将更加广阔。

4.4.4 智能合约

智能合约是数据空间的重要实体，也是保障数据空间数据交易正常运行的基础，在数据空间中占据重要地位。智能合约是一种基于区块链技术的自动化执行协议，旨在以信息化的方式传播、验证或执行合同。同时，作为区块链上的自动化执行程序，能够根据预设的条件自动触发数据共享、访问控制等操作，显著提升了数据处理的效率和准确性。例如，日本的互联工业开放框架提供了数据提供类、数据产生类和数据平台类三种合约，以合约形式明确工业数据的使用许可范围、数据提供者和使用者的权利义务，以及使用过程中衍生的各类问题[4]。

1. 智能合约的定义

智能合约这一概念于 1994 年由 Nick Szabo 首次提出。其目的在于提供比传统合约更安全的方法，同时降低与合约相关的其他交易成本。智能合约本质上是一种计算机协议，允许在没有第三方信任中介的情况下，实现可信、可追踪且不可逆转的交易。通过编写代码，智能合约将合约条款转化为计算机语言，并部署在区块链网络上，当预设条件满足时，合约便会自动执行。

2. 智能合约的特点

智能合约是一种数据隐私保护技术，是数据空间中数据提供方和数据使用方共同遵守的一种计算机协议。智能合约促成的数字交易在某种程度上类似基于法律合同开展的实体交易[5]，能够由数据空间中的智能合约组件按照预设条件自动完成清算。数据空间中的智能合约具有以下特点：

（1）规范性。智能合约以代码形式定义了合同的条款和条件，确保合同的规范性和一致性。

（2）不可逆性。一旦智能合约被部署并触发执行，其结果是不可逆的，无法被更改或撤销。

（3）不可违约性。由于智能合约的自动执行特性，它能够在无须人工干预的情况下确保合同的履行，从而降低了违约的风险。

第 4 章　可信数据空间信任体系建设

（4）匿名性：智能合约的交易双方可以保持匿名，保护用户隐私。

3. 智能合约的工作原理

智能合约系统会依据事件描述信息中的触发条件进行判断，当触发条件满足时，系统会从智能合约自动发出预设的数据资源，以及包含触发条件的事件；整个智能合约系统的核心运作机制，是将事务和事件交由智能合约模块处理，处理后输出一组事务和事件；智能合约本质上是由事务处理模块和状态机构成的系统，它既不会生成新的智能合约，也不会修改已有智能合约；它的存在只是为了让一组复杂的、带有触发条件的数字化承诺，能够按照参与者的意志正确执行。智能合约的工作原理如图 4-2 所示。

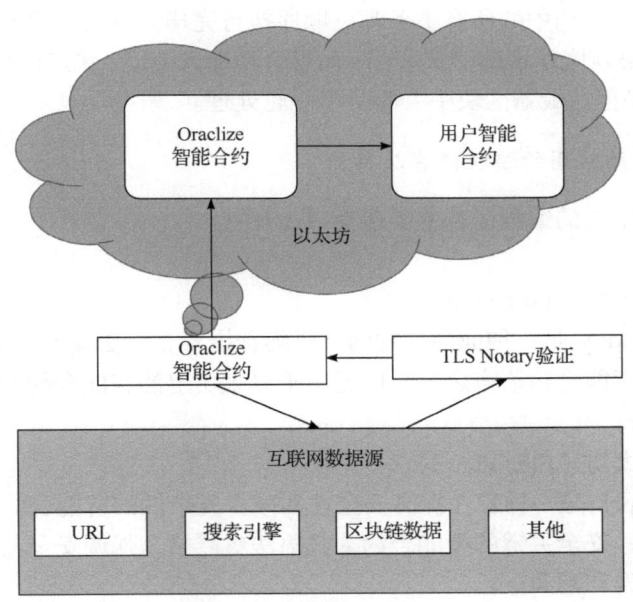

图 4-2　智能合约工作原理

4. 智能合约的构建与执行

智能合约的构建与执行通常分为以下几个步骤。

（1）用户注册与密钥生成。当用户通过区块链平台注册成为区块链用户时，平台会自动生成一对密钥，即公钥和私钥。公钥作为用户在区块链上的账户地址，用于接收和发送资产；而私钥作为用户操作账户的唯一凭证，必须严格保密，用于签署交易和智能合约。

（2）合约制定与签名。两个及以上用户协商达成一份承诺，明确双方的权利和义务。将这些权利和义务以电子化的方式编写为机器语言，形成智能合约代码。

所有参与者使用各自的私钥对智能合约进行数字签名，以确保合约的有效性，并证明各参与者对合约内容的认可。

（3）合约部署与验证。签名后的智能合约被部署至区块链网络，成为区块链的一部分。智能合约内置自动执行逻辑，一旦预设条件被触发，合约会自动执行相应的操作。智能合约的执行不需要第三方介入，完全依赖于区块链网络的共识机制和智能合约代码。

（4）合约执行与状态更新。当满足触发条件的事务出现时，智能合约会将其推送到待验证队列中。验证节点首先对事务进行签名验证，验证通过的事务被纳入待共识集合，等待大多数验证节点达成共识。一旦达成共识，事务被执行，并向用户发送执行成功的通知。事务执行成功后，智能合约的状态机会评估合约的当前状态，如果合约中的所有事务都已顺序执行完毕，状态机将合约状态标记为"完成"，并从最新区块中移除该合约；如果合约尚未完成，状态机将其标记为"进行中"，继续保存在最新区块中，等待下一轮处理。

5. 智能合约常用的编程语言及特点

智能合约常用的编程语言主要包括以下几种。

（1）Solidity。

平台：以太坊（Ethereum）。

特点：Solidity 是一种面向合约的高级编程语言，语法类似于 JavaScript，是目前最流行的智能合约语言之一，广泛用于以太坊上的智能合约开发。

（2）Vyper。

平台：以太坊（Ethereum）。

特点：Vyper 是一种旨在提高安全性和减少复杂性的智能合约语言，它更适合编写简单的、安全关键的智能合约。其语法更严格，强调安全与简单，旨在减少开发中的错误和漏洞。

（3）Chaincode。

平台：Hyperledger Fabric。

特点：Chaincode 是专为 Hyperledger Fabric 平台设计的智能合约开发语言。使用 Chaincode，企业能够在平台上编写适合自己业务逻辑的智能合约，实现高效、安全的跨机构交易。

（4）Rust。

平台：Solana、Polkadot、Cosmos 等。

特点：Rust 是一种系统级编程语言，注重安全性、并发性，在 Solana 及其他高性能区块链平台上非常受欢迎。

(5) Move。

平台：Diem（原 Libra）、Sui、Aptos。

特点：Move 是由 Meta（原 Facebook）开发的一种智能合约语言，专为 Diem 区块链设计。它强调资源所有权和安全性，适合处理复杂的金融应用。

(6) JavaScript/TypeScript。

平台：Algorand、Celo 等。

特点：某些区块链平台支持使用 JavaScript 或 TypeScript 编写智能合约，这些语言的学习曲线相对较低，适合前端开发者快速上手。

(7) Go。

平台：Cosmos SDK、部分企业级区块链平台（如 Hyperledger Fabric 的某些组件）。

特点：Go 是一种静态类型的编译语言，性能高且易于学习，在企业级区块链平台有广泛应用。

此外，还有一些区块链平台使用特定的编程语言来编写智能合约，如 NEO 使用 C#，EOS 使用 C++，TRON 则支持 Solidity 和 Java 等。在选择智能合约编程语言时，需要考虑安全性、成熟度、社区支持、执行效率以及项目需求和开发者技能等多个因素。

6. 智能合约的应用实例

去中心化交易所（DEX）中的自动化做市商（AMM）合约。

(1) 智能合约概述。

智能合约是去中心化交易所的核心组件，它实现了自动化做市商算法，允许用户在无须信任第三方的情况下进行代币交易。该合约管理一个流动性池，其中包含两种代币的储备，并根据恒定乘积公式（$x*y=k$）确定交易价格和滑点。

(2) 核心逻辑。

流动性池管理：每个交易对设有独立的流动性池，用于存放两种代币的储备。用户可以通过提供流动性（即向池中添加两种代币的等价值量）来赚取交易手续费。

AMM 算法：基于恒定乘积公式，确保交易的公平性，实现价格的动态调整。当用户进行交易时，他们输入的代币会根据当前储备量被兑换为相应的输出代币，同时更新储备量以保持乘积恒定。

手续费分配：交易手续费按流动性提供者在流动池中的份额比例进行分配，以激励他们为池注入资金。

(3) 智能合约代码示例（Solidity）。

以下是一个简化的 Solidity 代码示例，展示了 AMM 合约的核心功能。

【solidity】
```
pragma solidity ^0.8.0;
contract AMM {
 uint256 public total Supply;
 mapping (address => uint256) public balances;
 uint256 public reserve A;
 uint256 public reserve B;
 function add Liquidity (uint256 amount A, uint256 amount B) public
{
    reserve A += amount A;
    reserve B += amount B;
    uint256 liquidity = sqrt (amount A * amount B * total Supply
 / (reserve A * reserve B) + 1);
    balances[msg.sender] += liquidity;
    total Supply += liquidity;
 }
 function swap (uint256 amount In, bool is A To B) public {
  uint256 reserve In = is A To B ? reserve A : reserve B;
  uint256 reserve Out = is A To B ? reserve B : reserve A;
  uint256 amount Out = (amount In * reserve Out) / (reserve In
+ amount In);
    if (is A To B) {
   reserve A += amount In;
   reserve B -= amount Out;
 } else {
   Reserve B += amount In;
   Reserve A -= amount Out;
    }
    uint256 liquidity = balances[msg.sender];
    balances[msg.sender] = (liquidity * (reserve A * reserve B))
/ (total Supply * k Last); // k Last is a previous value of k, calculated off-chain for simplicity
    // Note: This is a simplified version and does not include all necessary checks and balances adjustments.
    // In a real implementation, you would need to handle sqrt
```

```
calculations more precisely and update k Last accordingly.
    }
    function sqrt(uint256 x) internal pure returns (uint256 y) {
      uint256 z = (x + 1) / 2;
      y = x;
      while (z < y) {
        y = z;
        z = (x / z + z) / 2;
      }
    }
}
```

上述代码为了保持简洁性进行了简化处理，省略了一些重要的检查和平衡调整环节。在实际应用中，需要更精确地处理平方根计算，并相应地更新 k Last（即上一轮的乘积 k 值，用于计算流动性提供者的份额）。此外，还需要补充错误处理、输入验证和防攻击措施等。

（4）部署与测试。

该智能合约可以借助 Hardhat 或 Truffle 等框架进行部署，并在 Remix 这类智能合约集成开发环境中完成测试和验证。在部署之前，务必对代码进行充分的审核和测试，以此保障其安全性和正确性。

这个实例展示了智能合约在去中心化金融领域中的典型应用，即自动化做市商合约。通过智能合约，去中心化交易所能够提供透明、安全且高效的交易服务。

4.4.5 密态计算

1. 密态计算的定义

密态计算是一种综合运用密码学、可信硬件和系统安全技术的可信隐私计算技术，其在计算过程中实现数据"可用不可见"，计算结果能够保持加密状态，支持构建复杂组合计算，实现计算全链路保障，防止数据泄漏和滥用。

2. 密态技术的特点

（1）数据可用不可见。密态计算允许数据在计算过程中保持加密状态，只有经过授权的用户才能访问和处理数据，从而确保数据的隐私性。

（2）计算结果密态化。即使数据经过计算，其结果仍然保持加密状态，只有在特定条件下才能解密和查看，进一步增强了数据的安全性。

（3）全链路保障。密态计算提供从数据存储、计算到传输的全链路安全保障，防止数据在各个环节中的泄漏和滥用。

（4）支持复杂组合计算。密态计算技术能够支持复杂的组合计算，满足各种应用场景的需求。

3. 密态计算在数据空间中的应用

（1）确保数据空间中的数据在不同数据主体之间安全流通。密态计算是一种融合了密码学、可信硬件及系统安全技术的新兴计算范式，其核心在于全生命周期内保护数据隐私。在数据空间中，数据往往需要在不同的主体之间流通和共享。传统的数据处理模式难以保障数据在流通过程中的安全性。密态计算通过先进的加密技术，使得数据在传输、存储和处理过程中始终保持加密状态，只有经过授权的用户才能访问和解密数据。该技术有效防止了数据在流通过程中被非法访问、篡改或滥用，从而确保了数据的安全流通。

（2）支持数据空间中参与者跨主体数据共享。在数据空间中，不同主体之间需要共享数据以实现更好的业务协同和决策支持。然而，数据共享往往伴随着数据泄露的风险。密态计算通过提供跨主体的可信管控机制，允许数据在加密状态下进行共享和计算。既保证了数据的隐私性，又实现了数据的共享和利用。同时，密态计算还支持对数据的访问和使用进行细粒度的控制和审计，从而确保数据在共享过程中的安全性和合规性。

（3）推动数据价值释放。密态计算不仅保护了数据的隐私性，还推动了数据价值的释放。通过密态计算，数据可以在加密状态下进行挖掘和分析，从而提取出有价值的信息和知识。这有助于企业更好地了解市场趋势、客户需求和业务风险，进而制定更加精准的营销策略和风险管理方案。同时，密态计算还支持数据的可视化展示和交互分析，使得数据更加易于理解和利用。

（4）构建数据密态应用新范式。随着密态计算技术的不断发展，越来越多的数据密态应用开始出现。这些应用通过利用密态计算技术，实现了数据在加密状态下的处理和分析，从而提高了数据的安全性和可用性。同时，这些应用还支持与其他新兴技术如可信数据空间、数联网等的有机融合，从而构建起具有中国特色的数据基础设施，有助于推动数据经济的持续发展和产业升级。

（5）降低数据流通成本。密态计算通过提供高效的数据加密和解密算法，以及优化的计算流程，降低了数据流通的成本。这使得数据可以在不同的主体之间进行更加便捷和高效的流通和共享。同时，密态计算还支持对数据的访问和使用进行细粒度的控制和审计，从而避免不必要的数据泄露和滥用风险，有助于降低企业的数据安全管理成本，提高数据利用效率。

综上所述，密态计算在数据空间中的应用具有广泛的前景和重要的意义。它不仅保护了数据的隐私性，还推动了数据价值的释放，降低了数据流通的成本。

随着技术的不断发展和应用场景的不断拓展，密态计算有望在数据安全领域发挥更加重要的作用。

4.4.6 数据沙箱

数据沙箱是一种基于软件，或软硬件结合构建的安全计算环境，通过物理隔离或逻辑隔离的方式，实现对数据的有效保护。

1. 数据沙箱的定义

数据沙箱是一种隔离环境，允许用户在其中运行程序和处理数据，且不会影响到外部系统或数据的安全性。它通过使用虚拟化技术、访问控制技术和防躲避技术，确保可疑文件或程序在隔离环境中运行，从而保护主机和操作系统免受病毒和未知威胁的侵害。

2. 数据沙箱的主要特点

（1）隔离性。数据沙箱提供了完全隔离的环境，使用户可以安全地运行不受信任的应用程序或文件。任何在沙箱中运行的应用程序或文件都无法访问主机操作系统或其他应用程序的敏感数据。

（2）临时性。每次启动沙箱，都会创建全新的操作系统实例。这意味着任何在沙箱中进行的更改、下载的文件或安装的应用程序都将在关闭沙箱后被完全删除，不会对主机系统产生任何影响。

（3）安全性。沙箱中的操作系统实例是在主机操作系统的基础上创建的，因此，可以利用主机操作系统的安全功能和更新机制来提供更高的安全性。

（4）快速启动。沙箱的启动非常迅速，几乎可以立即进入隔离环境，无须等待长时间的系统启动过程。

（5）兼容性。沙箱可以运行几乎任何应用程序，包括浏览器、办公套件、开发工具等。用户可以在沙箱中进行各种测试、评估和试验，而无须担心对主机系统的影响。

3. 数据沙箱在数据空间中的应用

（1）构建安全的数据分析环境。数据沙箱通过构建应用层隔离环境，允许数据使用方在安全和受控的区域内对数据进行分析处理。这种隔离机制有效防止了数据在分析过程中被恶意访问或篡改，从而确保了数据分析结果的准确性和可靠性。在数据空间中，数据沙箱为数据分析提供了安全、可控的环境，使得数据科学家和分析师能够放心地进行数据探索和建模。

（2）保护数据隐私。数据沙箱的核心功能之一是保护数据隐私。在不泄露原始数据的前提下，数据沙箱允许进行数据的联合计算和分析，实现数据融合的价值。这要求数据沙箱具备强大的数据加密和隐私保护能力，以确保数据在存储、传输和处理过程中的安全性。在数据空间中，数据沙箱的隐私保护功能使得数据可以在不同主体之间进行安全共享和流通，从而推动了数据的价值最大化。

（3）支持多数据源联合计算。数据沙箱支持多数据源的数据联合计算和分析，提供了一套统一的数据处理和分析接口。这使得用户能够方便地将不同来源和类型的数据整合到统一的沙箱环境中进行分析。在数据空间中，这种多数据源联合计算的能力有助于发现数据之间的关联性和规律，从而挖掘出更多的数据价值。

（4）提高数据利用效率。数据沙箱通过为数据资源分配唯一标识符，实现快速准确的数据检索和定位，提高了数据的利用效率。在数据空间中，数据沙箱的数据标识功能使得用户能够快速找到所需的数据资源，从而节省时间和成本。此外，数据沙箱还支持多种数据处理和分析工具，允许用户根据自己的需求选择合适的工具，进一步提高了数据的利用效率。

（5）支持数据交易和共享协议的执行。在数据空间中，数据交易和共享协议的执行是一个重要环节。数据沙箱通过提供安全、可控的环境，支持数据交易和共享协议的执行。例如，在数据交易中，数据沙箱可以确保交易双方的数据在传输过程中不被泄露或篡改，从而保证交易的公平性和安全性。同时，数据沙箱还可以自动化地执行数据共享协议，确保各方利益得到保障。

数据沙箱在数据空间中的应用具有广泛而深远的影响。它不仅构建了安全的数据分析环境，保护了数据隐私，还支持多数据源联合计算，提高了数据利用效率。同时，数据沙箱还推动了数据交易和共享协议的执行，促进了数据经济的发展。

4. 数据沙箱的技术实现

数据沙箱技术通常包括虚拟化引擎、安全隔离机制、网络资源管理、安全监控和分析等。虚拟化引擎用于创建和管理虚拟环境，包括虚拟化硬件、操作系统和应用程序等。安全隔离机制用于隔离不同的用户或应用程序，并提供安全访问控制和审计功能。网络资源管理用于限制和监控用户或应用程序对网络资源的访问。安全监控和分析则用于对用户或应用程序的网络行为进行监控和分析，以发现潜在的威胁和攻击。

4.5 本章小结

信任理论的核心原理是缓解信息不对称，并通过制度、法律、伦理与道德进行约束。在社会活动中，活动主体双方常常由于彼此的不了解，以及对活动及其客体的不了解，产生不信任。可信数据空间建设的目标就是要解决数据空间中数据交易双方的信任问题，消除数据空间内数据交易双方的信息不对称。或者说，数据空间的目标就是建设基于参与者信任的数据共享新机制。基于此，本章在分析信任内涵的基础上，提出数据空间信任体系的建设问题。

任何信任都不是单一维度的，本章构建了由数据安全政策法规、数据访问和使用管理制度、数据可信安全技术组成的三层架构数据空间信任体系，并从政策法规、管理制度（访问和使用控制、自我描述等）和可信技术（智能合约、密态计算、数据沙箱等）等多方面论述了数据空间信任体系的建设。信任体系建设是一个综合性系统工程，既涉及客观的技术要求，也关乎参与者主观的体验和感受。既有政策、法规、标准规范、管理制度的要求，还有数据空间信任文化生态的要求，如何建立动态信任体系和数据空间参与者信任生态系统是未来需要进一步探讨的问题。

参 考 文 献

[1] Gambetta D. Can we trust trust?//Trust：Making and Breaking Cooperative Relations. Oxford: Blackwell, 1988.
[2] Taddeo M. Defining trustand e-trust. International Journal of Technology and Human Interaction, 2011, 5(2): 23-35.
[3] IBM. 什么是数据合规. [2025-02-04]. https://www.ibm.com/cn-zh/topics/data-compliance.
[4] 郭明军, 郭巧敏, 马骁, 等. 我国数据空间建设：核心要件、发展路径与推进策略. 社会治理, 2024, 5: 4-14.
[5] Edward C, Simon S, Tuomo T. Data Space: Design, Deployment and Future Directions. Berlin: Springer, 2022.

第 5 章　可信数字身份与参与者信任网络构建

国际数据空间协会的数据空间参考模型定义了两种基本的信任类型：一是静态信任，基于对运行环境和核心技术组件的认证；二是动态信任，基于对运行环境和核心组件的主动监控[1]。其中，参与者信任网络构建属于动态信任。

从心理学视角看，数据提供者的使用限制策略，会对数据消费者的心理产生一定影响，会有一种"不被信任"的感受。客观上，数据一旦"离开"持有者，就存在一定的被不当使用的概率，但并非所有的数据消费者，都有违规使用数据的动机和意图。因此，基于数据访问和使用控制的积极防护策略，并不利于数据空间信任生态或信任文化的建设。而参与者信任网络，借鉴社会网络的一些思想，希望通过信任激励机制，让数据空间所有参与者珍视自己的"信誉"和"信任度"。通过信任网络建设，使所有参与者的信任度是"实时的""动态的""可计算""透明的"，数据提供者可以针对不同信任度的数据消费者，制定不同（或个性化）的访问和使用控制策略，从而达到既保护数据的使用安全，又实现对数据消费者的尊重。

5.1　可信数字身份

从目前的数据市场看，数据流通率低，数据持有者交易意愿较低，"不敢共享"或"不愿共享"，这是数据持有者对"数据流通和交易环境安全"的一种担心，客观上也确实存在一定的数据被"不当使用"的安全风险和概率。然而，数据空间内的信任是参与者双方的信任。不仅是数据提供者需要通过一定的信任策略或技术措施"促使"数据消费者遵守"使用限制政策"；数据消费者同样需要一定的机制保障"使得"数据提供者遵守"交易规则"提供高质量的、可信的数据产品。

信任是数据空间内参与者交互的基础，是数据空间建设的基本要求。数据空间内的每个参与者，无论是数据提供者、消费者、中介，还是数据连接器、应用商店和清算中心等，都需要合法身份，以便取得交易双方的信任。国际数据空间参考框架模型定义了两种基本信任类型：静态信任和动态信任。数据空间内的所有数据服务，包括数据交换、共享等，每次都需要对每个参与者的身份进行验证。因此，认证机构、评估机构、动态属性供应服务和参与者信息服务，对于每个参与者都是必需的。图 5-1 所示为在数据空间内发布数字身份所需的角色和交互。

第 5 章 可信数字身份与参与者信任网络构建

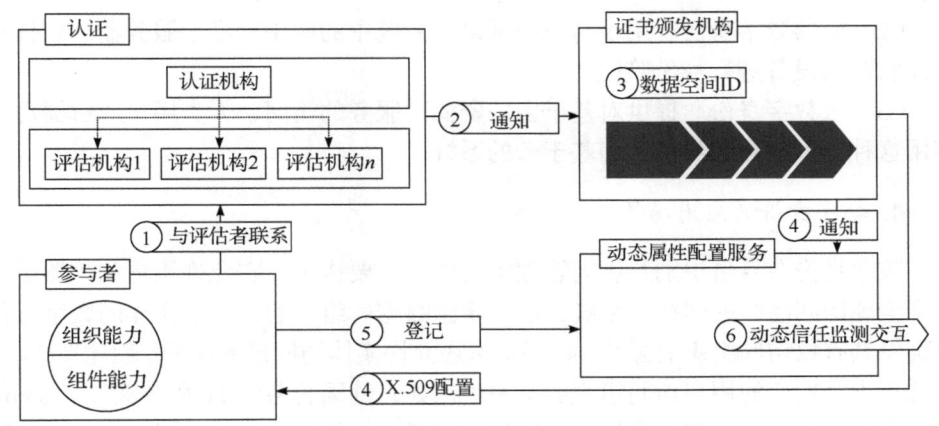

图 5-1 数据空间内发布数字身份所需的角色和交互

5.1.1 数字身份概述

1. 定义

数字身份是指在数字空间中映射实体社会中的自然人身份，将真实身份信息浓缩为数字代码，形成可通过网络、相关设备等查询和识别的公共密钥。它是通往数字孪生世界的基础设施，是打开数字世界信任大门的钥匙[2]。与传统身份系统相比，数字身份有助于大幅提高整体社会效率，最大化释放经济潜力和用户价值。数字身份具有多元性和可塑性，用户可以根据不同情境构建多元的数字身份，并且这些身份可能是真实的、片面的、历史的、匿名的，甚至是被篡改或伪造的。

2. 构成数字身份的属性

数字身份由可以代表实体的所有在线数据组成。数字数据的类型被称为属性或标识符，用于对数字身份的所有权进行分类。这些属性可以基于实体的固有属性、被分配的属性，以及实体在线积累的属性。

数字身份由身份识别、身份属性和身份凭证三部分构成。其中，构成数字身份的属性示例包括出生日期、社会安全号码、用户名和密码、电子邮件地址、浏览活动记录、网上交易 IP 地址、银行账户信息、地点、安全令牌、数字证书等。

3. 数字身份的类型

数字身份可以分为以下几类。

（1）人类数字身份。允许员工、客户、合作伙伴和供应商等用户访问组织的网络和资源，并赋予其相应权限。

（2）机器数字身份。用于对组织网络或系统中的应用程序、服务器、软件和其他物联网设备进行身份验证。

（3）云数字身份。提供对基于云的资源和服务的访问，人类用户或机器可以使用这种类型的数字身份访问基于云的系统。

4. 数字身份的应用场景

数字身份在身份识别与访问管理中发挥着重要作用。它允许用户和机器等实体安全地访问组织的网络、系统，以及敏感数据。组织通过验证实体的数字身份来确保其有权访问组织的系统。数字身份还允许实体访问现有账户、创建新账户，并防止未经授权的用户访问组织的资源。例如，德国著名的 IT 服务商 T-Systems 提供了集身份验证、交易合规、公证等功能于一体的 Digital.ID 服务，该服务可嵌入其开发的数据智能枢纽中，使其成为国际领先的数据空间身份验证服务商。

5. 数字身份的重要作用

（1）个体识别与验证。数字身份指通过数字化信息对个体进行可识别的刻画，也可以理解为将真实身份信息转化为数字代码形式，从而实现对真实身份持有者实时行为信息的绑定、查询和验证。这有助于确保在线服务的用户是真实可信的个体。

（2）保障交易安全。在数字经济中，数字身份认证是确保交易安全的关键环节。它可以防止身份冒用和欺诈行为，保护用户的财产和隐私安全。

（3）提高社会效率。数字身份认证能够优化社会流程，减少对纸质证明和人工审核的依赖。这不仅可以节省时间和成本，还可以提升整体社会运行效率。

（4）推动数字化转型。随着数字技术的不断发展，数字身份认证成为推动各行各业数字化转型的重要基础设施。它有助于打破信息孤岛，实现数据共享和互联互通。

此外，数字身份认证技术还在不断发展完善中，如生物特征识别、区块链等技术的应用，进一步提高了数字身份认证的安全性和便捷性。

综上所述，数字身份认证在保障个人权益、维护交易安全、提高社会效率，以及推动数字化转型等方面发挥着重要作用。

5.1.2 数字身份的功能

数字身份的内涵随着数字经济发展不断拓展，主体从自然人扩展到虚拟实体，载体更加丰富，功能从身份认证拓展到权利属性证明。数据空间建设亟须统一的数字身份定义和运行机制。数字身份的功能具体包括以下几方面[1]。

1. 动态属性供应服务

认证过程产生的信息被传递到动态属性供应服务，包括主数据和有关安全配置文件的信息。认证机构提供关于数字证书的详细信息，包括公钥和数据空间 ID。参与者在组件内成功部署数字证书后，在动态属性供应服务中注册。

2. 参与者信息服务

数据空间的核心价值主张在于支持以前没有接触过的参与者之间进行业务交互，尤其针对以前在数字或非数字世界中没有接触过，现在仅能借助数据空间开展业务合作的组织或个人。在数据空间中，双方通过认证机构和动态属性供应服务的可验证身份管理来建立信任。这两个组件都为每个参与者配备了数据空间合作所需的属性和密码证明。然而，构建安全且不受损害的通信渠道只是业务交互的必要要求。

此外，每个参与者都需要了解对方的业务状态。例如，参与者需要知道其客户的税号或增值税号，以便开具正确的发票。此外，由于最终可能需要法院解决争议与冲突，注册地址对于明确司法案件的责任管辖权至关重要。此类信息由数据空间内的支持组织负责提供和维护。该组织作为管理生态系统的法律实体，通过创建数字身份引入新的参与者，同时在动态属性供应服务中登记安全关键属性，并在参与者信息服务技术组件中登记业务相关属性。

参与者信息服务向其他数据空间参与者和组件开放属性访问权限，并将唯一的参与者标识符与附加元数据关联。通常，每个数据空间生态系统只运行一个或者少量的信息服务。因此，数据空间参与者能够明确从何处获取有关签证业务合作伙伴的详细信息，并据此决定是否进行数据交换。

与数据空间的其他组件不同，参与者信息服务所提供的信息可信度并非依赖技术措施（如数字签名或证书），而是基于支持组织控制的管理过程。此过程要求所有变更请求在录入参与者信息数据库之前，必须经过人工审核。

3. 动态信任监测

持续对实体系统中所有参与者进行可信度测度十分重要。动态信任监测机制能够对数据空间的每个组件进行动态、持续的监测。通过动态信任监测与动态属性供应服务共享信息，可以展示数据交换业务中参与者当前的可信度级别。

5.1.3 基于区块链的数字身份构建

1. 定义

基于区块链的数字身份，即去中心化数字身份，是一种依托区块链技术建立的一种数字身份系统。该系统不依赖于任何中心化的第三方机构来管理和验证身份，用户的身份数据由用户自己控制。区块链的不可篡改和分布式存储特性确保了身份数据的安全性和完整性。用户可以通过加密技术和智能合约控制自己的身份数据，只向需要的人或平台披露必要的身份数据。用户在一个平台上注册的数字身份可跨平台复用，无须重复验证。

2. 实现原理

1）用户注册与身份创建

用户在区块链网络上进行注册，提供必要的信息（这些信息会被加密处理），生成唯一的标识符，即公钥，而私钥则由用户自行保管。

2）公钥加密与存储

用户的身份信息通过密码学算法加密，形成公钥和私钥对。公钥被写入区块链的身份注册合约中，供所有参与者查看和验证。

3）身份认证与验证

（1）身份拥有者发布认证消息：用户需要使用私钥对包含个人身份信息的特定消息进行签名，并将签名结果发送给验证方。

（2）验证方验证签名：验证方通过查询区块链上的注册信息获取用户的公钥，使用公钥对签名结果进行解密和验证。

（3）身份链验证：验证方还会确认用户的公钥是否存在于区块链的身份链上，以确保公钥的可信度。

3. 区块链数字身份认证的示例

下面给出使用 Solidity 语言编写的简单区块链数字身份认证系统的示例代码，该代码展示了如何在以太坊智能合约中实现数字身份注册与验证功能。

【solidity】
```
// SPDX-License-Identifier: MIT
pragma solidity ^0.8.0;
contract DigitalIdentity {
  struct Identity {
    string name;
    string email;
    bool isRegistered;
  }
    mapping (address => Identity) private identities;
    event IdentityRegistered ( address user, string name, string
```

```solidity
email);
    event IdentityVerified(address user, bool success);
    // 注册身份
    function registerIdentity(string memory _name, string memory _email) public {
        require(!identities[msg.sender].isRegistered, "Identity already registered.");
        identities[msg.sender] = Identity(_name, _email, true);
        emit IdentityRegistered(msg.sender, _name, _email);
    }
    // 验证身份
    function verifyIdentity(address _user) public view returns (bool) {
        if (identities[_user].isRegistered) {
            emit IdentityVerified(_user, true);
            return true;
        } else {
            emit IdentityVerified(_user, false);
            return false;
        }
    }
    // 获取身份信息（仅用户本人可访问）
    function getIdentity() public view returns (string memory, string memory) {
        require(identities[msg.sender].isRegistered, "Identity not registered.");
        return (identities[msg.sender].name, identities[msg.sender].email);
    }
}
```

使用上述智能合约，用户可以通过调用 `registerIdentity` 函数并提供姓名和邮箱来完成身份注册。之后，他们可以使用 `verifyIdentity` 函数来验证自己的身份是否已注册，而 `getIdentity` 函数则允许用户查看自己的身份信息。这个简单的示例展示了区块链数字身份认证的基本实现方式。

4. 应用场景

基于区块链的去中心化的数字身份，在金融、医疗、电商等领域都有成熟的应用。

（1）金融行业。金融机构可以通过区块链技术快速验证用户身份，并确保交易的安全性。

（2）医疗健康。患者可以控制自己的健康数据，并决定哪些医生或医疗机构可以访问这些数据，从而保护隐私。

（3）电子商务平台。区块链可以帮助平台验证用户身份，并通过智能合约自动执行支付和订单管理。

（4）政府服务与公民身份管理。区块链为公民身份管理提供了去中心化的解决方案，能够简化身份验证流程，提升政府服务的效率，同时确保公民隐私得到保护。

综上所述，基于区块链的数字身份具有去中心化、数据安全、隐私保护和跨平台互操作性等优势，适用于数据空间内参与者数字身份的构建和应用。

5.1.4 数字身份认证的发展趋势

随着数字技术的发展，以及数据安全需求的不断提高，未来数字身份认证将呈现以下多个新趋势。

1. 生物识别与人工智能的融合

随着技术的进步，面部识别、指纹扫描、声纹识别等生物特征识别方式将更加普及，这些方式与人工智能算法相结合，能够有效提高认证的准确性和效率。人工智能不仅能够增强生物特征识别的能力，还能借助机器学习技术检测欺诈行为和身份盗窃。

2. 多因素身份验证的广泛应用

多因素身份验证已成为提升安全性的重要手段，它要求用户提供两种或两种以上验证形式来确认身份，如密码、智能手机验证码、生物特征等。随着人们对安全性需求的不断增加，这种验证方式将得到更广泛的应用。

3. 去中心化（或分布式）身份验证的兴起

去中心化身份验证允许个人借助区块链或其他分布式账本技术掌控自己的数字身份，从而强化隐私保护和安全。用户由此获得身份数据的所有权和控制权，能够有效降低大规模数据泄露的风险。

4. 自适应身份验证的发展

自适应身份验证可根据用户身份属性、地理定位、访问时段及操作性质的不同，灵活制定验证策略。这种方法巧妙平衡了严格的安全要求与流畅的接入体验，显著提升用户体验。

5. 无密码身份验证的推广

无密码身份验证技术，如远程验证链接、硬件令牌或设备所有权验证，将逐渐取代传统密码验证方式。此类技术更加流畅、安全、方便，有助于降低因密码引发的数据泄露风险。

6. 身份威胁检测和响应技术的强化

随着与身份相关的安全风险持续上升，身份威胁检测和响应技术将变得越来越重要。该技术通过实时监控和分析身份验证活动，能够及时发现并处置可疑行为，切实保障身份验证系统的安全性和完整性。

综上所述，数字身份认证的未来将更加注重安全性、便捷性和用户隐私保护，同时，随着技术的不断发展，新的验证方式和方法将会不断涌现。

5.1.5 数字身份安全体系构建

数字身份是在数据空间内建立信任的关键技术手段，同时，数字身份自身的安全同样需要保护，数字身份安全体系旨在确保数据空间中数字身份的唯一性、可验证性、可追溯性及高度安全性，保障数据交互各方身份的真实可靠，有效防范数据泄露、篡改和滥用等风险。

1. 数字身份安全体系的关键组成部分

（1）身份认证技术。涵盖密码认证、生物特征认证、数字证书认证等多种方式，用于核验用户身份的真实性。

（2）身份管理技术。包括身份信息的收集、存储、处理和共享等环节，应建立完善的管理制度和安全机制，防范身份信息的泄露和滥用。

（3）加密与保护技术。采用先进的加密算法和协议，对数字身份进行加密处理，确保其在传输和存储过程中的安全性。

（4）监管与治理机制。建立完善的监管机制和治理体系，对数字身份的使用和管理进行监督和规范，确保相关体系的合规性和可持续性。

2. 城市数据空间的数字身份安全体系

城市数据空间构建的数字身份安全体系包括以下 5 个部分[3]。

（1）统一身份管理。对各类组织/机构、个人、物、应用等实体的身份认证体系进行延伸和升级，为平台内所有联网实体提供"安全、中立、权威"的智能化数字身份服务。

（2）统一身份认证。构建多维身份验证机制，为法人、自然人提供完整的身份认证服务能力，同时具备数字身份管理能力。

（3）可信身份凭证。根据业务场景要求，提供与法人、自然人相关联的数字信息、电子证照等数据，或通过运算生成与个人身份相关的匿名化或去标识化等各类可信身份凭证。

（4）分布式数字身份。以数字身份卡包形式呈现，支持 App 前端界面展示与集成，具备身份管理、认证、证照、授权等服务功能，保证数据真实可信，保护用户隐私安全具有可移植性强、去中心化特性，便于个人自主管理本人身份。

（5）数字证书。针对组织/机构、个人、物、应用等不同身份，管理、发放、核验相应的数字证书。

综上所述，数据空间数字身份安全体系的构建需要从明确构建目标、进行风险评估与需求分析、制定安全策略与规范、构建数字身份管理系统、加强技术防护与监测、建立应急响应与灾难恢复机制，以及持续培训与意识提升等多个方面入手，确保数字身份的安全性和可信度。

5.2 参与者信任网络

数据空间是基于互联网的数据流通、交易与共享的应用网络。本质上，它构成了一个由数据提供者和数据消费者共同参与的数据交互网络。各个节点分别代表数据提供者或消费者，数据交互（交易）关系构成这些节点的连接边（或称为关系）。信任是交易的前提和基础，没有信任，就没有交易，更没有数据交互网络，就难以形成数据要素市场，数据就不能流通和共享，其价值也就难以实现。

5.2.1 参与者信任网络构建目标

目前，国际数据空间内参与者之间的信任网络构建，主要通过两种方式实现。一是认证机制；二是借助数据连接器和数据访问与使用控制策略。从数据空间运营者的视角看，认证是一种积极的主动数据安全防护策略，但本质上是一种静态信任机制。而从数据使用者或消费者的视角看，数据访问与使用控制策略是一种被动防护策略，其有效性依赖于数据使用者愿意遵循"使用控制策略"去使用数据。

数据空间信任体系（或信任生态）的建设，一方面需要依托信任技术和管理制度，另一方面期望构建参与者信任网络，使得数据空间中的所有参与者都能够珍视自己的"信誉"和其他参与者对自己的"信任"，形成一种自觉的信任文化。

这种信任以参与者在数据空间信任网络中的"信任度"为基础。数据空间的每个参与者的信任度在信任网络中都是"实时的""动态的""可计算的"和"透明的"。数据提供者可以依据数据消费者的不同"信任度",制定差异化的数据使用或控制策略,共同营造一种信任文化或信任生态。信任网络建设的核心目标是建立一种数据空间参与者信任生态,激励每个参与者珍视自己的信任度,从而促进数据交易活动的健康发展。

5.2.2 参与者信任网络构建

国际数据空间协会和欧洲部分行业数据空间管理组织,通常基于数据安全、互操作等协议,结合数据沙箱、区块链、智能合约等可信技术,为数据空间中的数据流通建立一种可信环境。在现有的数据空间建设方案中,已有的信任关系属于一种"静态的信任关系",也可以称为"硬信任"。然而,数据空间参与者的信任度是不同的、实时变化的。对于数据提供者,不同数据或数据服务的使用限制也是不同的。而数据消费者对不同数据及数据提供者也有不同期望。只有当数据提供者和数据消费者的期望达成一致时,数据交易活动才能实现。

数据空间虽属于虚拟范畴,但其中的每个参与者都是切实存在的实体。数据空间的连接器可以通过协议、认证、区块链等技术,实现互认、信任和互操作。然而,数据空间信任体系中最重要的参与者是数据的提供者和使用者。他们是有思想、有情感的人或组织,他们之间的"互信"是最关键的,是数据空间发起数据交易的核心动力。

1. 信任网络相关概念

数据空间中的任何参与者都不是孤立的,每个参与者都与其他参与者存在千丝万缕的联系(关系),他们通过数据服务或数据交易等建立数据交易网络。而数据交易发生的前提,是参与者之间能够建立信任关系。客观上,数据空间的参与者之间天然形成一个数据信任网络。任何参与者的失信行为,都会影响其他参与者对其的信任度,从而影响数据交易的进程。

1)信任网络

信任网络是密码学和电子商务等领域的重要概念[4]。信任网络的概念由 PGP(Pretty Good Privacy)1)的开发者菲尔·齐默尔曼在 PGP 2.0 的使用手册中提出。

在密码学中,信任网络是指由系统中所有用户的信任关系所构成的网络,如图 5-2 所示。它是有向网络,其中,每个节点代表一个用户,每条边表示用户间的信任关系,这种信任关系是有方向的,即 A 信任 B 并不代表 B 也信任 A。

---

1) PGP 是基于 RSA 公钥加密体系的邮件加密软件,是一种用于保护电子邮件和文件安全的加密技术。

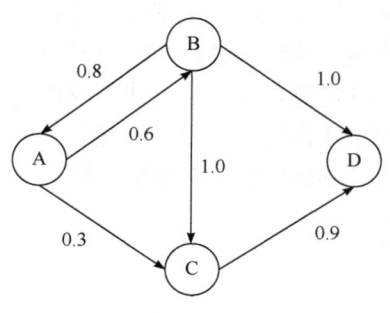

图 5-2　信任网络示意图

边的权重为信任的程度，通常是介于 0 和 1 之间的数字，用于量化信任关系。这种网络用去中心化的概念，取代了依赖于数字证书认证机构的公钥基础设施。

在电子商务中，信任网络定义为交易主体之间的信任关系。信任网络中各个节点之间的信任值可以用口碑来衡量。这种信任关系对于电子商务的顺利进行至关重要。

2）数据空间参与者信任网络

数据空间参与者信任网络属于一类信任网络，本质上也属于社会网络。每个参与者都是数据空间信任网络中的一个节点，参与者之间建立在交易基础上的信任关系构成了数据空间信任网络的边。参与者信任网络也是有向网络，数据提供者 A 信任数据消费者 B，不等于数据消费者 B 同样信任数据提供者 A；反之亦然。同时，数据空间内的每个参与者在信任网络中的位置，一方面代表其在信任网络中的重要性，另一方面体现其与其他参与者之间的关系数量等，可用于度量该参与者的信任度。

2. 信任网络的特点

数据空间参与者之间的信任是参与者建立在数据服务或交易基础上的主观认知和感受，带有一定的主观性。而且，受数据空间内多种因素的影响，参与者之间信任关系的建立过程及信任程度，在一定程度上存在随机性或不确定性。信任网络通常具有以下特点。

（1）去中心化。信任网络不依赖于任何中心化的机构或节点来维护和管理信任关系，而是通过用户之间的直接信任关系和信任关系的传递来构建和维持。

（2）动态性。信任网络是动态的，随着时间的推移和参与者的交互，信任关系可能会发生变化。例如，如果数据提供者 A 发现数据消费者 B 的行为不可信，那么 A 对 B 的信任值可能会降低，甚至取消相关服务或交易。

（3）传递性。在信任网络中，信任关系是可以传递的。例如，如果数据提供者 A 信任数据消费者 B，数据消费者 B 信任数据消费者 C，那么数据提供者 A 可能会在一定程度上信任数据消费者 C，尽管数据提供者 A 和数据消费者 C 之间可能并没有直接的数据服务或数据交易活动。然而，这种传递性是弱传递性，即传递的信任值可能会降低。

（4）不对称性。信任关系往往是不对称的，即数据提供者 A 信任数据消费者 B，并不意味着数据消费者 B 也信任数据提供者 A，这种不对称性反映了信任关系的个性化和主观性。

3. 信任网络示例

信任网络是有向带权图，下面给出一个信任网络示例。设想一个由多个用户组成的网络，其中，节点代表网络中的用户；有向边代表用户之间的信任关系，即一个用户信任另一个用户；边的权重代表信任关系的强弱，即直接信任值，通常在 0 到 1 之间。

（1）以文本形式描述。
- 数据提供者 A 信任数据消费 B（信任值 0.8）。
- 数据消费者 B 信任数据消费者 C（信任值 0.6）。
- 数据提供者 A 信任数据消费者 C（但信任值较低，0.4）。
- 数据消费者 D 信任数据提供者 A（信任值 0.9）。

在这个网络中：
- A→B 表示数据提供者 A 信任数据消费者 B，信任值为 0.8。
- B→C 表示数据消费者 B 信任数据消费者 C，信任值为 0.6。
- A→C 表示尽管数据提供者 A 也信任数据消费者 C，但信任值较低（0.4），可能因为数据提供者 A 与数据消费 C 之间的直接交互较少，或者数据提供者 A 更依赖于通过数据消费者 B 的间接信任来评估数据消费者 C。
- D→A 表示数据消费者 D 非常信任数据提供者 A（信任值 0.9），可能是因为数据消费者 D 与数据提供者 A 有长期的合作关系或深入的相互了解。

（2）以图形方式表示（图 5-3）。

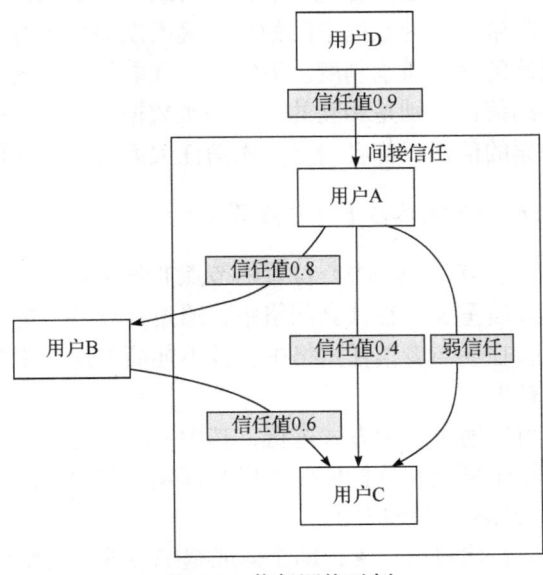

图 5-3　信任网络示例

这个信任网络是一个有向图，其中，节点代表用户（A、B、C、D 等），箭头代表信任关系（如从 A 指向 B 的箭头表示 A 信任 B），箭头上的数字表示信任值。在图 5-3 中，用户 A 信任用户 B（信任值 0.8），用户 B 信任用户 C（信任值 0.6），用户 A 也直接信任用户 C 但信任值较低（0.4），表示了一种直接信任关系。同时，用户 D 非常信任用户 A（信任值 0.9）。此外，图 5-3 中还表示了 A 通过 B 对 C 存在的间接信任关系，尽管这种信任是较弱的。

5.2.3 参与者动态信任网络

数据空间的每个参与者，只要有交易活动，都有信任度。而且，随着交易活动的增加，信任度也在发生变化。或者说，数据空间中每个参与者的信任度是动态的，是随交易活动变化而变化的。因此，建立在数据交易关系基础上的参与者信任网络也是动态网络，是"活的"信任生态。针对每个参与者所实施的每一次信任奖励，均会产生正向的激励效应。

1. 参与者信任奖励机制

信任奖励机制，也称为信任激励法，是一种基本且高效的激励方式。信任奖励机制是指通过建立和维护上下级或组织内部的信任关系，以激发员工的工作积极性、创新精神和忠诚度的一种管理机制。其核心是构建下级对上级的深刻理解和坚定信任，以及上级对下级的充分授权和认可。

信任奖励机制是一种有效的管理手段，它有助于激发数据空间参与者的积极性和忠诚度，增强凝聚力，为数据空间的持续健康发展提供有力支持。在实施过程中，需要制定明确的信任激励制度。事实上，在数据空间内，所有参与者都是平等的，他们之间的信任奖励是相互的。每一次数据服务或数据交易活动，数据提供者和消费者积累的信任，都会为下一次信任关系的建立提供动力。

2. 参与者信任度评估或参与者信任度算法

在社会网络中，一方面处于中心位置的节点非常重要；另一方面，一个节点与其他节点联系越多越重要。在社会网络中，通过计算节点的中心度，判断节点在网络中的重要性。在参与者信任网络中，并不能简单地以参与者在网络中的位置或重要度计算信任度。

信任度的计算可以通过多种方式进行，其中一种常见的方式是利用信任度公式。信任度公式是用于量化和分析信任构成的框架。其中，麦肯锡提出的信任度公式 $T=(C×R×I)÷S$ 得到广泛应用。

在这个公式中，T 代表信任度，即个体或组织在他人心中的可信程度；C 代表可信度，评估个体或组织在特定领域内的专业知识和实践经验；R 代表可靠度，反映个体或组织在言行一致、守时守信等方面的表现；I 代表亲密度，体现双方之间的互动频率和共同价值观；S 代表自私度，强调在建立信任过程中需要关注对方感受，考虑对方利益的程度。自私度作为分母，其值越高，信任度越低。

另外，数据空间中的参与者信任网络，也可以参照社会网络的节点中心度理论，将两个参与者之间的交易次数作为权重，添加到信任度计算公式的亲密度之中，计算每个参与者在信任网络中的信任度。

在实际应用中，需要对 C、R、I、S 四个要素进行量化评分。在此基础上，将这些评分代入公式进行计算，即可得到信任度 T 的值。

在不同的应用场景和需求下，C、R、I、S 四个要素的权重可能有所不同。因此，在实际应用中，可以根据具体场景和需求对四个要素的权重进行调整，以更准确地反映信任度的实际情况。例如，在医疗领域，可信度 C 的权重可能相对较高；而在社交领域，亲密度 I 的权重可能更为重要。对于数据空间内不同类型参与者信任度的计算，如何确定参与者的可信度、可靠度、自私度等都有待进一步研究。

3. 参与者信任度的动态评估

数据空间参与者信任度是动态变化的。因此，为了更准确地反映每个参与者信任度的变化，可以建立动态信任度评估机制。这种机制可以实时监测和更新信任度得分，以反映信任度的最新状态。

信任度的计算是一个复杂的过程。通过运用信任度公式、开展量化评分、合理调整权重、建立动态评估机制等方式，可以更准确地衡量个体或组织在他人心中的可信程度，为各类决策提供科学依据。

4. 基于参与者信任度的数据使用控制策略

基于参与者信任度的数据使用控制策略，是对原来数据使用控制策略的优化和完善。以往的使用控制策略是一种通用型管理方法，不区分数据消费者的使用需求。事实上，每个数据参与者或数据消费者的信任度是不同的，通过建立"个性化"的使用控制策略，能够增进数据消费者的理解，更有助于在数据提供者和消费者之间建立"互信"。

基于参与者信任度的数据使用控制策略主要有以下几点：第一，针对不同的信任度等级制定不同的使用控制策略；第二，计算数据消费者的信任度；第三，依据该消费者的信任度选择相应的使用控制策略；第四，依据数据空间管理制度开展洽谈，直至签署智能合约。

尽管信任网络具有许多优点，但其构建和应用也面临一些技术挑战。例如，如何准确地衡量用户之间的信任值，如何有效地防止恶意用户的攻击等。信任网络的构建主要依赖于用户之间的直接信任关系和信任关系的传递。通过用户之间的交互和评价，可以形成直接信任关系；而通过信任关系的传递，可以使得原本不关联的用户之间也建立信任关系。因此，随着技术的发展，信任网络将在更多领域得到应用。例如，结合区块链技术，可以构建更加安全、透明的信任网络；结合人工智能技术，可以实现对用户行为的智能分析和预测等。这些都将为信任网络的进一步发展提供新的机遇和挑战。

5.3 数据空间的信任机制

1. 基于参与者属性的信任机制

基于属性建立信任是一种控制机制。对于数据空间，信任锚点和信任框架的概念构成了基于属性的信任机制的基础。信任锚点是发布属性认证信息的实体，而配套的信任框架是为确保信任锚点遵守政策而强加的一套规则。只有这样，申请人才有资格进行属性验证。例如，公司必须遵守其所在国家/地区的法律，才能获得政府颁发的有效公司注册 ID。决定使用哪些信任锚点和信任框架，以及相应的属性发布和验证属性规则、程序，是数据空间治理机构和数据空间参与者共同的责任。

策略旨在确保在数据空间内形成值得信赖的数据生态系统，其适用范围覆盖多个层级和几乎所有互动点。对数据空间功能至关重要的两个核心策略组是访问策略（控制对合同的访问）和合同策略（控制合同条款和数据的使用）。虽然策略可通过在数据空间中的定制设计进行扩展，但仍有若干基础策略要点需着重理解，因其关乎实际操作的成效。图 5-4 展示了数据空间中的不同策略。

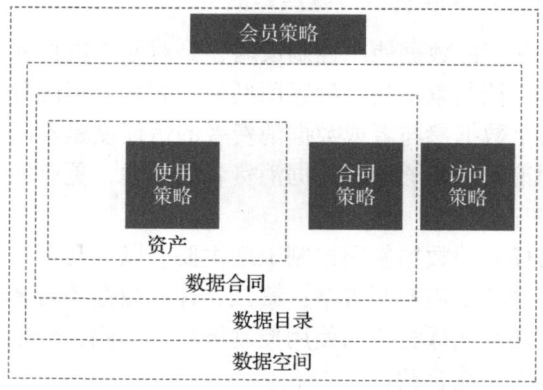

图 5-4　数据空间中的不同策略[5]

在数据空间中采用基于属性的信任策略至关重要。哪些策略需要强制执行取决于数据空间的设计及要求。例如，一个数据空间可能需要反映国际环境下健康数据敏感性的策略，而另一个数据空间则需要执行国家能源监管策略。因此，数据空间必须定义自己的策略并确保清晰传达。参与者可以随时在数据合同中选择其他策略，以进一步限制访问和使用。

在集中架构的数据空间中，数据空间治理机构可能只是定义策略的本体。在去中心化数据空间中，可能有额外的协商协议，使参与者能够就互动策略达成一致。

策略通常包含三种类型的限制：禁止、义务和许可。这些规则的约束可以组合成更复杂的规则，进而形成适用的策略。例如，数据空间参与者可能只允许属于同一行业协会的参与者访问其数据，在确保仅产生匿名结果的前提下允许对数据进行处理，允许与第三方共享结果，如果第三方符合同一套 ISO 标准。

如前所述，策略防御的首要环节是加入数据空间所需的会员政策和规则。这些策略确保只有具有可验证的某些属性的公司才能加入数据空间。涵盖验证申请人国籍、行业认证、行业协会成员资格的策略，也包括需要人际互动和复杂工作流程的策略。

一旦申请人成为数据空间的参与者，下一组策略是访问策略。访问策略定义了访问数据合同必须具备的属性。无法访问特定数据合同的参与者也不应该在目录中看到合同报价。像市场这类可选服务，也应遵守这一原则，并且仅根据匹配的访问策略和参与者属性显示项目。在合同报价需向所有人可见的情况下，访问策略也可以表示为空策略，不会触发任何限制。从功能角度来看，访问策略需要始终存在，即使它授予每个人访问权限。常见的应用场景是授予数据空间内所有人访问权限，但对非成员的查询隐藏相关项目（如果目录端点可以公开访问）。

每个参与者都可以定义此类策略，无论是提供数据还是使用数据。例如，对数据感兴趣的参与者可以定义一项策略，仅查看具有独特来源证明的数据，提供数据的参与者可以限制特定司法管辖区的成员访问其数据，这通常被称为提供商策略和消费者策略。

合同策略在参与者访问数据合同报价时发挥作用，并定义数据合同协议所需的属性。这些属性是合同协商时必须满足的，例如，要求参与者使用特定的加密算法或软件包，这些要求可以通过技术握手程序进行验证（如发送一段信息并要求返回正确加密的版本）。

合同还可以指定数据资产传输策略，例如要求特定协议、明确数据拉取或推送、在特定地理区域进行数据汇集等其他细节。合同策略也可能包括数据传输后生效的使用策略，用于控制接收方如何使用数据。根据数据价值、应用场景、信任度、合同价位等多种属性，执行不同的使用策略。

对于重要性较低或不受特定法律保护的数据，若仅需简单监控使用情况，建立一套保证控制系统可能成本太高。对于这类数据，如果检测到数据滥用，依据法律合同处理或许足矣。而对于其他高度敏感、受法律监管或成本高昂的数据，则需要更强的保护策略，投入更高的技术保护成本。

总之，在设计数据空间并决定共享哪些数据时，了解数据的分类和监管要求很重要，不仅要设计正确的策略，还要为技术组件赋予恰当权限，以确保正确处理数据。

2. 参与者信任度的评估框架

参与者的信任度是通过评估参与者的属性、数据合同、数据资产和环境属性来确定的。参与者信任度评估旨在衡量与其他参与者共享数据的潜在风险。信任级别不仅依赖于参与者属性，还与数据空间属性、数据空间中共享的数据属性，以及适用的信任锚点和信任框架相关。信任度评估能表达复杂的规则集，评估许多属性，并且在可定义的属性和评估这些属性的策略规则表达方面具有灵活性。

根据共享资产可以接受的风险水平，应实施相应限制。这些限制是通过上述策略来表达的。对策略和规则的遵守情况，通过参与者自我描述以及参与者可能在自我描述之外提供的其他属性来证明（如证明存在数据商业合同并已提交数据付款）。属性可以是原子表达式（如另一个实体是特定行业协会的参与者）或一组多个原子表达式（如另一个实体属于特定司法管辖区，且是特定国家的数据传输目的地）。属性可以与静态值（如司法管辖区=国家）或相互之间（如双方都支持相同的加密算法）进行比较。许多情况涉及复杂属性，并且可能需要包含人工干预的复杂工作流程。一般来说，如何处理扩展和复杂的属性尚无统一解决方案，这是数据空间及其规则的设计问题。

基于参与者属性的信任评估框架提供了动态的、基于上下文和风险感知的信任评估模型，通过整合来自不同信息系统的属性和自定义规则实现对参与者信任度的计算，支持参与者根据自己的要求灵活地构建和应用不同的实施方案。从现有文献研究和数据空间建设实践看，基于参与者属性的信任评估框架如何对参与者信任度进行动态评估还需要进一步探讨。

5.4　本　章　小　结

信任是数据空间内参与者数据交易的基础，是数据空间建设的基本目标。为了建立信任，数据空间内的每个参与者，无论是数据提供者、消费者、中介，还是数据连接器、应用商店和清算中心等，都需要一个合法的身份，以便取得交易双方的信任。本章论述了数字身份的功能，以及数字身份认证的发展趋势等问题。

国际数据空间协会的数据空间参考模型架构定义了两种基本的信任类型：一是静态信任，二是动态信任。对数据空间参与者身份的认证属于静态信任，如数字身份；对应用程序和数据连接器的运行环境及核心组件的主动监控属于动态信任。但信任的主体是参与者，数据空间参与者的信任度是动态的、变化的。如何动态监控和计算参与者的信任度是数据空间发展的关键问题。因此，本章探讨了参与者信任网络的构建问题。以数据空间参与者为节点，以参与者之间的信任关系为边，构建虚拟的参与者信任网络。利用信任激励机制，使参与者珍视自己的信任度，从而在数据空间内形成一种信任文化。另外，本章还论述了数据空间参与者信任度评估框架和动态评估问题。

参 考 文 献

[1] 刘东. 重塑数据可信流通——数据空间：理论、架构与实践. 北京：人民邮电出版社，2024.

[2] 百度百科. 数字身份. [2025-01-31]. https://baike.baidu.com/item/数字身份/52719093.

[3] 中国信息通信研究院. 可信工业数据空间系统架构 1.0 白皮书.[2024-10-28].http://www.caict.ac.cn/kxyj/qwfb/ztbg/202201/ P020220125561909082218.pdf

[4] 科普中国. 科学百科. 信任网络. [2025-01-14]. https://baike.baidu.com/item/%E4%BF%A1%E4%BB%BB%E7%BD%91%E7%BB%9C/22718152.

[5] International Data Spaces.IDSA Rulebook. [2024-12-09]. https://docs. international dataspaces. org/ids-knowledgebase/idsa-rulebook.

第6章　数据空间认证机制与认证框架

认证是指由具备第三方性质的认证机构对产品、服务、管理体系、人员等进行的符合性评价活动，确认其符合相关标准和技术规范。数据空间运营者构建接入认证体系，保障可信数据空间参与各方身份可信、数据资源管理权责清晰、应用服务安全可靠。数据空间通过建立参与者和核心组件的认证机制与框架，增强数据空间参与者的信任与核心组件的安全，保障数据合规性、提升数据价值、促进数据经济发展、支持跨域数据协作与共享。为了建立可信的数据空间生态体系，促进数据的安全流通和交易，需要建立科学合理的数据空间认证机制和框架，使得数据空间参与者能够按照认证框架进行身份认证。

6.1 认证机制概述

如何在数据空间生态系统中建立信任，实现数据提供者与消费者的通信和数据交互，是数据空间建设者首先需要思考的关键问题。数据空间的核心价值就在于能够为参与者提供信任。数据提供者可以采用控制策略控制其数据的处理，可以验证其使用控制策略是否由数据消费者执行，连接器可以证明其身份及其应用软件栈和状态的完整性，数据消费者可以采用相同的机制来确保数据提供者的可信度。为此，数据空间的监管者或运营者需要建立认证机制。

6.1.1 认证

1. 认证的内涵

认证是指验证用户、系统或设备身份的过程，有效确保信息交互的安全性，从而保护数据和资源安全。在认证过程中，需要被验证的实体是申请者，负责检查并确认申请者的实体是验证者。

认证一般由标识和鉴别两部分组成，标识用来代表实体对象（如人员、设备、数据、服务、应用）的身份标志，确保实体的唯一性和可辨识性，其与实体存在强关联，并且一般用名称和标识符来表示；鉴别一般是利用口令、电子签名、数字证书、令牌、生物特征、行为表现等相关数字化凭证对实体所声称的属性进行识别及验证。

认证通常分为体系认证、产品认证和服务认证。

（1）体系认证。主要对企业的管理体系进行认证，如 ISO 9001 质量体系认证等。这类认证旨在证明企业的管理体系符合国际或国内相关标准。

（2）产品认证。对产品本身进行认证，如 CCC 国家强制性认证和 CE 欧盟安全认证等。这类认证旨在确保产品符合特定的安全、质量或性能要求。

（3）服务认证。对服务质量和流程进行认证，确保服务符合相关标准和要求。

2. 认证的意义与作用

认证通常具有规范市场、促进相关事业发展和传递信任的作用。数据空间通过建立认证，对数据空间的所有参与者，以及各类应用程序进行认证，从而规范数据空间的数据流通和交易活动，同时向数据空间的参与者传递信任，促进数据空间数据的高效、安全流通和共享。

（1）规范市场。认证认可是世界贸易组织框架下的国际通行经贸规则，有助于规范市场和便利贸易。

（2）促进发展。认证可以推动企业和组织不断改进和提升自身的管理水平和产品质量，促进经济社会的健康发展。

（3）传递信任。认证是市场主体间增进互信的重要手段，通过认证可以传递产品、服务或企业的质量和信誉信息。

3. 认证的流程

认证的工作流程通常包括以下几步。

（1）申请与受理。认证一般是自愿的。申请方向认证机构提交认证申请，认证机构对其申请进行审查，确定是否符合受理条件。但是，数据空间的参与者认证是强制的，特别是一些关键组件和核心参与者，进入数据空间必须进行认证。例如，数据连接器、参与者的身份认证等。

（2）资料审查与现场审核。认证机构对被认证者提交的资料进行审查，并安排现场审核，以验证被认证者的管理体系或产品是否符合相关标准和技术规范。数据空间的认证机构通常是数据空间的管理者或监管者，如国际数据空间协会（IDSA）等。数据空间的认证机构，也可以是第三方独立机构，但这类认证机构的资质，通常又需要数据空间的管理者和监管者认证。

（3）整改与验证。针对现场审核中发现的不符合项，被认证者需要制定整改措施并实施整改。整改完成后，认证机构再次进行验证。

（4）颁发证书与标志。经认证机构评定合格的数据空间参与者或组件等，将获得认证证书和相应的认证标志，证明其符合相关标准和技术规范的要求。

4. 认证协议与技术

认证协议是验证对象和鉴别实体（验证者）之间进行认证信息交换所遵从的规则。常见的认证协议包括 Kerberos 认证协议、OAuth 授权协议、Open ID Connect 身份认证协议、SAML 安全断言标记语言等。

认证技术包括口令认证技术、智能卡技术、生物特征认证技术、基于人机识别的认证技术、基于行为的身份鉴别技术等。随着技术的发展，还出现了快速在线认证等新型认证技术。

综上所述，认证是一项重要的合格评定活动，对于保障产品质量、提升服务水平、增强市场竞争力等方面具有积极作用。

6.1.2 认证机制

1. 认证机制的内涵

认证机制是网络安全的基础性保护措施，是实施访问控制的前提，是数据空间安全的重要组成部分。通过验证参与者、各类组件、应用程序或设备（如连接器）的身份，确保数据交互的安全性。随着技术的发展和安全威胁的演变，认证机制也在不断创新和发展。可信管控能力是可信数据空间核心能力之一，通过该能力支持对数据空间内主体身份、数据资源、产品服务等开展可信认证，支持对数据流通利用全过程进行动态管控，支持实时存证和结果追溯。

2. 数据空间建立认证机制的方法

数据安全和数据自主权是数据空间的核心特征。数据空间的参与者必须使用经过认证的应用程序、设备（如数据连接器）开展数据交互和流通。数据空间建立认证机制是确保数据安全流通和共享的关键步骤。以下是数据空间建立认证机制的关键要素和步骤。

（1）明确认证目标。数据空间建立认证机制的首要任务是明确认证目标，即确定需要认证的对象和范围，这些对象可能包括用户、设备、应用程序、数据资源等。通过明确认证目标，可以确保认证机制的有效性和针对性。

（2）选择合适的认证技术。根据认证目标的不同，数据空间需要选择合适的认证技术。常见的认证技术包括：

• 口令认证，即通过密码口令来验证身份，如账号密码、动态验证码等。

• 生物特征认证，即通过个体的生物特征（如指纹、虹膜扫描、面部识别）来验证身份。

• 物理介质认证，即依赖特定物品来验证身份，如身份证、信用卡等。

• 多因子认证，即结合多种认证方法（如密码+一次性密码，密码+指纹）以提升安全性。

• FIDO 认证[1]，如基于公钥加密的身份认证框架，提供更安全、便捷的身份验证。

• 去中心化身份认证，如通过数字身份标识符将身份信息存储在分布式账本上，用户拥有对自己身份数据的完全控制权。

（3）制定认证策略。数据空间需要制定合适的认证策略，以确保认证机制的有效性和灵活性。认证策略包括：

• 分级认证：根据用户或设备的不同权限和重要性，制定不同的认证级别和要求。

• 动态认证：根据用户或设备的行为和环境变化，动态调整认证要求和策略。

• 跨域认证：支持不同数据空间之间的跨域认证，实现数据的互信和共享。

（4）完善认证的法律法规与标准规范。为了确保数据空间认证机制的有效性和合规性，还需要完善相关的法律法规和标准规范。这些法规和规范主要包括：

• 数据保护法规：制定明确的数据保护法规，规范数据的收集、存储、使用和共享行为。

• 认证标准规范：制定认证标准规范，明确认证流程、技术要求和管理要求等。

• 隐私保护政策：制定隐私保护政策，保护用户的隐私权益和数据安全。

另外，在建立认证机制的同时，数据空间还需要加强安全防护措施，以确保数据的安全性和完整性。措施包括加密技术、访问控制和安全审计等。

总之，数据空间建立认证机制是一个复杂而重要的过程，需要综合考虑多个方面的因素和技术手段。通过明确认证目标、选择合适的认证技术、实施认证流程、制定认证策略、加强安全防护，以及完善法律法规与标准规范等措施，可以确保数据空间建立有效的认证机制。

6.2 数据空间认证框架

数据空间参与者和核心组件的认证，是加入数据空间的必要条件。每个希望加入数据空间的参与者都需要进行认证，因此，为了确保对数据空间所有参与者和核心组件进行认证评估，需要定义认证框架。该认证框架对于确保数据流通安全和维护数据自主权至关重要。

---

1) FIDO（Fast Identity Online）是一种全球认证标准，旨在替代传统用户名/密码模式。它基于公钥密码学，这是一种利用密钥对进行用户身份验证的加密技术，提供一种比传统密码和短信验证码更安全、更便捷的替代方案。

6.2.1 数据空间认证框架内涵与核心要素

1. 数据空间认证框架的内涵

数据空间的认证框架是一个综合性体系，旨在通过一系列技术手段和管理措施，确保数据空间内所有参与者的身份可信、数据可信和服务可信。这一框架不仅关注技术层面的认证，还涉及组织、流程和法规等多个方面。

2. 数据空间认证框架的核心要素

数据空间认证框架的核心要素包括数据空间参与者身份认证、数据认证和服务认证。

1）身份认证

数据空间参与者身份认证是强制性的，其目标是确保所有参与数据流通和交易的主体（包括个人、组织、设备、平台等）身份的真实性和合法性。身份认证的技术手段包括口令认证、生物特征认证、物理介质认证、多因子认证、FIDO认证和去中心化身份认证等。

多因子认证是一种安全认证过程，需要用户提供两种及以上不同类型的认证因子来表明自己的身份，包括密码、指纹、短信验证码、智能卡、生物识别等多种认证因子，从而提高用户账户的安全性和可靠性[1]。

FIDO认证是一种在线验证用户身份的技术规范，应用在指纹登录、多因子登录等场景，允许用户使用生物特征或FIDO安全密钥登录在线账户。因其可提高安全性、保护隐私及简化用户体验，目前Windows设备、iPhone手机、华为手机等都支持这种验证方案[2]。FIDO认证将传统的认证方式，如服务器存储密码、短信验证码和知识性认证（KBA），替换为基于公私钥对的设备本地认证方式。FIDO认证确保身份验证数据（如私钥及配套公钥）只存储在用户设备中，而非服务器上。用户（如客户、员工等实体）可以通过设置本地生物识别（如指纹或面部识别）或PIN码解锁加密登录凭证，从而实现安全登录。这种方式不仅提升了安全性，也避免了传统密码系统中集中存储凭证导致的泄漏风险。

去中心化身份认证的核心是去中心化身份体系。用户通过密码学算法生成公私钥对，将公钥和其他身份信息一起打包，形成去中心化标识符文档，这个文档会存储在去中心化网络（如区块链）中，并被赋予唯一的去中心化身份标识符。用户通过私钥签名实现对去中心化身份标识符的控制，如更新或撤销。

去中心化身份标识符是由W3C制定的国际标准去中心化身份标识符，不依赖任何中心化的实体、权威机构或第三方验证。去中心化身份标识符是一种自主、分布式、可验证和持久的身份标识符，它可以用于任何主体，包括人、组织、设备等[3]。

2）数据认证

数据认证是数据空间认证服务的主体。其目标是确保数据空间中的所有数据来源合法，内容真实不可篡改，且流通过程符合相关安全和隐私保护要求。从技术手段看，包括数据加密、数字签名、时间戳等技术，以及数据完整性验证和隐私保护机制。

数据是数据空间内数据交易的标的，是数据服务活动的客体，是数据价值的载体，也是数据空间的核心资源。数据空间内的所有活动都围绕数据展开。但是，如何确保数据空间内交易数据的合法、合规、真实可信、高质量、高价值等仍是一项极具挑战性的任务。例如，数据空间内哪个角色应对数据的合法合规进行认证？哪个角色应对数据的质量和价值进行评估和认证？现有技术虽能保障数据提供者的数据不被篡改，从而保障数据提供者的数据自主权，但是如何确保数据消费者的权益不受伤害，仍需进一步探讨。

数据空间本质上是一个功能框架，是一个数据流通交易环境，不仅需要从技术层面定义和解决有关问题，而且需要从政策和法律层面定义运行规则和规范，从而保障所有参与者的权利和义务。

3）服务认证

服务认证的目标是确保接入数据空间的服务和应用程序的安全性及合规性。采用的主要技术手段包括开放 ID 连接、TLS/SSL 证书和密钥协商协议等。

开放 ID 连接是基于 OAuth2.0 的身份验证协议，作为 OAuth2.0 的扩展，用于标准化用户登录访问数字服务时的身份验证和授权过程。OAuth 2.0 作为授权协议，用于允许用户访问哪些系统，使两个应用程序可在不直接共享用户凭证的情况下共享信息。开放 ID 连接在 OAuth2.0 的授权流程中叠加身份验证。例如，许多人使用电子邮件或社交媒体账户登录第三方网站，而不是创建新的用户名和密码。

开放 ID 连接还用于实现单一登录。例如，组织可以使用安全标识和访问管理系统（如 Microsoft Entra ID）作为标识的主要身份验证器，通过开放 ID 连接将该身份验证传递给其他应用。这样，用户只需使用用户名和密码登录一次即可访问多个应用。

6.2.2　IDS-RAM 不同层面解决的认证问题

认证是 IDS 中的一项关键机制，通过建立信任基础，支持可用于跨公司数据交换和处理的生态系统，它与 IDS-RAM 的不同层面都有关系。

1. 业务层

认证机构和评估设施负责认证过程。这两个实体都属于业务层上指定的"管理机构"类别，数据空间内"核心参与者""中介"和"软件/服务提供商"这三类角色实体是认证的潜在目标。认证计划需明确每个角色需要的认证级别以及认证的重点。

2. 功能层

功能层定义数据空间核心组件（例如，连接器或信息交换所）需实现的核心功能要求。这些功能要求的兼容性构成核心组件合规性认证的基础。认证的安全部分侧重于特定安全要求，主要由系统层提供，并与安全有关。

3. 信息层

核心组件的认证还包括参考架构模型的功能定义与协议标准等方面。核心组件的合规性评估，特指与信息层中定义的信息模型的兼容性。

4. 流程层

流程层定义了加入国际数据空间和使用组件的相关流程。如果这些流程与组件或组织的合规性有关，认证机构将在认证期间对这些流程的遵守情况进行评估。

5. 系统层

系统层定义了组件之间可能的交互、连接器的详细要求，以及连接器实现的特定类型。系统层是组件认证安全要求的主要层面。

6.2.3 数据空间认证角色和责任

对于数据空间参与者的认证，由国际数据空间协会、认证机构和评估机构等负责，它们在认证工作中的角色和责任如图 6-1 所示。

1. 国际数据空间协会

国际数据空间协会（IDSA）是一个在数据空间领域具有重要影响力的国际组织，通过推动数据空间的建立和发展，为数据开放、共享和流通提供技术支持和标准规范。同时，IDSA 积极参与数据治理和合规方面的工作，为政府和企业提供数据治理的咨询和服务。未来，随着全球数据量的持续增长和数据流通需求的不断增加，IDSA 将继续发挥重要作用，推动数据空间领域的持续发展和创新。

国际数据空间协会负责指派数据空间的认证机构，但其不参与对认证机构的认证，也不参与对数据空间进行评估审批。在认证方面，其主要职责包括：

（1）明确对认证机构的要求，并对所需的技术能力进行核查。

第6章 数据空间认证机制与认证框架

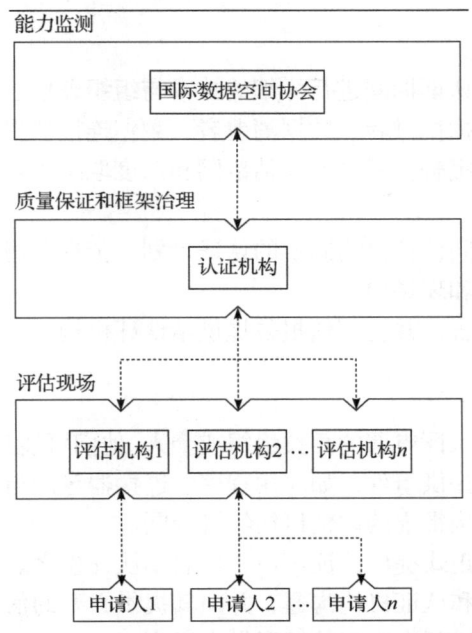

图 6-1 数据空间认证角色和责任示意图[4]

（2）对认证机构进行监督，以确保认证机构对数据空间参与者和核心组件的认证质量保持一致。

（3）对当前的监管和法律进行跟踪，以评估和应对可能对认证计划产生的影响。

（4）根据监测活动的结果，向认证机构提供建议。

（5）根据数据空间的发展，持续改进认证计划。

2. 认证机构

数据空间认证机构由国际数据空间协会指派，并与国际数据空间协会一起定期管理认证流程，定义标准化的评估程序，并监督评估机构的运行。其职责包括：

（1）与国际数据空间协会合作制定认证计划，包括认证机构的评估程序、数据空间参与者和核心组件的认证方法、基本标准目录等。

（2）负责认证计划的实施和执行，包括在进行评估和监督时对政策进行认证。

（3）审查评估机构的评估报告。

（4）批准认证申请。

（5）持续监测认证相关内容。

3. 评估机构

评估机构负责在认证期间进行详细的技术与组织评估。评估机构要为申请认证的相关主体（如数据提供者、数据消费者、数据连接器提供商等）列出评估细节，并为其出具评估报告。具体的评估范围和深度取决于申请人要申请的安全级别。具体职责包括：

（1）根据数据空间认证机构制定的认证计划，依据普遍接受的标准，对相关申请进行必要的测试和现场检查。

（2）出具评估报告，并将评估报告提供给认证机构。

4. 申请人

申请人是指提交认证申请的相关组织或个人。他们可能是数据空间的参与者，也可能是为数据空间提供组件，如应用程序、连接器等的组织。其职责包括：

（1）与经认证机构批准的评估机构签订合同。

（2）向认证机构正式提出认证申请，以启动认证程序。

（3）与评估机构和认证机构沟通，并向其提供必要的信息和证据。

（4）及时对评估过程中出现的情况做出反应。

5. 身份提供者

在数据空间中访问资源（包括数据、应用程序和服务等）需要进行识别（即声明身份）、认证（即验证身份）和授权（即身份拥有的访问权限）。身份提供者为申请人创建、维护和验证技术身份。当认证获得批准，认证级别被分配给申请人（如数据提供者）或组件（如连接器、应用商店、应用程序等）后，系统将为其创建技术身份并将被认证实体的相关属性（如 ID、认证状态、安全级别等）与实体相联系。国际数据空间协会将保留会员（申请人）和已发放证书的中央记录，并为其建立技术身份，通过发放 X.509 证书或属性令牌来验证实体的动态属性。因此，身份提供者通过验证所颁发的有效技术证书，向其他实体证明身份属性。

身份属性包括组织认证情况、认证状态的有效期和连接器等的安全级别等。

数据空间内的身份提供者，包括三个互补的组件：一是认证机构，负责发布和管理的技术身份声明；二是动态属性供应服务，提供带有关于连接器最新信息的短暂令牌；三是参与者信息服务。

参与者信息服务是身份提供者的重要组成部分。它提供与支持组织核查过的数据空间参与者相关业务信息。从系统层面看，参与者信息服务的内部架构组件和端点与数据空间元数据代理非常相似，它们都需要支持数据持久化存储，并使数据空间的自我描述可供其他数据空间连接器查询。其主要区别是，它们管理的自我描述类型不同，元数据代理通过连接器和资源进行管理。

参与者信息服务通常由以下功能模块组成，可以使用不同的技术堆栈和托管解决方案实现。

（1）服务器，用于托管数据空间端点。

（2）数据库，用于持久化注册数据空间参与者的自我描述。

（3）身份访问管理，用于检查客户身份声明，使用国际数据空间的动态属性令牌验证其授权。

（4）索引，用于提升请求速度。

（5）网站，用于与参与者信息服务进行人机交互。

6.2.4 国际上数据空间的认证框架

在数据空间领域，存在多个重要的认证框架标准，这些标准旨在确保数据空间的安全性、互操作性和可信性。

1. 国际数据空间协会（IDSA）认证框架

IDSA 是数据空间领域的权威机构，其认证框架在国际上具有广泛影响力。IDSA 认证框架包括多个级别，如入门级、成员级和核心级，每个级别对应不同的评估深度和认证要求。IDSA 认证流程通常包括准备、申请、评估和认证四个阶段，确保数据空间操作环境的安全和高效。

2. Eclipse 基金会数据空间认证框架

Eclipse 基金会也推出了工业数据空间认证框架，其中，Eclipse Identity Hub 是其核心组件之一。Eclipse Identity Hub 提供凭证服务和分布式身份服务等关键功能，支持灵活的部署和关键用例。它基于 Eclipse Dataspace Connector（数据空间的开源连接器）模块化架构构建，确保身份资源管理、加密原语和权限控制等功能的实现。

3. 其他重要认证框架

除了 IDSA 和 Eclipse 基金会，还有其他一些重要的数据空间认证框架，这些认证框架可能由不同的组织或机构制定，并针对不同的数据空间应用场景和需求。

（1）数据隐私和合规性认证。确保数据在处理和共享过程中的隐私保护，并遵守适用的隐私法规和数据保护标准，涉及数据匿名化、脱敏技术以及隐私设计等策略。

（2）安全数据共享和交换认证。提供安全的机制和协议，允许各组织之间在可信的环境中进行数据共享和交换，包括使用安全的数据传输、安全的 API 和协议等。

（3）身份管理和访问控制认证。建立适当的身份验证和授权机制，确保只有经过授权的用户和组织可以访问和操作数据空间，包括基于角色的访问控制、多因素身份验证、单点登录等技术。

数据空间认证框架的重要性不言而喻。它们为数据空间的安全性、互操作性和可信性提供了坚实的保障。通过遵循这些框架，数据空间参与者可以确保自己的身份和数据得到充分保护，同时促进数据的高效流通和共享。此外，这些标准还有助于减少开发时间和成本，加速产品上市周期，推动数据空间的广泛应用和发展。

综上所述，国际数据空间协会（IDSA）认证框架、Eclipse 基金会数据空间认证框架，以及其他数据空间认证框架共同构成了数据空间认证框架体系。这些认证框架为数据空间的安全性、互操作性和可信性提供了有力的支持，也为后续其他数据空间的发展提供了重要参考。

6.3 参与者认证

为了保障数据空间的声誉，参与者必须是值得信赖的。参与者之间的信任是数据空间内数据流通和共享的必要条件。参与者认证需要遵守既定的认证标准和方法。参与者认证可以通过对参与者的安全级别、履职情况、基础设施的可靠性和对流程的遵守情况等进行评估。为此，数据空间需要建立明晰的参与者认证程序。

参与者认证向其他参与者和利益相关者展示了该参与者的可用性、保密性和完整性的安全水平，本质上是建立数据空间参与者必要信任的过程。例如，经过认证的数据提供者，在向其他参与者提供数据之前，可以为其数据附加使用限制策略，从而使自己的数据自主权得到保护。

6.3.1 参与者认证维度

数据空间参与者认证可以从两个维度展示，水平维度是评估深度，描述评估的详细程度；纵向维度是需要满足的安全等级，详见表 6-1。

表 6-1　参与者认证维度与级别

	自我评估	管理系统	控制框架
入门级	需要	需要	不需要
会员级	不需要	需要	需要
中央级	不需要	需要	需要

水平维度包括自我评估、管理系统和控制框架。只有管理系统和控制框架的评估有实际的评估任务。

1. 自我评估

参与者自我评估仅仅是参与者的自我声明，目的是澄清参与者身份和提供有关参与者的信息。如果自我评估没有评估机构的评估员参与，自我评估的结果不会被评估机构认可。正是由于没有评估员的参与，评估机构也不会给参与者发放完全合格的数据空间证书。但参与者自我评估可生成用于身份标识的数字 X.509 证书，作为参与者加入数据空间的基础凭证。

2. 管理系统评估

对参与者管理系统评估比自我评估深了一层。管理系统评估由独立的评估机构进行，分析申请人是否已经定义管理系统，以及申请人是否按照定义的管理系统开展工作。评估深度通常包括访谈、现场审计、对某一时间点的信息和证据的抽样审查。

3. 控制框架评估

水平维度评估的最深层次是控制框架分析。此类评估不仅涵盖对管理系统的审查，还包括对管理系统的运行有效性及申请人控制框架内定义的控制策略的评估。评估方法通常包括访谈、现场审计和基于随机抽样的证据收集活动，与管理系统评估一样，评估结果由认证机构批准。

6.3.2 参与者评估的级别

数据空间对参与者评估的安全级别定义了三个层次：入门级、会员级和中央级。

1. 入门级

入门级只包括数据空间参与者需要满足的基本安全要求。入门级为有意向参与数据空间的中小企业提供一个低门槛的机会，不需要大量的前期投入。该级别只是低成本的自我评估，需与参与者管理系统评估相结合。

2. 会员级

会员级的认证评估涵盖所有相关安全要求，以确保高级安全水平。这个层级的评估，适合数据空间参考架构模型业务层定义的大多数核心参与者，如数据所有者、提供者、消费者、数据经济人服务商、应用商店、词汇表提供者等。该级别可满足涉及中等敏感数据交换的大多数业务场景。

3. 中央级

中央级评估针对计划在数据空间内执行关键功能的数据空间参与者提出特殊要求。这些参与者是数据空间的关键角色，如清算中心和身份提供者等，承担特殊责任，任何安全漏洞都有可能影响整个数据空间的服务。因此，评估要求具有强制性。

数据空间的每个参与者都能够根据相关数据业务需求，决定所需的安全等级。表 6-2 提供了数据空间中角色与认证级别的关系。

表 6-2 数据空间中角色与认证级别的关系

	入门级	会员级	中央级
数据所有者	需要	建议	可选
数据提供者	需要	建议	可选
数据消费者	需要	建议	可选
经纪人服务供应商	不需要	需要	可选
应用商店供应商	不需要	需要	可选
词汇提供者	不需要	需要	可选
服务提供者	不需要	需要	可选
清算中心	不需要	不需要	需要
身份提供者	不需要	不需要	需要

6.4 数据空间核心组件和运行环境认证

6.4.1 核心组件认证的三个级别

参与数据空间的核心组件都需要通过认证。认证旨在通过评估组件对功能、安全和程序要求等的满足情况，证明组件的可信度。每个组件都应遵守数据空间规范，保障数据传输与处理的安全性，同时允许参与者评估数据共享的可能后果，并提供明确的有关使用控制的相关保证。因此，组件需要通过认证才能在数据空间中使用。与组织和个人的认证侧重于安全性和信任不同，组件的认证还涉及对互操作性技术要求的合规性评估。所有组件都必须满足认证标准清单，以证明其具备所需的功能、互操作性和安全级别。这些认证标准的评估是在数据空间核心组件认证中进行的。

1. 组件保证级别

组件评估包括以下三个保证级别，与认证的组件类型（如连接器、元数据经纪人等）无关。

保证级别1：核对清单，自我评估和自动互操作性测试。
保证级别2：外部概念审查，包括功能和安全测试。
保证级别3：外部评估，包括概念审查、测试和源代码审计。

2. 连接器信任级别

构成连接器三个信任级别的标准包括，一是标准足够具体，以确保连接器的互操作性与功能要求；二是标准足够通用，允许在不同场景中部署和使用连接器；三是无须为每个单独的用例定义不同的标准目录。连接器认证基于上述标准定义了三个信任级别。

信任级别1：数据空间互操作性。
信任级别2：数据使用控制功能完整性。
信任级别3：对内部攻击的额外保护。

图 6-2 给出了组件认证的认证级别概览。这种矩阵方法允许组件开发人员为其组件选择与预期用例最相符的保证和信任级别的组合。一方面确保适合中小企业的低入口门槛；另一方面使满足高信任安全要求的可扩展认证成为可能。未标记的组合，如由于目的不兼容，无法选择保证级别1和信任级别3。

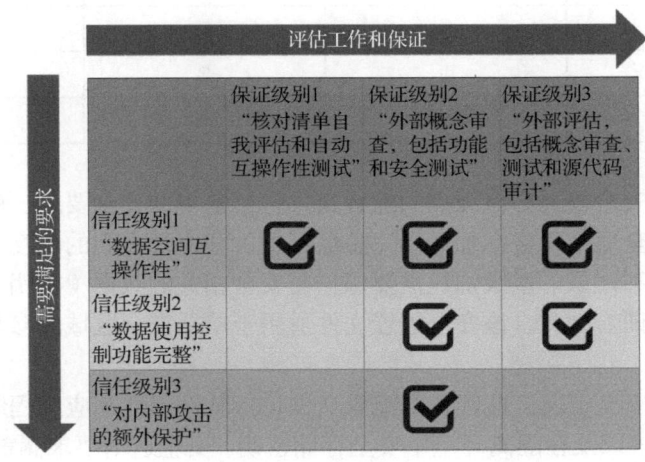

图 6-2　组件认证的认证级别概览

3. 其他组件的认证

由于元数据经纪人、应用商店、清算中心、参与者信息服务和词汇表中心等组件本质上也是连接器，除了组件特定的功能配置文件，一般认证流程和保证级别也适用于它们。作为这些配置文件的示例，可以在国际数据空间协会主页上查阅"组件-经纪人"标准目录。

6.4.2 核心组件认证

数据空间的核心组件承担数据空间的关键功能，对安全性有较高要求。所有数据空间的核心组件都必须满足认证标准清单，以证明其具备所需的功能、互操作性和安全级别。这些认证标准的评估是在数据空间核心组件认证中进行的。数据空间核心组件认证以"互操作性和安全性"为重点，旨在强化组件的开发与维护质量。

1. 核心组件认证评估的三个级别

数据空间核心组件的认证评估设置了三个级别：基本安全概况、信任安全概况和 Trust+。评估方法通常有核对表法、概念审查法和高保证评估法。各级别与评估方法的对应关系见表 6-3。

表 6-3 数据空间核心组件的认证级别与评估方法

	核对表法	概念审查法	高保证评估法
基本安全概况	是	是	否
信任安全概况	否	是	是
Trust+	否	是	是

（1）基本安全概况。该级别的配置文件包括基本的安全要求、软件组件的进程级隔离、安全通信（包括加密和完整性保护）和组件之间的相互认证，以及基本的访问控制和记录。该级别只需要保护与安全相关的数据（密钥材料和证书），而无须信任验证。因此，该安全配置文件适用于单一安全区域内参与者之间的通信场景。

（2）信任安全概况。此级别的配置文件包括软件组件（应用程序和服务）的严格隔离机制，以及在隔离环境中安全存储密钥。安全通信要求涵盖加密、认证、完整性保护、访问和资源控制、使用控制及可信更新机制。所有存储在持久介质上的文件或通过网络传输的数据均需实施加密。

（3）Trust+。这个配置文件需要基于硬件信任锚，并支持来源完整性认证。

所有密钥材料都存储在专用硬件隔离区。

2. 对核心组件认证的三种方法

（1）核对表法。作为低保证级别的评估方法，国际数据空间允许对基本安全概况级别采用"核对表法"。申请人需要填写一份涵盖所有使用要求的问卷，并由申请人使用自动测试套件进行一系列互操作性和安全性测试。该流程不涉及评估机构，但国际数据空间认证机构会对问卷和自动测试套件的结果进行审查。

（2）概念审查法。概念审查要求申请者向评估机构提供连接器的详细文档，以及连接器实施的工作实例。评估机构会对申请者提供的概念和安全措施进行审查，并对实施的功能和安全性进行实际测试。

（3）高保证评估法。该方法以概念审查评估为基础，并深入源代码审查和对连接器开放现场的实地考察。

6.4.3 核心组件运行环境认证

运行环境认证的目的，是通过评估运营环境对若干技术与程序要求的履行情况，证明参与组织的可信度。任何组织或个人若想在国际数据空间中获得组件使用许可，都需要通过操作环境认证，以确保组件的安全流程和管理。因此，除了对数据空间的核心技术组件进行认证，国际数据空间协会计划对每个提供数据连接器公司的运行环境也进行认证。它要求各公司满足管理流程和基础设施的规定标准，以便确保数据空间组件安全运行。与核心组件（连接器）的认证类似，运行环境的认证也提供不同的信任和安全级别。根据核心组件在数据空间中扮演的角色，将其分为入门级、成员级和中心层级。

（1）入门级。该级别适用于希望尝试接入国际数据空间生态系统的公司，仅包括对公司程序和安全机制的最低要求。

（2）成员级。该级别确定了所有参与国际数据空间的公司应满足的标准要求，适用于多数数据提供者和消费者。

（3）中心层级。该级别专为在国际数据空间中承担特定信任建设任务的公司设计（如身份提供者）。与成员级参与者相比，这类公司必须满足更严苛的要求，因为其任何安全漏洞都可能影响整个国际数据空间生态系统。

6.5 认证流程和认证过程

6.5.1 认证流程

数据空间生态系统中的参与者和核心组件应满足共同要求，以确保数据空间中数据处理的安全性。因此，运行环境和核心组件的认证是强制性的。参与的合作伙伴包括申请人、评估机构和认证机构。运营环境和组件认证评估的审批流程相同，包括准备阶段、审核阶段和审批阶段。

1. 准备阶段

准备阶段用于收集审批流程所需的全部关键文件和信息，也就流程细节进行讨论。该阶段还提供了在（可选的）询问会议上澄清与流程相关问题的机会。流程始于填写申请表，以及潜在评估设施和认证机构之间签署合同。

2. 审核阶段

每个评估项目都需要进行审计，以确保其按照数据空间认证计划实施评估。审计的目的是检查认证要求是否得到适当实施和有效执行。具体工作包括以文件的形式收集证据，并针对四种不同的评估对象对员工进行访谈。

（1）质量管理体系。
（2）安全管理系统。
（3）评估者的能力。
（4）测试设备及其用途（仅与组件认证相关）。

根据审计结果，认证机构需要编写一份报告，内容包括偏差和潜在改进建议，这些报告将在最终讨论中传达。与管理系统有关且可能影响其有效性的偏差，必须在审计阶段结束前的两个月内完成纠正。必要时，可通过额外审计验证偏差的更正情况。

3. 审批阶段

认证机构需根据审计报告，就是否批准评估申请做出客观明确的书面决定。若做出肯定的决定，认证机构将发布批准声明，批准有效期为两年。若做出否定的决定，认证机构需在正式拒绝申请前，向申请方说明拒绝原因。

6.5.2 认证过程

数据空间的认证机制，可以最大程度确保数据空间内参与者的主体身份、数据资源、产品服务等都是可信的。有助于建立各参与方之间的信任关系，使得数据在共享、交换和利用过程中更加安全可靠。数据空间参与者和核心组件的认证是强制性的。认证过程主要有以下三个阶段。

1. 申请阶段

申请阶段的主要目标是启动数据空间认证程序。

（1）申请人与认证评估机构、认证机构进行协商沟通，以了解认证过程和标准。

（2）申请人选择一家经认证机构批准的评估机构（数据空间内可能存在多家认证评估机构），进入认证流程。

（3）申请人必须提供必要的证据，以便认证机构审核其申请。

2. 评估阶段

评估阶段的主要目标，是根据定义的认证标准对参与者或核心组件进行评估。整个评估工作由认证机构监督。

（1）评估机构负责认证期间具体的技术和组织评估工作。评估的基础是参与者认证标准目录或组件标准目录，其中包括所有必要的测试和现场检查。

（2）评估机构需记录详细的评估结果，形成评估报告，并提交给认证机构和申请人。

3. 认证阶段

认证阶段主要是认证机构对评估报告进行审查。如果认证通过，将颁发证书；若未通过，认证程序终止，申请人将收到拒绝通知。认证通过后，申请人将被确认为符合数据空间标准，认证机构除颁发证书外，还将触发 X.509 证书生成，并在线公布证书和认证报告。

6.6 本章小结

认证是指验证用户、系统或设备身份的过程，旨在确保信息交互的安全性，是保护数据和资源的重要手段。认证兼具管理制度属性与技术门槛。数据空间的认证框架是一个综合性体系，旨在通过一系列技术手段和管理措施，确保数据空间内所有参与者的身份可信、数据可信和服务可信。这一框架不仅关注技术层面的认证，还涉及组织、流程和法规等多个方面。数据空间认证框架的核心要素包括数据空间参与者身份认证、数据认证和服务认证。对数据空间参与者和核心组件的认证是强制性的。本章系统论述了数据空间的认证机制和认证框架，并分别探讨了参与者认证、核心组件认证和核心组件运行环境认证等问题。此外，还对认证流程进行了阐述。

参 考 文 献

[1] Info-Finder. 什么是 MFA？ .[2025-01-30].https://info.support.huawei.com/info-finder/encyclopedia/zh/MFA.html.

[2] 华为官网. FIDO 是什么？.[2025-01-30].https://consumer.huawei.com/cn/support/content/zh-cn15841730/.

[3] 开发者社区. 深入理解去中心化身份 DID (Decentralized ID).[2025-01-29]. https://cloud.tencent. com/ developer/ article/2404252.

[4] 刘东. 重塑数据可信流通——数据空间：理论、架构与实践. 北京：人民邮电出版社, 2024.

第Ⅲ部分　数据互操作与共享生态建设

"可信可管"是数据空间实现数据高效流通的基础和前提,"互联互通"是数据空间实现互操作、数据流通、交易共享的基础和保障,价值共创是数据空间建设的目的和目标。如何实现互联互通,是数据空间建设需要解决的核心问题。

互操作是数据空间的基本原则。互操作性可以在不同层面实现,这取决于所涉及的数据和系统的集成和对齐程度。定义互操作性级别的框架是云计算互操作性和可移植性的 ISO/IEC 19941 标准,以及欧洲公共服务互操作性框架。这两个框架都定义了互操作性的四个主要级别:技术(传输和语法)、语义、组织和法律。《欧洲互操作法案》中描述了一种适用于所有数字公共服务的互操作性模型。定义了互操作性的层级,包括四个层面的互操作性:技术层面、语义层面、组织层面和法律层面、组织层面。

(1)技术层面。数据空间技术互作性的基础是数据空间协议(DSP)。该协议提供了一组规范,旨在促进受使用控制的实体之间可互操作的数据共享。这些规范作为构成数据空间的技术系统的一部分,定义了实体发布数据、协商和访问数据所需的架构和协议。

(2)语义层面。数据空间策略的语义模型可帮助参与者了解在数据共享合同中可以协商的策略。

(3)组织层面。要使数据空间得到良好的治理,需要对组织流程进行明确的定义。同样,数据空间中的所有参与者都必须遵循相同的流程。

(4)法律层面。涵盖数据空间中的相互依赖关系模型,最简单的模型是数据空间的分层直接依赖关系。

现有的数据空间互操作性问题,主要从技术互操作和数据互操作两个层面进行解决。事实上,数据空间的运行,不仅是技术层面的问题,数据空间是由不同地区、组织和国家的参与者,以及各种构件和组件形成的综合体,其管理和治理尤为重要。因而,数据空间的法律和组织互操作性也很重要。客观上,由于各个国家法律、政策、制度、文化的不同,法律和组织层面的互操作性比技术互操作性更难实现。

在数据空间中,技术互操作基于一定的功能协议,由数据连接器执行,语义互操作通过信息模型和词汇表等实现。

第 7 章 数据连接器

数据连接器是数据空间的核心组件，是数据提供者和消费者进行数据交换的标准化接口。数据空间连接器促进和协调数据共享，同时执行数据提供者设定的使用控制政策。数据空间的参与者通过使用连接器可以实现技术互操作。数据连接器是连接众多数据端点的关键工具。通过使用数据连接器，不仅扩大了数据流通的范围，而且使数据空间成为受保护数据的安全交易环境，可以从技术上实现数据共享。

7.1 数据连接器概述

数据连接器是数据空间中连接数据终端的工具，它可以连接更多的数据源，并加速数据流通和交换。数据空间连接器也是数据参与者的代理。连接器使数据空间成为受保护数据的安全交易环境，参与者在数据空间中可以自由、安全地共享数据。数据连接器作为数据空间的节点，通过技术设计（架构）为用户提供数据主权保障。

在数据空间中进行通信的最小场景就是，一个数据提供者通过连接器向一个数据消费者传输数据。每个连接器都由一个平台和一个专用的核心应用程序组成，平台提供数据处理和运行应用程序，并实施系统安全机制，核心应用程序实施连接器到连接器的安全通信。

连接器作为数据空间的核心组件，使用容器技术来确保"可信的执行"。或者说，容器内的数据始终受到保护，不会被未经授权的访问者访问和篡改。连接器首先必须保证数据的保密性和连接器堆栈的完整性，这是连接器的首要目标，其次是保护数据的完整性，最后是数据的可用性。因为，在数据空间中，保密性的优先级总是高于可用性。

数据连接器在接入数据空间之前，需要通过认证机构的评估和认证。通过认证机构的认证，为连接器和运行环境提供不同的信任和安全级别。为了确保互操作性，对于所有数据连接器，认证都是强制性的。

另外，国际数据空间协会的相关标准解决了数据空间中的技术、操作和法律协议问题。这些协议结合技术、组织和法律，为数据空间的数据共享提供指导方针。数据连接器集成了身份管理、通信安全和使用控制等功能。国际数据空间连接器在 DIN SPEC 27070（国际数据空间框架的首个国际标准）中被定义为德国标准化工作的一部分，并受到 ISO/IEC、CEN/CENELEC、IEEE 和 W3C 国际标准的约束。

概括地说，连接器本质上是数据空间中支持跨组织、跨系统数据交换的集成式软件工具，是企业等主体参与数据流通生态的标准化接口，其主要任务是在独立、分散且没有联络基础的数据供需双方之间建立联系，并确保被允许的数据，安全高效、权责清晰地进行传输。因此，数据空间中的连接器不是单纯用以支持数据流动的数据传输媒介，而是具有一系列组件功能扩展能力的"综合体"[1]。

参与数据生态系统建设的每个数据连接器都必须在数据空间内具有唯一标识符，该标识符由数据空间身份提供者发布或确认。每个连接器都应该提供自我描述，供数据空间其他参与者阅读。而且，相关组织需要在数据连接器配置和提供过程中创建此描述。以下是一个完整的数据连接器自我描述范例，涵盖了许多细节和特性。

数据连接器名称：DataLink Pro 数据集成连接器。

1. 自我描述

DataLink Pro 数据集成连接器是一款功能强大、灵活易用的企业级数据连接与集成解决方案。它专为解决复杂数据环境下的数据交互、整合与同步问题而设计，能够轻松连接各种数据源，实现数据的无缝流通与高效利用。

2. 核心功能与技术特性

（1）广泛的数据源支持。支持包括关系型数据库（MySQL、PostgreSQL、SQL Server、Oracle、DB2 等）、非关系型数据库（MongoDB、Cassandra、Redis 等）、大数据平台（Hadoop、Spark、Hive 等）、云存储服务（AWS S3、Google Cloud Storage、Azure Blob Storage 等），以及多种 API 和数据文件格式（CSV、Excel、JSON、XML 等）在内的广泛数据源。

（2）实时与批量数据同步。提供实时数据同步功能，确保数据在不同数据源之间保持最新状态。支持批量数据同步，可根据设定的时间间隔或触发条件自动执行数据同步任务。

（3）智能数据转换与清洗。内置数据转换引擎，支持字段映射、数据类型转换、数据清洗（如去除空格、格式转换、缺失值处理等），以及数据合并与拆分等操作。提供丰富的数据清洗规则和模板，用户可快速配置和应用。

（4）安全性能与访问控制。采用 SSL/TLS 加密技术，确保数据传输过程中的安全性。支持身份验证与授权机制，确保只有授权用户才能访问和操作数据。提供日志记录和审计功能，便于追踪和监控数据操作行为。

（5）易用性与可扩展性。提供图形化用户界面，用户无须编写复杂代码即可轻松配置和管理数据连接与同步任务。支持自定义脚本和插件扩展，满足用户特定的数据处理需求。提供丰富的 API，方便与其他系统集成和交互。

3. 应用场景

数据仓库与数据湖建设：将分散在不同数据源中的数据集成到统一的数据仓库或数据湖中，便于后续的数据分析和决策。

业务数据整合与同步：实现不同业务系统之间的数据整合与同步，确保数据的准确性和一致性。

数据备份与恢复：定期将数据从生产环境同步到备份环境，确保数据的可靠性和可恢复性。

跨平台数据交互：支持跨平台、跨系统的数据交互，满足多样化的业务需求。

4. 用户支持与服务

提供详细的用户手册和在线帮助文档，帮助用户快速上手和解决问题。提供专业的技术支持和售后服务团队，随时解答用户疑问和提供技术支持。定期更新和升级产品功能，确保用户始终享受最新、最稳定的产品体验。

5. 总结

DataLink Pro 数据集成连接器以其广泛的数据源支持、实时与批量数据同步、智能数据转换与清洗、卓越的安全性能与访问控制，以及易用性与可扩展性等特性，成为企业数据集成与交互的理想选择。无论您的数据环境多么复杂，DataLink Pro 都能为您提供高效、可靠、灵活的解决方案。

7.2　数据连接器的架构、功能与互操作性

7.2.1　数据连接器的架构

数据空间连接器不仅是硬件，还是一种应用软件集成工具，允许在各种系统、应用程序和数据源之间共享和集成数据。数据空间连接器架构应用程序容器管理技术，为单个数据空间应用程序和连接器提供安全隔离环境。

数据连接器由一个或多个计算机或虚拟机、操作系统、应用容器管理和建立在其上的连接器核心服务组成。连接器包括策略、配置和其他元数据工件，这些工件可以在任何云基础设施、本地或边缘设备上运行。数据空间应用程序负责提供存储、访问或处理数据的 API。为了确保敏感数据和隐私安全，这些数据的处

理应尽可能靠近数据源。任何数据预处理（如匿名化）都应由后端服务或在数据空间应用程序中执行。只有那些需要提供给其他参与者的数据，才由连接器提供。数据空间连接器通常包含以下核心组件，这些组件共同构成了数据空间连接器的整体架构。

1. 接口适配器

数据连接器属于系统之间的接口连接件，是一种技术组件，一般不涉及复杂的协议转换和数据格式转换，而是访问系统数据的开关或网关。要求原系统或接入系统预先按照接口的规范把接口开发好，然后暴露出来，在注册中心注册。使用方则按照统一的调用方式调用。

2. 应用容器

应用容器是为应用程序提供运行环境的独立空间。它采用虚拟化技术，是一种轻量化的"系统"运行环境。在大多数情况下，连接器核心服务和所选择的数据空间应用程序都部署在应用容器中。连接器上的应用容器有多种类型，分别承担不同的任务。

（1）执行核心容器。与数据应用程序协同工作，实现数据交换以及与身份提供商的通信。

（2）认证核心容器。包含连接器核心服务，提供数据管理、元数据管理、合同和策略管理、数据空间应用程序管理、数据空间协议身份验证等组件。

（3）认证应用程序容器管理。从应用程序商店下载的认证容器，为数据空间连接器提供特定的数据空间应用程序。

（4）自定义容器。这类容器提供自行开发的自定义应用程序，自定义容器通常不需要认证。

3. 数据空间应用程序

数据空间应用程序与执行核心容器和身份提供商等组件一起，实现数据空间中的安全、高效和可互操作的数据共享。这些应用程序提供连接器内部业务的服务，主要用于处理数据、连接外部系统或控制连接器。

数据空间应用程序定义了一个公共应用程序接口，该接口可以从数据空间连接器中调用。接口在数据空间应用程序的部署阶段，以元描述形式被正式指定。数据空间应用程序执行的任务有所不同，可以使用不同编程语言实现，并针对不同运行环境进行定位。

数据空间的应用程序可以在数据空间应用商店下载，并在连接器上部署。应用商店、元数据代理和清算中心都基于数据空间连接器架构，以支持数据安全与可信交换。

7.2.2 数据连接器的功能

数据空间内的数据连接器提供了两项关键功能：一是数据交换服务，连接器作为数据空间中其他参与者的应用程序编程接口（API），以实现互操作；二是值得信赖的数据处理，连接器强制实施政策机制和通用的网络安全基准。图 7-1 展示了数据连接器在数据空间内的功能。

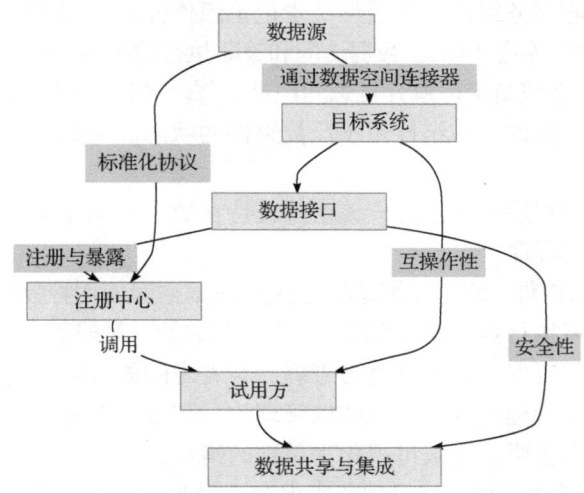

图 7-1　数据连接器的功能

连接器作为数据空间的核心组件，在数据空间核心服务中承担基本功能。这些功能可以通过服务的方式实现，也可以作为单个综合软件实现。此外，服务功能既可以部署在同一基础设施中，也可以分布式部署。连接器必须使数据生态中的其他数据空间参与者可用。每个数据提供者和消费者都有权决定，是否在数据生态系统中公开发布其数据连接器。

连接器核心服务中的各个功能，以统一建模语言部署图的形式呈现，每个功能表示为一个组件。数据空间连接器，通常包含以下组件[2]。

（1）认证服务组件。该组件保存数据空间连接器与其他后端系统关于身份验证的必要信息，并授权其他数据空间参与者对数据空间连接器进行系统访问。认证服务组件提供配置接口，以支持自定义的认证服务。

另外，为了授权访问连接，认证服务组件还持有以下信息：数据空间协议组件信任密钥库、数据管理组件和数据交换组件访问外部系统的凭据，以及数据交换组件和数据管理组件访问数据空间的访问控制信息。

（2）数据交换组件。该组件提供或获取与其他数据空间参与者交换数据的接口。它可以部署在与数据空间协议组件不同的基础设施上，也可以有多个数据交换组件以支持多个协议绑定。数据交换组件不支持数据空间特定的接口，也不解释数据空间信息模型。

（3）数据空间协议组件。该组件支持至少一个已定义的数据空间特定接口，以支持组件与数据空间协议组件交互。

（4）远程证明组件。该组件用于增加参与到连接器内的组件之间的信任，可用于检测对方端的软件是否被修改。

（5）审计日志服务组件。该组件负责记录组件操作期间的所有相关信息。例如，记录设置更改、错误信息、数据访问和策略执行情况等。这些信息可以传递给相应的系统，这些系统负责审计日志的记录工作。该组件提供或获取系统的接口。

（6）监控服务组件。该组件用于监控组件的状态。例如，检查数据空间连接器是否运行等。

（7）数据应用程序管理组件。该组件支持在数据空间连接器中下载、部署和集成数据空间应用程序。

（8）策略引擎组件。该组件汇总用于执行数据空间使用控制策略的所有组件。这些组件包括策略执行点、策略实施点、策略信息点、策略管理点和策略决策点。

（9）合同管理组件。该组件负责管理参与者之间的合同协商，并存储数据空间合同协议。合同管理可以看作元数据管理的一部分。但是，由于合同管理组件在数据空间中较为重要，它被可视化为单独的组件。

（10）元数据管理组件。该组件负责保存提供和消费数据资产的元数据。元数据主要由数据空间信息模型定义，但可以进一步丰富其他信息。元数据与合同管理组件、数据管理组件的数据相关联。

除了上述组件，数据空间连接器还包含数据管理组件、配置管理组件和用户管理组件等。

7.2.3 数据连接器的互操作

1. 数据连接器和身份组件之间的交互

数据连接器的互操作以规范的数据标准为基础，而不是依靠单一的技术来实现，必须解决多个层次的互操作性。首先，必须解决连接器之间的通用交互，以描述数据资产和相关端点之间的互动，包括访问控制和使用控制的政策定义。其次是策略和合同谈判。

要建立可信连接，每个连接器都需要相应的身份信息来执行访问和使用控制决策。数据连接器和身份组件之间的交互如图 7-2 所示。

第 7 章 数据连接器

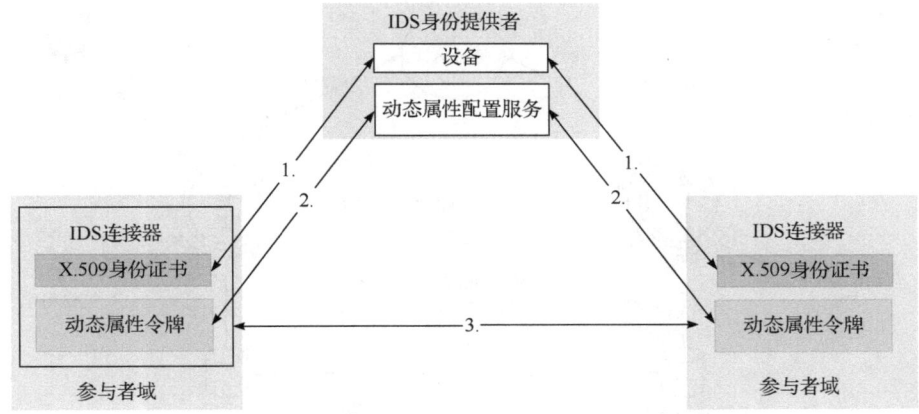

图 7-2 数据连接器和身份组件之间的交互

每个数据连接器都从 IDS 设备获取有效的身份证书,并从 DAPS 请求当前动态 Attribute 令牌。

建立通信时,两个数据连接器交换动态属性令牌,并且这些动态属性令牌必须与各自使用的传输层安全证书相匹配。为了降低攻击者滥用动态属性令牌的风险,这些动态属性令牌只能被披露给其通信伙伴。为了进一步防止使用泄露的动态属性令牌执行的攻击,每个连接器必须通过以下两种方式对动态属性令牌进行验证,用于传输层安全证书的连接。

方式 1:连接器将其身份证书用于传输层安全连接。在这种情况下,相应的数据连接器必须确保动态属性令牌中的标识符与显示的证书相匹配。

方式 2:连接器为传输层安全连接使用单独的证书(例如,由 Let's Encrypt 等设备签发)。在这种情况下,相应的数据连接器必须确保证书指纹与动态属性令牌中嵌入的指纹相匹配。

2. 数据连接器之间的数据交换

在数据空间中,数据交换的过程需要启动和管理明确的规范,可以将规范映射到有关的协议,如 https、Web Sockets 等。具体的数据交换或互操作须由特定用例、特定领域或特定生态系统决定。一般数据交互需要依据通用标准,实现不同连接器的连接,后续的数据交换则采用特定领域或特定用例的标准。数据连接器实现数据交换的过程如图 7-3 所示。

为了实现数据空间的稳健性和可靠性,连接器的互操作性需要验证。基于标准和规范,除了持续管理和验证与数据连接器相关的安全方面,还需要持续评估这些标准和规范的执行情况,以维持数据空间的稳健性和可靠性。

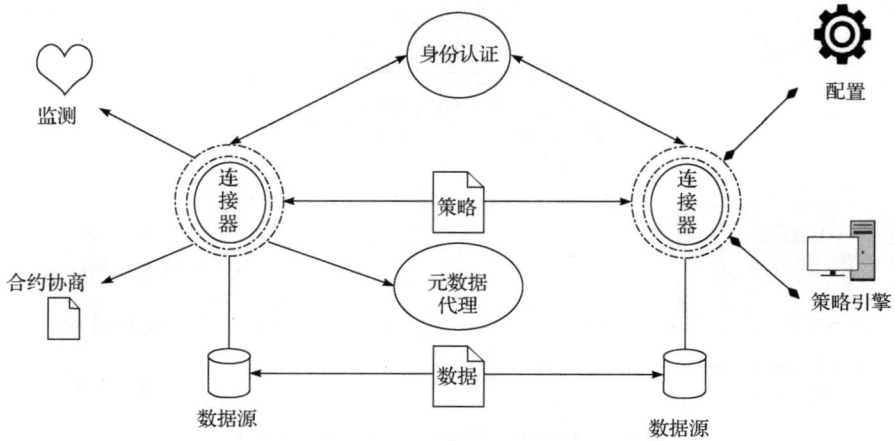

图 7-3　数据连接器实现数据交换示意图

在通用级别上，连接器的交互需要与协议无关的标准，作为数据空间互操作的基础。这是一组基于互联网技术，旨在促进受使用控制管理的实体之间的数据互操作的规范。这些规范将定义实体发布数据、协商使用条款和访问数据所需的架构和协议，并作为数据空间技术系统的一部分。因此，数据空间协议是数据空间中技术互操作性的基础。数据空间中的每个数据连接器都必须使用数据空间协议。

7.2.4　数据空间的互操作性

互操作性是不同系统和组织交换、理解和使用数据的能力。数据空间的互操作问题，通常通过语义互操作和技术互操作实现。技术互操作由数据连接器负责执行和实现，涵盖连接系统和服务的应用程序和基础设施，包括接口规范、互联服务、数据集成服务、数据展示与交换、安全通信协议。

1. 互操作性框架

为了解决数据孤岛，促进数据互操作，国际标准化组织和欧盟制定了互操作性框架。数据互操作性可以在不同层面实现，这取决于所涉及的数据和系统的集成和对齐程度。定义互操作性级别的框架是云计算互操作性和可移植性的 ISO/IEC 19941 标准，以及欧洲公共服务互操作性框架。这两个框架都定义了互操作性的四个主要级别：技术（传输和语法）、语义、组织和法律[3]。

（1）技术互操作性是指系统和数据源（如协议、接口和格式）之间的物理和逻辑连接。技术互操作性包括语法互操作性，指的是交换数据的结构和语法，如模式、模型和词汇。

（2）语义互操作性是指数据的含义和解释，如概念、关系和本体。

（3）组织互操作性是指数据共享的流程、政策和治理，如角色、责任和协议。

（4）法律互操作性是指接受不同数据生态系统之间合同和条款的法律等同性。这些生态系统在多个层面可能存在差异，例如，基于行业法规或国家法律，具有相同措辞的合同声明在不同的数据生态系统中可能有不同的解释。

2. 互操作性模型

数据空间中两个主要的互操作性模型如图 7-4 所示，一是数据空间内参与者之间的互操作性；二是跨数据空间互操作性，参与者想要访问来自两个不同数据空间的数据。

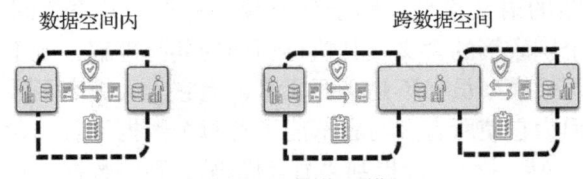

图 7-4 互操作性模型

1）数据空间内部互操作性

数据空间内部互操作性是指数据空间内的参与者之间的互操作性。侧重于参与者之间互动，以及与数据空间治理机构之间的互动。数据空间治理机构定义了管理数据空间的规则，包括需要使用哪个版本的数据空间协议，使用哪些身份协议和标准，哪些信任框架被接受，哪些语义模型需要理解等。参与者有责任至少支持和理解数据空间治理机构授权的协议和模型，但也可以支持其他版本和语义模型。

2）跨数据空间互操作性

跨数据空间互操作性是指一个实体参与两个数据空间所需的互操作性。由于参与者想要访问来自两个不同数据空间的数据，因此，互操作性的大部分责任都由参与者承担。首先，参与者需要成为两个数据空间的成员，满足会员规则才能加入两个数据空间。这意味着参与者能够支持两个数据空间所需的所有协议和语义模型。一种选择是，由参与者在每个数据空间中支持正确的协议和语义模型，并进行必要的映射。另一种选择是，数据空间治理机构及运营数据空间的法律实体（如果存在）通过与其他数据空间治理机构及运营数据空间的法律实体就支持的协议和语义模型达成一致来支持参与者。这可以大大减轻参与者共享和使用来自多个数据空间的数据的负担。

3. 互操作性标准

在互操作性方面，有两个重要的标准，一是 ISO/IEC 19941——云计算互操作性和可移植性；二是欧洲互操作性框架。

　　数据空间中技术互操作性的基础是数据空间协议。该协议提供了一组规范，旨在促进受使用控制的实体之间可互操作的数据共享。这些规范定义了实体发布数据、协商和访问数据所需的架构和协议，作为数据空间技术系统联盟的一部分。

　　互操作性的一个重要部分是数据空间中使用的语义模型，包括在数据空间内共享数据的语义模型，以及描述数据空间本身数据的语义模型（如政策、参与者、进程等）。

　　要成功参与数据空间，参与者至少需要了解数据空间内用于策略的语义模型，通常由数据空间治理机构预先定义。而且，接受数据空间政策语义模型，通常是加入数据空间的先决条件。

　　数据空间策略的语义模型有助于参与者了解数据共享合同中可以协商的策略。如果没有对个别政策的含义及其执行预期的共同理解，就不可能参与数据空间。共享数据的语义模型虽然不是必要元素，但它大大提高了数据空间和内部共享数据的价值，因为它使所有参与者都能了解每个数据元素的含义，以及它是如何构建的。例如，如果一个字段提到"国家代码"，则该数据共享交易的参与者必须知道这个值是如何编码的。

7.3　数据连接器的类型与应用

7.3.1　数据连接器的类型

　　基于不同技术和不同功能要求，数据空间连接器也有所不同。数据空间连接器可以根据其认证级别进行区分，其中包含连接器的安全性和数据自主权的要求。构建什么类型的连接器，取决于多方面的要求，如执行环境、开发中使用的数据服务或应用的数据流等。

　　数据连接器主要有四种类别：数据连接器框架、开源软件通用解决方案、专有通用解决方案和现成的数据连接器或集成在数据相关产品中的连接器。

　　数据连接器框架是模块化的数据空间组件，可以作为实现数据连接器的基础。大多数连接器框架都是以自由和开放源代码软件的形式提供。在这个基础上，可以进行扩展和开发，以创建新解决方案。Eclipse 数据空间组件、TRUE 连接器都是此类框架的良好范例。

　　开源软件通用解决方案提供的数据连接器可以直接集成到 IT 环境中提供服务。专有通用解决方案是公司或组织提供的专有软件，它们一般不能直接用于共享和消费数据，需要额外的配置和扩展。

　　另外，每个连接器都有唯一的技术标识，该标识由专门的设备（子）CA 签发。每个设备都归一家特定公司所有。设备证书通过公司身份与公司说明建立联系。该公司描述可支撑运行环境的可信度评估。经过认证的软件组件可部署在多个设备上。整体信任依赖于设备身份、公司描述和软件（包括软件签名）的组合。负责托管数据连接器的公司，应在公司说明中加以描述，公司说明应由三个独立方（即申请者、评估者和认证者）进行验证和签署。

7.3.2 数据连接器的应用场景

数据空间连接器作为一种重要的数据管理工具，是数据空间的核心组件，在数据空间内有诸多应用场景。

1. 在企业数据空间内负责企业内部数据流通

数据连接器可以实现企业内部不同部门或系统之间的数据无缝集成和交换。通过统一的接口和数据标准，提高数据流通的效率和准确性。

2. 在行业数据空间内负责跨企业数据流通和共享

在供应链、合作伙伴关系等场景中，数据连接器可实现不同企业之间的数据共享和交换，有助于促进业务协同，优化供应链流程，提升整体竞争力。

3. 在数据服务提供方面

数据连接器可以作为数据服务提供者的核心组件，将数据封装为标准化的服务，供其他系统或应用程序调用，使得数据更加易于访问和利用，同时也有助于推动数据的商业化应用。

4. 在数据安全管理方面

在数据交换和共享过程中，数据连接器可实现数据的安全传输和隐私保护。通过加密、访问控制、数据脱敏等技术手段，确保数据在传输和存储过程中的安全性。

5. 在数据合规性保障方面

数据连接器支持数据流通的合规性监控和审计，有助于企业遵守相关法律法规和政策要求，降低合规风险。

6. 在智慧城市建设中

在智慧城市建设中，数据连接器可实现跨部门、跨行业的数据集成和共享，有助于提升城市治理能力和公共服务水平，推动智慧城市的可持续发展。

7. 在行业数据空间构建中

在金融、医疗、制造等重点行业，数据连接器可用于构建行业数据平台。通过集成行业内各类数据源，提供统一的数据访问和开发利用环境，推动行业内的数据共享和业务协同。

概括地说，数据连接器在各个领域都有广泛的应用前景，是实现数据高效流通、共享和利用的关键工具之一。同时，数据连接器是数据空间的核心组件，是主要角色，在数据空间内承担着重要功能，有多种典型的应用场景。

7.4 数据连接器的描述结构与实例

数据连接器的描述结构是对数据连接器进行"自我描述"的数据结构或数据模型。数据连接器提供厂商通过描述结构，实现对连接器的功能、特征、使用场景等的规范说明。这些结构化的说明，对于认证和评估机构，以及数据空间参与者，选择和使用连接器都是必要的。接下来，给出三个数据连接器描述实例，说明数据连接器描述的结构组成。

1. Eclipse 数据空间构件

Eclipse 数据空间构件——框架介绍见表 7-1。

表 7-1 Eclipse 数据空间组件——框架

连接器概述	
名称	Eclipse 数据空间组件——框架
维护人员	Eclipse 基金会的提交小组
连接器特性	EDC 是一个构建连接器的框架，其本身不能作为独立的连接器实例，但可基于框架生成具体的连接器。无论部署在本地裸机、不同云供应商、混合部署，甚至单个终端用户机器上，EDC 都可定制以在任何运行环境中大规模地运行。待构建的连接器通过分离控制面和数据面实现附加值，这使得数据空间的构建方式具备模块化和可定制性。由于采用通用接口并映射现有标准，该连接器以可操作的方式增加了契约协商和策略处理能力
更多信息	EDC 连接器的源代码，参见 EDC 主页
连接器详情	
类型	数据连接器框架
成熟度	TRL8-9
便携性	基于 Java 语言
许可证	开源（Apache 2.0）

续表

工业标准认证	否
应用示例	Catena-X 等
部署选项	未指定
服务级别	构建服务框架
访问和使用控制	
访问控制	否
访问控制类型	数据面[1]的主题
使用控制支持	否,受数据面约束
使用控制策略	—
通信	
通信协议	数据空间协议 2024-01
传输协议	在未确定协议绑定的情况下,利用数据面进行带外操作
用户界面	
图形用户界面	否
类型	—
身份管理	
支持身份管理	否
类型	—
信息模型	
IDS 信息模型	否
IDS 信息模型的受支持版本	—
词汇	
支持	否
提供的词汇类型	—
整合	
与目录/元数据代理的集成	否
目录/元数据代理的类型	—
与清算中心整合	否
清算中心的类型	—

1) 数据面旨在实现数据互操作和高效安全传输,主要提供数据管理模型、数据传输能力。

2. EdgeDS 边缘连接器

EdgeDS 边缘连接器介绍见表 7-2。

表 7-2　边缘连接器

连接器概述	
名称	边缘数据服务连接器
维护人员	内联网
连接器特性	该连接器基于弗劳恩霍夫协会的开源数据空间连接器，已被调整集成至边缘计算应用的 MEC 平台，从而将 IDS 功能与欧洲电信标准化协会（ETSI）的多接入边缘计算（MEC）架构框架相结合
更多信息	参阅论文"EdgeDS：Data Space Enabled Multi-access Edge Computing"
连接器详情	
类型	现成的解决方案，以服务的形式提供
成熟度	TRL4
许可证	开源（Apache 2.0）
工业标准认证	否
应用示例	该连接器已应用于 IDSA 数据空间雷达所展示的边缘数据空间。通过自动驾驶领域的说明性用例，展示了系统与利益相关者之间数据驱动协作的优势
部署选项	边缘 本地物联网 工业物联网
服务级别	连接器服务
访问和使用控制	
访问控制	是
访问控制类型	API 密钥
使用控制支持	是
使用控制策略	IDS 连接器
通信	
通信协议	数据空间协议 2024-01
传输协议	带协议绑定的带外利用数据面
用户界面	
图形用户界面	否
类型	—

续表

身份管理	
支持身份管理	否
类型	—
信息模型	
IDS 信息模型	是
IDS 信息模型的受支持版本	国际数据空间信息模型 4.2.7
词汇	
支持	是
提供的词汇类型	IDS 信息模型
整合	
与目录/元数据代理的集成	是
目录/元数据代理的类型	**服务中心注册
与清算中心整合	否
清算中心类型	—

3. EGI 数据中心连接器

EGI 数据中心连接器介绍见表 7-3。

表 7-3 EGI 数据中心连接器

连接器概述	
名字	EGI 数据中心连接器
维护人员	欧洲网格基础设施基金会
连接器特性	EGI 数据中心连接器基于开源的数据空间连接器。通过 IDS 基于策略的访问方式支持多个存储后端。它是一种高性能的数据管理解决方案。为全球分布式环境和多种底层存储类型提供统一的数据访问能力，使用户能够轻松实现数据的共享、协作与计算
更多信息	参阅 EGI 数据中心网站的 51 份数据中心文档
连接器详情	
类型	通用的开源解决方案
成熟度	TRL4-5
便携性	—
许可证	开源

续表

工业标准认证	否
应用示例	欧盟数据中心
部署选项	本地，现场，内部，云
服务级别	平台即服务
访问与使用控制	
访问控制	是
访问控制类型	基本认证（基本访问授权，提供用户名和密码）
使用控制支持	是
使用控制策略	数据消费者 IDS 连接器 安全级别 连接器内的应用程序 用户角色 时间间隔 持续时间 位置 目的
通信	
通信协议	具有确定绑定协议
传输协议	IDS 大部分带内传输
用户界面	
图形用户界面	是
类型	面向管理
身份管理	
支持身份管理	是
类型	集中式（X.509）
信息模型	
IDS 信息模型	是
IDS 信息模型的受支持版本	国际数据空间信息模型 4.2.7
词汇	
支持	否
提供的词汇类型	—
整合	

续表

与目录/元数据代理的集成	是
目录/元数据代理的类型	IDS 元数据代理
与清算中心整合	否
清算中心类型	—

7.5 本章小结

　　数据连接器是数据空间的核心组件，在数据空间中具有重要的功能。可以说，数据空间内每个核心参与者（如数据提供者和数据消费者等）都有属于自己的连接器，因而，数据连接器在数据空间内就是参与者代理。数据空间某种程度上就是数据连接器的网络，我们可以从多个视角去认识数据连接器。首先，可以将其看作带有简单操作系统的虚拟机，是硬件。其次，从功能上看，它更像一种应用程序的集成，允许在各种系统、应用程序和数据源之间共享和集成数据。在数据空间的背景下，数据空间连接器在符合数据空间协议预定义标准和交换策略的不同平台、系统和组织之间的通信和数据交换中起着关键作用。最后，数据连接器属于系统之间的接口连接件，是一种技术组件，一般不涉及复杂的协议转换和数据格式转换，而是访问系统数据的开关或网关。它要求原系统或接入系统预先按照接口的规范把接口开发好，然后暴露出来，在注册中心注册。使用方则按照统一的调用方式调用。

　　总之，在数据空间中，连接器作为进行安全、可信数据交换的核心技术组件，贯通数据共享和交易的整个流程，确保数据的可控可信流通。它通过应用程序编程接口（API）的形式服务数据空间中的其他参与者，实现互操作性。同时，通过实施数据访问和使用的政策执行机制，以及遵循共同的网络安全基线，确保数据在交换和处理过程中的安全性与合规性。

　　本章还论述数据连接器的类型与应用场景，并详细介绍了国际上应用较为成熟的几款数据连接器。

参 考 文 献

[1] 刘博文, 夏义堃. 基于数据空间的产业数据流通利用: 逻辑框架与技术实现. 图书与情报, 2024, 2: 33-44.
[2] 刘东. 重塑数据可信流通——数据空间: 理论、架构与实践. 北京: 人民邮电出版社, 2024.
[[3] International Data Spaces Association.Interoperability in Data Spaces.[2024-11-09]. https: //docs. international dataspaces. org/ ids-knowledgebase/idsa-rulebook/ idsa-rulebook/3_interoperability.

第 8 章　数据空间信息模型与词汇表

　　信息模型是一种重要的工具和方法，用于定义和描述信息的结构、特征和关系。国际数据空间信息模型基于国际数据空间核心概念和基本标准，为数据资产的目录词汇表和合同策略的开放数字版权语言提供描述数据资产的基本概念。词汇用于确保每个参与者使用特定术语时都有相同的意思。词汇表是数据空间的组件。通过将信息模型映射到词汇表，实现对信息模型中数据元素的语义解释。信息模型在计算机科学、通信工程、认知心理学等多个领域有广泛应用。其意义不仅在于对对象的建模，更在于对对象间相关性的描述。对开发者及厂商来说，信息模型提供了必要的通用语言来表示对象的特性及功能，以便进行更有效的交流。数据空间中，信息模型与词汇表一起共同促进语义互操作的实现。

8.1　信息模型概述

8.1.1　信息模型的内涵

　　信息模型是数据空间数据服务活动的基础，它为数据提供了统一的描述和表示方式。通过信息模型，可以对数据的结构、语义和关系进行明确的定义，使得数据在不同系统、不同平台之间能够被准确理解和交换。数据互操作性则是数据空间中各个系统、平台或组件之间进行数据交换和协同工作的能力。在信息系统中，信息模型所描述的信息需要通过具体的数据结构在计算机中进行存储和操作。例如，在信息模型中定义的实体和关系，在数据库系统中可能通过关系表来表示，这些关系表在计算机内部则是通过数组、链表等数据结构来实现的。同时，信息模型也为数据结构的设计提供了一定的指导。在设计数据结构时，需要考虑数据的逻辑结构和存储结构，以及可以对这些数据执行的操作。信息模型则提供了对数据的抽象表示和组织方式，有助于设计人员更好地理解数据的特性和需求，从而设计出更加合理和高效的数据结构。总之，数据结构与信息模型在计算机科学领域中具有密切的联系，它们共同支持信息系统的数据管理和信息处理功能。

　　信息模型是一种用来定义信息常规表示方式的方法，它关注对信息的抽象表示和组织。信息模型可以使用面向对象的技术，通过一套正式的符号和词汇对信息进行组织、分类和抽象概括。在信息系统中，信息模型帮助系统理解和处理数据，确保不同系统之间能够进行有效的信息交换和共享。数据空间信息模型理论上属于数据概念模型或本体。因而，为了更好地认识和理解数据空间的信息模型，我们有必要了解数据模型和本体等概念。

8.1.2 信息模型的功能

信息模型的基本思想是描述对象、对象属性和对象之间的关系。对象之间存在一定的关系，这些关系以属性的形式表现。在数据空间中，互操作技术分为语义互操作与技术互操作两方面。语义互操作旨在解决数据层面的协作问题，它依赖信息模型实现对数据的共同理解和表达。通过对信息模型达成共识，各方可以约定传输中数据本体属性、关系的标准，从而便于数据使用方快速理解数据的语义，提高数据的可用性。技术互操作则通过约定对接协议与交互模式，解决通信层面以及接口层面的协同问题。虽然技术互操作不直接依赖信息模型，但信息模型的统一和标准化有助于降低技术互操作的复杂性，提高数据交换的效率和准确性。

数据空间信息模型作为一种标准化的概念框架与通用语言，能够规范描述可信数据空间内的数据资产、参与者、基础设施组件以及流程等要素。依据共享的基本协议，数据空间信息模型能显著提升数据空间的兼容性与互操作性，促进数据的高效流通与交互。因此，数据空间的信息模型是可信数据空间实现互操作的基础，而数据互操作则是信息模型在数据空间应用中的体现和保障。二者共同构成可信数据空间中数据流通与协作的重要支撑。在可信数据空间的建设和运营过程中，必须重视信息模型的构建和标准化工作，同时加强数据互操作技术的研究和应用，以实现数据的安全、高效和合规流通。信息模型的功能主要体现在以下两方面。

1. 对数据空间内数据资产的描述

信息模型能够对数据空间内的数据集、数据应用服务等数据资产的属性、特征、用途等进行准确表述，为数据资源的发布、标识提供基础，促进其在可信生态系统中实现自动化交换，并维护数据所有者的数据权利。

2. 构建信任机制

信息模型本身的建立和使用就是信任机制的一部分。通过词汇表等公共语言，使得各方能够基于共同的理解进行交互和合作，增强各方之间的信任。此外，信息模型在支持数字资源交换的过程中，也会涉及对数据主权的维护等方面，均有助于建立和维护可信数据空间中的信任机制，保障数据交换的安全和可靠。

8.1.3 信息模型的构建原则

数据空间的信息模型需以标准化、开放性和互操作性为基础，可以依据以下核心原则构建具备可持续价值的信息模型。

1. 复用性与标准化原则

复用已有的标准化信息模型，不仅节省开发成本，提高开发效率，而且可以取得多方的共识。数据空间信息模型的构建可以优先复用现有数据领域的相关标准术语与成熟本体资源。例如，万维网联盟（W3C）推荐的标准化词汇（如 DCAT[1]、DCTerms、FOAF 等）已被广泛应用于数据描述、权利管理等领域，可大幅提升模型的兼容性。复用性不仅降低开发成本，还能通过行业共识加速跨系统协作。例如，数据主权标识可直接采用国际数据空间信息模型中定义的 Digital Resource 类，确保与现有生态的无缝对接。

2. 语义关联原则

信息模型需以资源描述框架为基础，通过统一资源标识等（Uniform Resallrce Identifier，URI）实现数据的唯一标识与语义链接。信息模型应在稳定命名空间下发布，支持 JSON-LD、Turtle 等通用序列化格式，并辅以可读的文档说明。例如，数据提供方的身份认证模块可通过链接 W3C 的可验证凭证本体扩展功能，同时与外部权威数据库（如企业注册库）建立关联，增强数据的可信溯源能力。这种互联性使分散的数据节点形成语义网络，支持智能化的数据发现与推理。

3. FAIR 原则

信息模型构建应全面遵循 FAIR（可发现、可访问、可互操作、可复用）原则。在可发现性层面，通过元数据注册机制与持久化标识符提升数据可见性；在可访问性方面，采用 OAuth2.0 等标准协议实现受控访问；互操作性依赖统一的数据模式与接口规范；可复用性则通过清晰的许可协议与溯源信息来保障。例如，数据使用策略可通过机器可读的 ODRL[2]（开放数字权利语言）描述，实现自动化合规验证。

4. 模块化与关注点分离原则

复杂的数据描述与交互场景需通过模块化设计解耦核心关注点。关注点分离原则能够降低复杂性，提升可维护性，增强可扩展性。例如，IDS 信息模型将数据主权、访问控制、计费规则等划分为独立模块，每个模块聚焦特定功能域。数

---

[1] 2024 年 1 月 18 日，W3C 数据集交换工作组发布数据目录词汇表(DCAT)第三版规范候选推荐标准。DCAT 定义了一个资源描述框架词汇表，目的是促进 Web 上发布的数据目录之间的互操作性。

[2] 开放数字权利语言(Open Digital Rights Language，ODRL)是一种策略表达语言，它提供了一种灵活的可互操作的信息模型、词汇表以及编码机制，用于表示在 Web 上共享的数字内容的用途和约束要求。

据主权模块可基于 PROV-O 本体记录数据全生命周期轨迹，而访问控制模块可集成 XACML 策略语言实现动态授权。这种分层架构既保障了系统的可扩展性，也便于不同组织根据业务需求灵活组合功能组件。

5. 可信管控原则

数据可信可管是数据空间的重要特征，也是开展数据交易活动的基础。信息模型应在模块化架构中嵌入多维度的可信管控机制，在数据上传、数据交易、数据使用等过程中采用不同的可信机制，通过动态规则与分层策略保障数据全生命周期的可信性。

8.2 国际数据空间信息模型

8.2.1 IDS 信息模型概述

国际数据空间信息模型（International Data Spaces Information Model，IDS-IM）作为典型代表，基于本体和标准化词汇表建立了主权数据交换的通用框架。该模型包含参与者模型、连接器模型、数据应用模型与数据资产模型四个子模型，从内容、概念、背景、沟通、商品、信任六个方面定义数据资源的元数据、使用策略及信任凭证，并支持动态语义适配，为解决数据互操作等难题提供了有效途径。

1. IDS 信息模型的内涵

数据空间信息模型作为数据空间参考架构的重要组成部分，旨在定义数据、参与者与服务的标准化描述方式，以保障数据在分布式环境中的语义一致性、可发现性与可控性。数据空间信息模型通过形式化语义规则与技术规范，明确数据资产的身份、用途、权限、来源等关键属性，为数据空间内的数据交换、治理及自动化处理奠定统一的语义和逻辑基础。

国际数据空间信息模型涵盖对数据空间内参与实体及其关系的抽象表示，以此解决语义互操作性、数据主权控制与自动化处理等问题。国际数据空间信息模型的核心组成要素包括数据资产模型、参与者模型、服务契约模型以及信任与安全模型，各模型从不同维度规范数据资源、参与者、服务接口及安全保障等方面。在工业数据共享、智慧城市数据治理等典型应用场景中，信息模型发挥着关键作用，推动各领域数据的合规、安全与高效流转。

国际数据空间信息模型是国际数据空间生态系统实现语义互操作的核心集成工具。它包含关于国际数据空间组件、组件间相互关系、数据交互和使用条件（或数据空间使用策略与智能合约），以及术语（词汇）的描述，图 8-1 为描述数据空间参与者的信息模型。

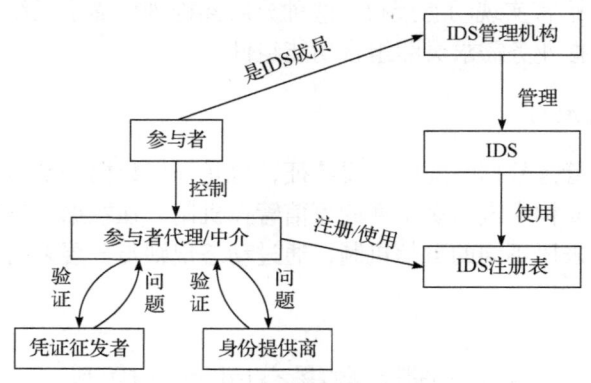

图 8-1 IDS 参与者信息模型

概括地说，数据空间参与者信息模型是对数据空间中参与者属性，以及参与者之间关系的形式化规范表达。一定程度上，可以认为，数据空间参与者信息模型就是数据空间中参与者的本体。数据空间的参与者可以依据信息模型实现相互理解。

国际数据空间信息模型以 RDF 本体形式提供，符合开放数据资源惯例和最佳实践，并以透明的方式进行维护。

2. IDS 信息模型包含的实体及其关系

IDS 信息模型为数据提供者自我描述、构建数据使用合同、端点描述或数据资产内部结构等提供了一种信息描述模式。信息模型描述了数据空间内的 7 类实体（数据空间管理机构、数据空间、参与者、中介或参与者代理、认证颁发者、身份提供者、注册表）及其关系。中介（也许是数据空间内的一类服务平台）在数据空间内发挥着重要作用。

（1）数据空间管理机构管理一个或多个数据空间，包括参与者注册，并可能需要强制的业务和/或技术要求。例如，数据空间管理机构可能要求参与者获得某种形式的业务认证。数据空间管理机构还可以施加技术要求，例如，对特定使用策略的技术实施的支持。

（2）数据空间注册表记录数据空间参与者。

（3）参与者是一个或多个数据空间的成员。参与者可注册代表其执行任务的参与者代理。

（4）参与者代理执行诸如发布目录或参与传输过程之类的任务。为了完成这些任务，参与者代理可以使用从第三方凭证颁发者获得的凭证生成可验证表示。参与者代理也可以使用由第三方身份提供者颁发的 ID 令牌。请注意，参与者代理是一个逻辑构造，并不一定对应单个运行流程。

（5）身份提供者是一个信任锚，它生成用于验证参与者代理身份的 ID 令牌。在一个数据空间中可以有多个身份提供者。ID 令牌的类型和语义不是规范的一部分。身份提供者可以是第三方或参与者本身（例如，在分散标识符的情况下）。

（6）凭证颁发者颁发参与者代理使用的可验证凭证，以允许访问数据集并验证使用控制。

概括地说，国际数据空间信息模型是一个对数据空间内各类实体，以及数据活动进行描述的通用模型。它不仅描述数据，还描述数据空间的参与者及其关系，以及数据空间的各类数据活动。

8.2.2 IDS 信息模型的功能

国际数据空间参考架构模型由业务层、功能层、信息层、进程层和系统层构成。其中，信息层指定信息模型，即与业务域无关的公共语言，也即国际数据空间词汇表。信息模型是国际数据空间参与者和组件共享的基本协议，可促进数据空间的兼容性和互操作性，其功能如图 8-2 所示。

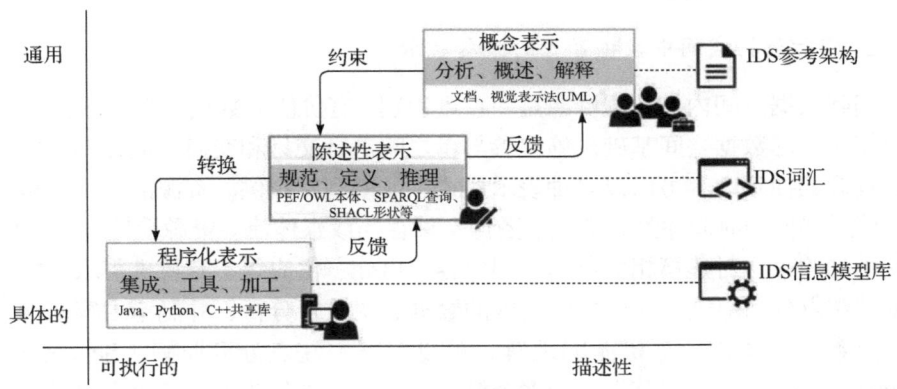

图 8-2　IDS 信息模型功能示意图

IDS 信息模型的主要目的是在分布式架构的数据空间中，参与者各方基于可信生态系统，实现数据资源的（半）自动化交换，同时维护数据所有者或提供者的数据主权。因此，信息模型支持数据空间内各类数据产品和可重复使用的应用程序或数据处理软件（以下均称为数据资源，或简称资源）的描述、发布和标识。数据空间内的参与者一旦确定了相关资源，就可以通过易于发现的服务来交换和使用它们。除了这些核心资源，信息模型还描述了国际数据空间的基本组成部分，如参与者、连接器、基础设施组件和流程。信息模型是通用模型，不涉及任何特定领域。

1. 声明式表示

国际数据空间词汇表提供了国际数据空间信息模型的规范视图，它是根据对概念表示的分析、发现和要求而开发的。基于 W3C Semantic Web 技术堆栈标准和标准建模词汇表（如数据目录词汇表、开放数字权利语言、简单知识组织系统 SKOS[1]等）。它提供了一种正式的、机器可解释的概念规范，存储在持久命名空间。此外，它还详细定义了国际数据空间的实体，以便实现对描述这些实体的结构化元数据的共享、搜索及推理。

IDS 词汇表使用资源描述框架定义的图和 OWL Web 本体语言。此外，可以根据 SHACL[2]验证数字资源的描述形状、表达句法和语义条件。例如，针对连接器或元数据代理的数据目录中列出的数据资源，或针对应用商店提供的软件资源的查询，可以用 SPARQL 等查询语言表述。

IDS 词汇表通常由知识工程师、本体专家或信息架构师使用和实例化。它定义了一个相当小的、与领域无关的核心模型，并依赖于第三方标准和自定义词汇表来表达特定领域的事实。通常的做法是，针对不同领域，使用现有的领域词汇表和标准，从而促进理解和互操作性。

2. 国际数据空间中数据资源的概念表示

国际数据空间内的数据资源是一种可识别、有价值的数据（即非物理）资产，可以使用国际数据空间基础设施在参与者之间进行交易和交换。按照 Web 资源范式，资源的抽象内容可以以多种表示形式（或模型）提供。资源的示例，包括文档、传感器值的时间序列、消息、图像文件存档或媒体流。资源受转发、处理和/或使用的约束，对建模相关方面（即内容、出处、供应等）有特殊需求。此外，根据关注点分离原则，对数据空间内的数据资源进行分析，并制定内容范例。

对数据空间内数据资源的理解，可以根据关注点分离原则（Separation of Concerns，SoC）[3]，将其划分为多个模块。为此，国际数据空间协会提供了数据资源的概念表示（图 8-3），包括内容、文本、概念、通信、价值和信任社区 6 个关注点（或认识维度）。每个关注点都列出了需要重点关注的主要内容，说明见表 8-1。

---

1) 简单知识组织系统（Simple Knowledge Organization System，SKOS)是正在发展的简单知识组织描述语言，以 RDF Schema 设计方式来展现与分享控制词汇。

2) 2017 年 7 月 20 日，W3C 的资源描述框架数据结构工作组发布结构性约束语言(Shapes Constraint Language，SHACL)正式推荐标准。SHACL(结构性约束语言)是一种依据一组条件来验证资源描述框架图的语言。

3) SoC 原则是日常生活和生产中广泛使用的解决复杂问题的一种系统思维方法。大体思路是，先将复杂问题做合理分解，再分别仔细研究问题的不同侧面(关注点)，最后综合各方面的结果，合成整体的解决方案。

第 8 章 数据空间信息模型与词汇表

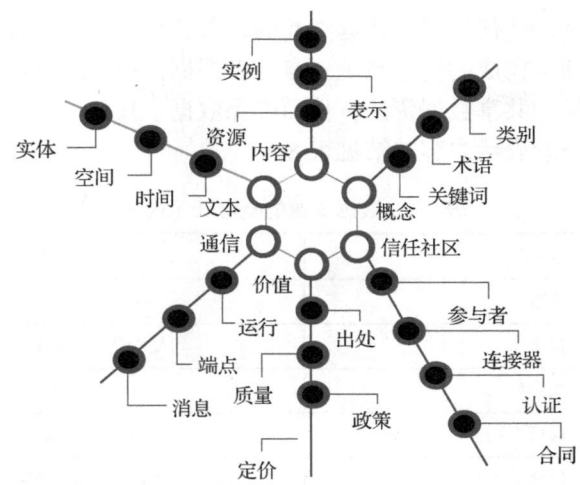

图 8-3 国际数据空间数据资源的概念表示

为了清晰和一致地描述数据资源，遵循关注点分离原则，一次只考虑主题的一个维度。与显微镜的工作原理类似，每个关注点都遵循特定的分析观点，而其他关注点可以暂时忽略。该原则可以应用于信息建模，旨在透彻理解领域并促进（子）模型的模块化和可重用性。根据设计，这些模型可以彼此独立地发展，并且可以在不同时间由不同的代理进行更新。由于对整个模型的单个元素的任何修改都不需要更改其他逻辑上不相关的部分，因此可以大大简化模型的开发和维护。

图 8-3 上半部分独立于数据交换、共享和利用，由内容、概念和文本组成，专注于对数据资源的语义内容的描述和解释。

（1）内容。数据空间中数据资源的内容是其最重要的方面，对资源内容的描述包括对资源的抽象描述，将其序列化为机器可解释的格式，合理使用专业词汇，并在特定时间点将这些表示物化为一个或多个实例。

（2）概念。数据资源的内容理解和描述可通过引用共享的、正式定义的概念来解释，概念涵盖实体的含义、注释和解释。

（3）文本。文本是数据资源的载体或表达形式。数据空间内的数据资源并非都是文本，可以是各种数据结构或格式的数据。通过将数据内容链接到特定的文本（例如，时间、地点或真实世界的实体），使内容可能与某些数据使用者相关。

图 8-3 下半部分涉及数据资源的处理、交换，以及在数据空间内建立信任。

（4）通信。通信关注点涉及以可用表示传达"资源"内容的方式，例如，通过某种通信协议发送消息资源、服务端点或国际数据空间连接器以执行操作。

（5）价值。价值维度有助于解决资源的价值和效用问题，例如，数据资源的来源或出处、质量，以及附加其上的使用策略。

（6）信任社区。信任是国际数据空间的显著特征，是由认证参与者和操作认证组件（如连接器）构成的生态系统。参与者根据由使用策略组成的合同，以安全可信的方式交换和共享数据资源，从而确保数据主权。

数据空间的概念表示内容总结见表 8-1。

表 8-1　数据资源的概念表示内容

关注点	内容
内容	资源、重现、实例
概念	关键词、属性、类别
文本	时间、空间、实体
通信	运行、终端、消息
价值	出处、质量、政策、定价
信任社区	参与者、连接器、认证、合同

8.2.3　IDS 信息模型的分面

除了可以从内容、概念、文本、通信、价值和信任社区 6 个维度理解国际数据空间信息模型，还可以将信息模型分为以下 8 个分面：资源、数据、应用程序、基础设施、参与者、合约、交互和维护，见表 8-2。

分面 1：资源。资源分面是指与国际数据空间参与者作为数据资产交换资源（即数据资产和数据应用程序）的描述、提供、产品和使用相关的概念。简单地说，国际数据空间内的资源包括各类数据资产，如数据集、数据服务和数据应用程序等，如图 8-4 所示。

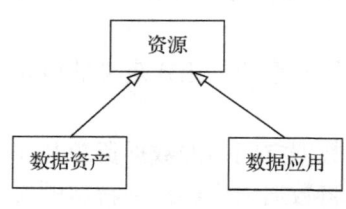

图 8-4　数据空间内的资源

分面 2：数据。数据是国际数据空间的核心资产。该分面详细阐述了数据资产的概念，数据资产是一种可识别的非实体，包含数据（集）或数据服务接口。数据资产概念仅在超出父资源概念描述的范围内进行描述。给出参考示例以展示数据资产的概念。参考示例展示了静态数据与动态数据的提供和应用的不同使用策略，选择的不同交互模式，以及使用的不同传输协议之间的差异。

分面 3：应用程序。应用程序分面侧重于描述可重用软件和提供特定数据处理功能的辅助组件。数据应用程序是自包含和自描述的软件包，通过自定义功能扩展通用连接器的功能。此外，还有数据应用程序插件和数据应用程序资产。数据应用程序插件是数据应用程序的附加组件，为其添加新功能。此类插件的选择、安装和维护的扩展管理过程,必须由相应的数据应用程序根据连接器的安全策略实现。数据应用程序资产是机器可理解或解释的数据资产,例如脚本文件、算法、规则集或其他类型的代码,其执行依赖于特定的运行环境。

分面 4:基础设施。基础设施分面概述了国际数据空间主要基础设施组件的分类,如图 8-5 所示。连接器是数据空间核心组件,是通信服务器,通过多个资源端点借助数据应用程序提供和使用数据。经纪人组件是数据资产的元数据注册表。应用商店是数据应用程序产品的注册表以及安全注册表。词汇中心负责维护共享词汇和相关(模式)文档。身份提供者管理和验证国际数据空间参与者的数字身份。清算中心提供国际数据空间内 B2B 交互的清算和结算服务。

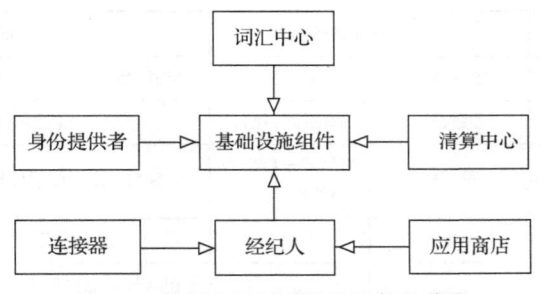

图 8-5 数据空间基础设施组件的分类

分面 5:参与者。参与者分面是在国际数据空间中承担一个(或多个)角色的法人或自然人。对于承担某些关键角色的参与者必须经过认证。参与者的认证,被认为是在国际数据空间中建立信任的一项必要的措施。数据空间的参与者,是数据空间内的相关利益群体。他们围绕数据价值链上的不同服务获取相应的价值回报。数据空间的参与者可以分为三大类(图 8-6):一是直接从事数据业务活动的相关主体,如数据提供者、消费者等;二是为数据业务活动提供服务支持的第三方中介,如应用程序提供者、商业商店提供者、元数据代理、清算中心等;三是数据空间运营的管理与监管者,如认证机构、评估机构、身份提供者等。

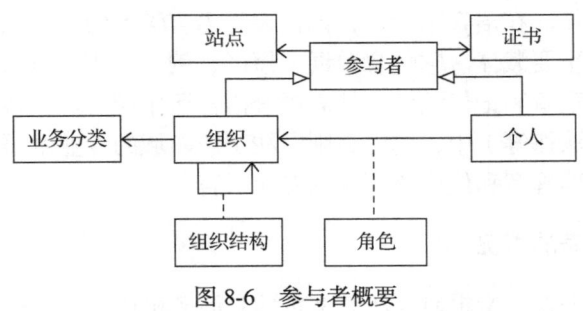

图 8-6 参与者概要

分面 6：合约。合约分面涉及管理参与者之间的交互以及他们如何使用数据资产的合同和政策。数据空间中的智能合约是一种以数字化方式传递、验证和执行的计算机协议或数字合同。它允许在没有第三方信任中介参与的情况下，实现可信、可追踪且不可逆转的交易。

分面 7：交互。交互分面涉及国际数据空间内参与者之间业务交互的基本概念，即根据定义的智能合约、数据服务和使用政策进行资源交换和使用。

分面 8：维护。维护分面涉及描述国际数据空间基础设施的维护和操作的内部过程的概念，包括共享数据资源的维护和传播，例如本体。

表 8-2 数据空间信息模型的分面

分面号	分面名称	分面关注和描述的内容		备注
1	资源	数据资产	数据应用程序	与资源描述、提供、商品和使用相关的概念
2	数据	数据	数据服务接口	数据空间核心资产
3	应用程序	可重用软件	提供特定数据功能的辅助工具	数据应用程序插件和数据应用程序资产
4	基础设施	连接器	经纪人	包括词汇中心、身份提供者
5	参与者	组织	个人	承担某种职能的角色，如数据提供者、消费者、元数据经纪人等都是重要参与者
6	合约	合同	政策	管理参与者交互及使用数据的政策
7	交互	业务交互	资源交互	参与者交互、连接器交互、数据交互
8	维护	基础设施维护与操作	共享数据资源的维护和传播	关于基础设施维护和操作的相关概念

8.3 词 汇 表

词汇表是一种系统性的词汇集合，通常按照某种主题、领域或人们的学习需求进行整理和编排。在语言学领域，词汇表是语言学习的基础工具，也是知识积累和思维拓展的重要载体。它包含单词、短语、例句及相关语法信息，帮助学习者在特定语境中理解和记忆词汇，从而提升语言运用能力。在特定领域（如计算机科学、医学、法律等）中，词汇表则专注于该领域的专业术语和概念，帮助该领域的从业者准确理解和使用该领域的专业语言。

8.3.1 我国词汇表的概况

词汇表是图书馆、情报研究所等文献信息服务机构对文献资源标注或描述的基本工具，我国各领域的专家学者对词汇表多有研究[1-3]。

词汇表的形式和内容多种多样，涵盖语言学习的各个方面。以下是一些常见的词汇表类型及其特点：

（1）汉语词汇表。这类词汇表通常包括汉语中的基本词汇，如自然界事物（天、地、水、火）、生产生活资料（米、灯、菜、布）、人体各部分（心、头、手、脚）、亲属关系（爷爷、奶奶、爸爸、妈妈）等。这些词汇是语言学习的基础，对于初学者来说尤为重要。

（2）领域专业词汇表。随着学习的深入，学习者可能需要掌握特定领域的专业词汇。例如，在医学领域，词汇表可能包括"医院""手术""处方"等术语；在计算机科学领域，则可能包括"算法""数据结构""编程语言"等词汇。

（3）同义词/反义词词汇表。这类词汇表有助于学习者理解词汇之间的细微差别和相互关系。例如，"美丽"和"漂亮"是同义词，而"大"和"小"则是反义词。

（4）成语/俗语词汇表。成语和俗语是汉语中富有文化内涵和语言特色的表达形式。掌握这些词汇不仅有助于提升语言表达能力，还能增进对中华文化的了解。例如，画蛇添足、亡羊补牢等都是常见的成语。

（5）地域文化特色词汇表。我国地域辽阔，各地文化丰富多彩，因此，形成了一些具有地域特色的词汇。例如，"粤剧""川菜""胡同"等分别代表广东的戏剧文化、四川的饮食文化和北京的城市风貌。

除了上述词汇表，图书情报学专业领域还将词汇表分为主题词表、叙词表，以及专业领域的术语体系。在我国最权威，应用最广泛的是《汉语主题词表》。

《汉语主题词表》是一部显示主题词与词间语义关系的规范化动态性的检索语言词表。它是沟通情报文献工作者与情报用户之间的思维桥梁，是自然语言与情报系统语言之间的媒介。同时，它还是人与计算机之间进行情报存储与检索方面的联系工具。该词表主要服务于计算机系统存储和检索文献，亦可用来组织卡片式主题目录和书本式主题索引。作为一部大型综合性科技检索工具，它收词广泛，包括自然科学、医学、农业、工程技术等各领域，适合对各种科技书刊、研究报告、学术论文、会议录、专利、标准以及产品样本等图书情报资料进行主题标引与检索。

8.3.2 数据目录词汇表

数据目录词汇表由 W3C 的数据交换工作组开发，旨在促进数据目录的标准化描述。

1. 数据目录词汇表定义

数据目录词汇表提供了一种标准化的方式来描述数据集，使得数据集更容易被发现、共享和重用。其目的在于促进数据集的互操作性和可发现性,支持数据集的元数据交换。

2. 数据目录词汇表的主要功能

数据目录词汇表的主要功能是促进数据目录的标准化描述。谢真强等[4]通过对数据目录词汇表作用和功能的分析,为我国的开放政府数据元数据标准建设提供一定的参考建议。概括地说,数据目录词汇表主要有以下三方面的功能:

(1)数据集和数据服务的标准化描述。通过定义一系列标准化的词汇和模型,使得数据发布者能够使用统一的语言来描述数据集和数据服务。

(2)数据目录的互操作。数据目录词汇表促进了 Web 上发布的数据目录之间的互操作性,使得不同来源的数据集可以更容易地进行整合和分析。

(3)数据集和数据服务可发现性。通过标准化的元数据描述,数据目录词汇表提高了数据集和数据服务的可发现性,使得用户能够更容易地找到所需的数据资源。

3. 应用场景

如何建立数据空间统一目录体系,将来自同一数据空间内不同数据服务商或数据提供者的数据目录进行有效集成,是数据空间的一项具有挑战性的任务。数据目录词汇表将在数据空间统一目录体系建设中得到广泛应用,从而促进数据空间内数据资源和数据服务的发现。概括地说,数据目录词汇表在数据空间中主要有以下三方面的应用:

(1)数据目录构建。数据目录可以使用数据目录词汇表来描述其包含的数据集和数据服务,从而提供可搜索、可理解的数据资产清单。

(2)数据共享和交换。在数据共享和交换场景中,数据目录词汇表可以作为共同的元数据标准,促进不同组织之间的数据流通和整合。

(3)数据治理与管理。数据目录词汇表有助于数据治理和管理人员更好地理解和管理组织中的数据资产,提高数据的质量和可用性。

4. 数据目录词汇表与数据术语表和数据字典的关系

术语是在特定学科领域用来表示概念的称谓的集合,在我国又称为名词或科技名词(不同于语法学中的名词)。术语是通过语音或文字来表达或限定科学概念的约定性语言符号,是思想和认识交流的工具。它是专业交流与知识传递的重要基石,具有明确的定义和特定的使用范围,旨在确保在同一专业领域内的沟通者能够准确无误地理解彼此所表达的概念、理论或实践方法。术语的存在不仅提高了专业交流的效率，还促进了知识的积累与传播。

数据字典是指对数据的数据项、数据结构、数据流、数据存储、处理逻辑等进行定义和描述的集合，其目的是对数据流图中的各个元素做出详细的说明。简而言之，数据字典是描述数据的信息集合，是对系统中使用的所有数据元素的定义的集合。它通常包括数据项、数据结构、数据流、数据存储和处理过程等五个部分，是数据库设计和管理中的重要工具。

数据术语表定义和描述组织使用的数据文档，它使整个组织对数据术语的含义和用法达成共识，并有助于确保数据使用一致且准确。数据术语表与数据目录词汇表在标准化术语方面有一定的互补性。

而数据字典更具技术性，提供有关数据库中使用的数据元素和属性的详细规范。它通常作为数据库或数据管理系统的参考指南，与数据目录词汇表在元数据描述方面有所不同。

综上所述，数据目录词汇表是重要的标准化工具，它促进了数据目录的标准化描述、互操作性和可发现性。在数据治理、管理和共享方面发挥着重要作用。

8.3.3 词汇表在数据空间中的作用

词汇表是数据空间的基本组件，在数据空间中用于支持信息模型和参与者的自我描述，从而支持数据语义互操作[5]。概括地说，词汇表在数据空间中主要在以下五方面作用。

1. 术语的标准化

词汇表通过收集和定义数据空间中的关键术语，为参与数据交换和共享的不同组织和系统提供共同的语言基础。这有助于确保在数据交换过程中术语的一致性和互操作性，避免因术语不一致而导致的信息交流障碍。

2. 提高数据理解和使用效率

假设在一个跨部门的健康医疗数据空间中，不同医院和医疗机构需要共享患者的病历信息以便进行远程会诊。由于不同医院可能使用不同的术语来描述相同的疾病或治疗过程（例如，一家医院可能将"住院时间"定义为从患者进入医院的时间到离开的时间，而另一家医院则可能定义为从第一次与医生会面时间到离开的时间），导致信息交流的障碍。此时，标准化的医疗词汇表就显得尤为重要。通过定义和统一这些术语，医生和医疗工作者可以更快地理解病历信息，提高会诊的效率和准确性。

3. 支持数据语义互操作

在智慧城市的交通数据空间中，词汇表也发挥着关键作用。由于城市交通管理部门、公交公司、出租车公司等不同主体可能使用不同的数据格式和协议来传输交通数据，因此，需要一种统一的方式来理解和解释这些数据。通过定义交通领域的标准术语和数据模型，这些不同主体之间能够相互理解对方的数据，实现数据的高效交换和整合。这有助于城市交通管理部门更好地监控交通状况，优化交通流量，提高城市交通的整体效率。

4. 增强数据信任和安全

在金融数据空间中，词汇表对于确保数据的真实性和可信度至关重要。例如，在数据资产登记过程中，数据资产登记机构会向登记企业签发数据资产登记凭证。这个凭证中包含数据的合规信息、质量信息和场景价值等关键信息，这些信息都是基于词汇表中定义的标准化术语来描述的。通过使用词汇表，数据使用方可以准确地理解这些数据的含义和价值，从而增强对数据的信任感。同时，词汇表还可以作为数据访问和使用控制的基础，确保只有经过授权的用户才能访问敏感数据，从而提高数据的安全性。

5. 促进数据治理和合规

词汇表在数据治理和合规方面也发挥着重要作用。通过定义数据分类、参考数据和技术元数据等，词汇表有助于数据治理组织对数据进行有效的分类、管理和监督。同时，词汇表还可以作为数据合规性的判断依据，确保数据的收集、处理、传输和使用符合相关法律法规和政策要求。

总之，词汇表在数据空间中发挥着至关重要的作用，它通过提高数据理解和使用效率、支持数据互操作，以及增强数据信任和安全等方面的具体作用，展示了其在促进数据共享、流通和利用方面的重要价值。

8.3.4 词汇表的构成

词汇表通常包括以下几个要素。

（1）词汇项。这是词汇表的基本单位，每个词汇项代表一个特定的单词或短语。

（2）词性标注。指出每个词汇项的词性，如名词、动词、形容词、副词等，有助于使用者了解词汇的语法功能和用法。

（3）中文释义。提供每个词汇项的中文解释，帮助使用者理解词汇的含义。对于多义词或具有复杂含义的词汇，可能会提供多个释义或例句来辅助理解。

（4）拼写和发音。对于需要掌握正确拼写和发音的学习者，词汇表可能会包含单词的拼写形式和音标。

（5）词频信息。有些词汇表会提供每个词汇项的词频信息，即该词汇在特定语料库中出现的频率。这有助于学习者识别哪些词汇是更常用或更重要的。

（6）同义词和反义词。为了增强词汇学习的深度和广度，一些词汇表会提供同义词和反义词的链接，帮助学习者建立词汇之间的联系。

（7）例句和用法。通过提供包含目标词汇的例句，词汇表可以帮助学习者理解词汇在具体语境中的用法。这对于提高语言运用能力非常有帮助。

（8）分类和索引。为了方便检索和学习，词汇表通常会按照一定的分类体系进行编排，并提供索引以便快速查找特定词汇。

综上所述，词汇表是综合多个要素的系统，旨在帮助学习者全面、深入地掌握词汇知识。表 8-3 是一个词汇表构成的简单示例。

表 8-3　词汇表构成示例

词汇项	词性标注	中文释义	拼写和发音	词频信息	同义词	反义词	例句和用法
able	adj.	能够的，有能力的	['eɪbəl]	高频	can, capable	unable	He is able to speak five different languages.（他能够说五种不同的语言。）
absent	adj.	缺席的，不在场的	['æbsənt]	中频	missing, not present	present	John is absent from work today.（约翰今天没来上班。）
community	n.	社区	[kə'mju:nəti]	高频	neighborhood, society	isolated	The local community came together to organize a charity event.（当地社区联合起来组织慈善活动。）
compete	v.	竞争	[kəm'pi:t]	高频	rival, contest	cooperate	Athletes from around the world compete in the Olympic Games.（来自世界各地的运动员参加奥运会。）
capable	adj.	有能力的，能干的	['keɪpəbl]	中频	competent, skilled	incapable	She is a capable leader who can handle challenging situations.（她是一个能够处理复杂情况的能干领导者。）
capital	n.	首都；资本	['kæpɪtl]	高频	metropolis, funds	rural	Beijing is the capital of China.（北京是中国的首都。）

8.4　数据空间词汇表注册中心

数据提供者如果能够全面地描述自己的数据资产，有效解释其语义内容，就能够吸引更多的数据消费者。或者说，数据消费者更易于发现数据提供者提供的数据资产，提高数据资产被发现和成功交易的概率。数据空间信息模型为创建数据资产的自我描述提供了基本模式，但还需要与数据相关领域的词汇表相关联。

8.4.1　数据空间词汇表

数据空间建设和运营需要多个词汇表，其中，有几个词汇表特别重要：一是政策的语义模型，包括政策词汇表和数据合同词汇表；二是共享数据资产的语义模型，即描述数据资产的词汇表。

1. 政策词汇表

在数据空间中，政策词汇可体现在多个层面，如数据空间成员规则政策的语义模型和数据合同等。数据空间的每个参与者都必须了解相关政策，才能与其他参与者互动。例如，需明确必须理解哪些行业政策的词汇。

数据空间的参与者通常不会自行构建词汇表，而是直接采用各领域已有的词汇表或术语体系。参与者可以发布与互动相关的语义模型补充信息。这可能包括该参与者发布的额外合同的特殊访问政策，也可能是指定其直接供应商访问权限的访问政策。

2. 数据合同词汇表

特定合同需要配套的语义模型（如单个合同的特殊使用政策）。数据空间内的各类数据合同通常包含特定行业专业术语，以及数据使用控制条款。对合同内相关术语的理解需要依赖相应的词汇表。

每个层级的词汇都可以通过相应层级的元数据发布机制进行引用。数据空间可通过自我描述引用所需的政策词汇。参与者还可通过自我描述发布额外的词汇要求。在数据合同层面，相关信息可以存储在目录级与合同相关的元数据中。

对于强制性词汇，如果已经约定了政策模式，则可以直接在政策中引用这些词汇。

3. 描述数据资产词汇表

数据资产的语义模型遵循相同的原则，主要区别在于这类模型不描述数据空间本身的功能，而是描述参与者共享数据的语义内涵，以及为正确处理使用策略

（例如，如何使用基于数据含义的使用策略）所需的理解逻辑。语义数据模型也可能与计费、审计等可选功能相关。

如何更好地管理词汇发布取决于数据空间的设计及其要求。可能的实现方式包括：包含托管语义模型的中央服务器，外部引用行业协会的公共语义模型，由一组参与者负责发布和同步通用语义模型，或者在参与者加入数据空间时提供语义模型，并通过多种同步机制持续更新。图8-7展示了词汇及其与数据资产的关系。

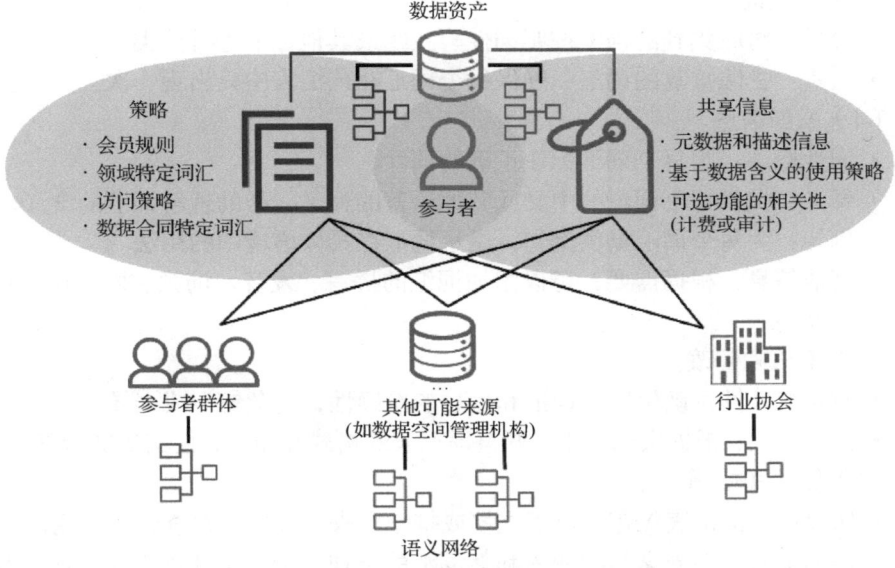

图 8-7　词汇及其与数据资产的关系

由于数据空间数据资产涉及多领域场景，因此，通常会在数据空间内创建词汇表注册中心，一方面允许不同领域的参与者将自己的词汇表发布到词汇表中心；另一方面可以集成现有成熟词汇表以扩展数据语义。词汇表中心的词汇表通常是开放的，可供免费共享。

8.4.2　词汇表的构建

近些年，随着人工智能和机器学习的快速发展，越来越多的词汇表开始借助机器学习进行半自动化构建。当前，词汇表大多由行业学会或标准化组织创建和维护。构建词汇表的过程可以根据具体需求和目标进行定制，但通常包括以下几个基本步骤。

（1）确定目标和范围。

- 明确用途：首先确定词汇表的用途，比如是用于学习、研究、数据分析还是其他目的。

- 选择范围：根据用途确定词汇的来源和范围，比如是特定领域的专业词汇、某本书或某篇文章的词汇，还是广泛收集的通用词汇。

（2）收集词汇。
- 阅读材料：通过阅读相关文本、文章或书籍，收集遇到的生词和重点词汇。
- 使用工具：可以利用在线词典、词汇收集软件或 App 等工具，辅助收集和整理词汇。

（3）整理词汇。
- 分类：将收集到的词汇按照词性、主题或其他标准进行分类。
- 去重：去除重复的词汇，确保每个词汇在词汇表中只出现一次。

（4）添加信息。
- 词性标注：为每个词汇标注正确的词性。
- 释义：提供每个词汇的中文或其他语言的释义，帮助理解词汇的含义。
- 例句：为每个词汇提供例句，展示词汇在具体语境中的用法。
- 其他信息：根据需要，可以添加词汇的拼写、发音、词频、同义词、反义词等额外信息。

（5）审核和修改。
- 检查准确性：确保所有词汇和信息的准确性，避免错误或误导。
- 优化格式：根据实际需求，调整词汇表的格式和布局，使其更加清晰易读。

（6）保存和使用。
- 保存：将词汇表保存为电子文档或打印出来，方便随时查阅和使用。
- 定期更新：随着学习的深入和新词汇的出现，定期更新词汇表，保持其时效性和完整性。

8.4.3 词汇表支持互操作的案例

在物联网领域，为实现不同设备和系统之间的互操作，可以制定统一的词汇表。这个词汇表包含物联网中常见的对象、属性、操作和事件等概念，并为每个概念定义明确的语义和表示方式。

例如，在智能家居系统中，可以定义"设备"对象类，用于表示各类智能家居设备，如门锁、灯泡、空调等。每个设备对象都有一些共同的属性，如设备名称、设备类型、制造商等。同时包含一些特定的操作，如打开、关闭、调节亮度等，以及一些事件定义，如设备故障、电量不足等。

借助统一的词汇表，不同智能家居设备和系统可以理解和解释彼此的数据和信息，从而实现互操作。例如，智能音箱可以接收到来自智能灯泡的"打开"指令，并将其转换为相应的控制信号发送给灯泡；同时，智能灯泡也可以将自身的状态信息（如开关状态、亮度值等）发送给智能音箱或其他系统，供其他设备或用户进行监控。

这种基于词汇表的互操作方式，可以显著提升物联网设备的兼容性和互操作性，降低系统集成和维护的成本，推动物联网技术的广泛应用和发展。以下通过简化的词汇表互操作案例，说明如何通过定义统一的词汇表来实现不同系统之间的数据交换和互操作。

案例名称：工业互联网设备管理与数据交换词汇表。

（1）对象类。
- 设备：代表工业互联网中的物理设备，如传感器、执行器、控制器等。
- 系统：代表管理或监控设备的软件系统，如设备管理系统、数据分析系统等。
- 事件：代表设备或系统产生的特定事件，如故障报警、数据超阈值等。

（2）属性。
- 设备 ID：唯一标识设备的标识符。
- 设备类型：描述设备的类型或分类。
- 状态：描述设备的当前状态，如在线、离线、故障等。
- 数据值：设备产生的具体数据值，如温度、湿度、压力等。
- 时间戳：数据值产生的时间。

（3）关系。
- 属于：描述设备属于哪个系统或组织。
- 监控：描述系统监控哪些设备。
- 触发：描述事件由哪个设备或系统触发。

（4）事件。
- 故障报警：设备发生故障时产生的事件。
- 数据超阈值：设备产生的数据值超过预设阈值时产生的事件。

（5）操作。
- 读取数据：从设备读取数据值的操作。
- 写入数据：向设备写入数据值的操作。
- 控制设备：对设备进行控制的操作，如启动、停止等。

（6）词汇表应用示例。

设备管理系统（System A）与数据分析系统（System B）之间的数据交换：
- System A 读取设备的数据值和时间戳，并发送给 System B 进行分析。
- System B 接收到数据后，根据预设的阈值判断数据是否超阈值，若超阈值，则触发数据超阈值事件。
- System A 接收到该事件后，执行相应操作，如发送故障报警给相关人员。

（7）互操作性实现。
- 通过定义统一的词汇表，不同的系统（如 System A 和 System B）可以理解彼此的数据结构和含义。

• 使用标准化的通信协议（如 HTTP、HTTPS、CoAP 等）进行数据传输和交换。

• 利用本体和语义网技术实现数据的自动解释和推理。

这个简化的词汇表互操作案例展示了如何通过定义统一的词汇表、使用标准化的通信协议，以及利用本体和语义网技术，实现不同系统之间的数据交换和互操作。在实际应用中，词汇表可能会更加详细和复杂，以适应不同行业和场景的需求。

8.5 本章小结

数据空间信息模型是数据空间参考架构的重要组成部分，旨在定义数据、参与者与服务的标准化描述方式，以保障数据在分布式环境中的语义一致性、可发现性与可控性。其通过形式化语义规则与技术规范，明确数据资产的身份、用途、权限、来源等关键属性，为数据空间内的数据交换、治理及自动化处理奠定统一的语义和逻辑基础。国际数据空间信息模型的核心组成要素包括数据资产模型、参与者模型、服务契约模型及信任与安全模型，各模型从不同维度规范数据资源、参与者、服务接口及安全保障等方面。国际数据空间信息模型以 RDF 本体形式提供，符合开放数据资源惯例和最佳实践，并以透明的方式进行维护，为数据空间参与者提供了自我描述、构建端点描述或数据资产内部结构的模式。

除了信息模型，本章还论述了词汇表。词汇表是数据空间的基本组件，通过支持信息模型和参与者的自我描述，实现语义互操作。数据空间建设和运营需要多个词汇表，如政策词汇表、数据资产词汇表和数据合同词汇表等。尽管数据空间信息模型为数据资产自我描述提供了基本模式，但还需要与数据相关领域的词汇表相关联，以完善语义体系。

参 考 文 献

[[1] 吴璟. 学术词汇表(AWL)的研究进展与启示. 云南农业大学学报(社会科学版), 2010, 4(1): 84-89.

[2] 王茹, 宋瀚涛. 一种利用 UML 创建 XML Schema 词汇表的方法. 计算机工程, 2003, 6: 173-175.

[3] 刘宇红, 殷铭. 语言学语域的学术词汇表与术语词汇表. 中国科技术语, 2022, 24, 2: 47-54.

[4] 谢真强, 翟军, 李红芹, 等. W3C 开放数据的元数据标准 DCAT 建设进展及对我国的启示. 情报杂志, 2019, 38(11): 167-174.

[5] 朱礼军, 赵新力, 乔晓东, 等. 跨领域多来源主题词表集成与服务研究. 现代图书情报技术, 2007, 1: 20-24.

第 9 章 数据集成与语义互操作

数据已经成为企业的重要资产，成为企业数据驱动创新的关键动力，但客观上，数据共享程度低仍是数据应用中存在的最突出和最主要的问题，主要表现是数据异构和数据孤岛现象十分严重。即使在一个企业内，由于开发时间或开发部门的不同，往往存在多个异构数据库系统同时运行在不同的软硬件平台上，这些系统的数据彼此独立、相互封闭，难以在系统之间流通、共享和融合，从而形成了"数据孤岛"，难以实现互操作。这种数据孤岛现象，在不同组织间、不同行业间尤为严重。

互操作能够解决异构数据之间的无缝数据交换和共享，解决数据孤岛与格式不一致等问题。在数据空间建设中，数据互操作是关键技术之一。数据集成是一项复杂而细致的工作，涉及多种方法和技术。通过合理的选择和应用这些方法和技术，可以有效地实现异构数据的集成、整合、共享和利用。数据空间的目标就是，为不同行业、不同组织构建安全可信的数据高效流通生态，通过数据集成和互操作等技术，促进数据的共享和利用，从而实现数据价值共创。在数据空间中，数据集成是指将来自不同数据源的数据整合到统一的数据应用中，并确保这些数据能够互相关联、交换和共享。

9.1 数据集成

随着企业信息化程度的不断提高，企业中的数据也变得越来越分散和多样化。这些数据可能来自不同的应用系统、数据库、文件系统或外部数据源，如社交媒体、电子商务平台等。为了能够更好地利用这些数据，企业需要将它们整合到统一的数据平台，以便进行查询和分析，这个过程就是数据集成。

9.1.1 数据集成的定义

数据集成是一个很广泛的概念。它是指将分布式环境中的异构数据集成起来，为用户提供统一透明的数据访问方式。这种集成从整体层面维护数据的一致性，提高数据的利用和共享效率。透明性意味着用户不需要关心数据的存储方式以及如何与数据交互。数据集成的目的是对各种分布式异构数据源提供统一的表示和访问接口，屏蔽数据源在物理和逻辑层面的差异。

数据集成，从形式上看，是指将不同来源、格式和位置的数据进行收集、整理、合并和转换，使其能够在统一的平台或框架上被有效地使用和管理的过程。它涵盖的范围很广，包括数据抽取、转换、加载、存储、访问和管理等多个方面。因而，数据集成是把不同来源、格式或结构的数据在逻辑上或物理上有机地集中，从而为企业提供全面的数据共享。在企业数据集成领域，已经有很多成熟的框架可以利用。通常采用联邦式、基于中间件模型和数据仓库等方法来构造集成的系统，解决数据共享问题，为企业提供决策支持。

然而，对于数据空间内的数据集成，更多的是针对特定应用场景的数据逻辑集成，基于对数据提供者数据主权的保护，数据并非真正地传递和集中到数据消费者的连接器之内。从集成模式上看，数据空间数据集成宜采用联邦集成或中间件模式。但对于企业数据空间建设，数据仓库也许是一种更有效的模式。

数据集成可采用多样化的技术，如 API 集成、数据仓库、数据湖、数据虚拟化以及混合数据集成技术等，以满足不同场景和需求下的数据整合和管理要求。数据集成更多地应用于跨系统跨平台数据共享、支持业务决策、大数据处理与分析，以及跨组织合作等业务场景。它旨在打破信息孤岛，提高工作效率，降低决策风险，并促进数据的流通和共享。

数据集成在数据应用中有广泛需求。例如，电商平台的知识图谱项目，需要集成商品数据、商铺数据、用户及其消费数据、物流数据、相关的标准规范等。再比如，汽车导航数据服务，需要集成汽车厂商数据、汽车实时数据、道路数据、气象数据、重大活动数据等。数据集成中的数据源多是异构的，为了解决数据异构，以及跨系统或跨平台数据集成问题，国内外学者开展了许多研究[1-4]。

9.1.2 数据集成模式与类型

1. 数据集成模式

数据集成模式通常有联邦式、分布式和集中式等模式。此外，还可以依据被集成数据集和数据集成的结果等将其分为集中式数据集成、分布式数据集成、虚拟数据集成、数据联邦，以及基于 API 的数据集成和基于消息队列的数据集成等。这些模式各有特点，适用于不同的业务场景和技术环境。企业可以根据具体需求选择合适的数据集成模式，以优化数据管理和利用效率。

1）联邦式

联邦数据库系统由半自治数据库系统构成，各系统之间相互分享数据，联邦内的各数据源不仅相互提供访问接口，而且联邦数据库系统本身可以是集中式数据库系统、分布式数据库系统或其他联邦式系统。在这种模式下又分为紧耦合和松耦合两种情况，紧耦合提供统一的访问模式，通常是静态的，在增加数据源时比较困难；而松耦合则不提供统一的接口，但可以通过统一的语言访问数据源，其核心是必须解决所有数据源的语义问题。

数据联邦的一个关键优势是灵活性。企业可以根据业务需求动态选择和组合数据源，进行多样化的数据查询和分析。此外，数据联邦还可以减少数据复制和存储的需求，降低数据管理的成本。然而，数据联邦也面临一些挑战。首先，数据查询的性能可能受到多个数据源响应速度的影响。其次，如何确保各数据源之间的数据一致性和安全性是重要问题。为了应对这些挑战，企业需要采用先进的数据联邦技术和查询优化策略，确保数据查询的高效性和准确性。

联邦数据集成模式，本质上也是分布式数据集成模式，它是一种将数据存储在多个分布式数据库中的方法。这种模式的主要优点是提高系统的扩展性和容错能力。在分布式数据集成中，数据被分散存储在多个节点上，每个节点都可以独立处理数据，从而提高了系统的整体性能和可靠性。

2）中间件模式

中间件模式通过统一的全局数据模型实现对异构数据库、遗留系统、Web 资源等的访问。中间件位于异构数据源系统（数据层）和应用程序（应用层）之间，向下协调各数据源系统，向上为访问集成数据的应用提供统一数据模式和数据访问的通用接口。各数据源的应用仍独立完成原有任务，中间件系统则主要聚焦于为异构数据源提供高层次检索服务。中间件模式是比较流行的数据集成方法，它通过在中间层构建统一的数据逻辑视图来隐藏底层数据细节，使用户将集成数据源看成统一的整体。这种模型的关键问题是，如何构造此逻辑视图，并实现不同数据源到中间层的映射。

3）数据仓库模式

数据仓库是在企业管理和决策中面向主题的、集成的、与时间相关的和不可修改的数据集合。其中，数据被归类为广义的、功能上独立的、没有重叠的主题。

数据仓库集成模式，也称为集中式数据集成方法，是一种将所有数据源的数据集中存储在中央数据库中的方法。这种模式的优势在于数据管理的简化和数据一致性的保证。由于所有数据都集中在一个地方，数据访问和查询变得更加简单，可以提高数据处理的效率和准确性。集中式数据集成的典型应用场景包括企业数据仓库和大规模数据分析系统。

集中式数据集成也存在一些挑战和限制。首先，集中式存储要求高性能和大容量的存储设备，成本较高。其次，当数据量和访问量急剧增加时，中央数据库可能成为瓶颈，影响系统的性能和响应速度。为了应对这些挑战，企业需要在存储和计算资源上进行充分的规划和投资。此外，集中式数据集成还需要考虑数据安全和隐私保护的问题。由于所有数据都集中存储，一旦中央数据库受到攻击或发生数据泄露，可能会造成严重的后果。因此，企业必须采取严格的安全措施，确保数据的安全性和隐私性。

以上三种模式在一定程度上解决了应用之间的数据共享和互通的问题，联邦数据库系统主要面向多个数据库系统的集成，将数据源映射至各数据模式，当集成的系统很大时，会给实际开发带来巨大困难。数据仓库技术则从另一个维度实现数据共享，主要面向企业特定应用领域提出的一种数据集成方法，即前文所述的面向主题并为企业提供数据挖掘和决策支持的系统。

目前，欧洲的数据空间架构通常采用联邦数据集成模式。相对来说，我国数据空间建设起步较晚，只有少数企业探索性地构建自己的数据空间，通常采用集中式集成模式。

2. 数据集成的类型

1）物理数据集成

物理数据集成是将多个异构的数据源通过物理方式整合在一起，形成统一的数据仓库或数据湖的过程。这种方法通常使用 ETL（提取、转换、加载）工具，将数据从不同源头提取出来，经过清洗、转换等处理步骤，最终加载到目标数据存储系统中。

物理数据集成是数据集成层次中的基础层次，它的主要目的是解决企业数据孤岛的问题，提高数据的一致性和可用性，从而支撑企业业务决策和运营。在实际应用中，物理数据集成常常与逻辑集成和应用集成相结合，以满足企业复杂的数据处理和分析需求。

此外，物理数据集成还涉及数据的存储结构和存取方式，这些因素会影响数据的检索速度和存储效率。因此，在进行物理数据集成时，需要根据企业的实际需求和技术架构，选择合适的数据存储系统和数据集成工具。

总的来说，物理数据集成是企业数据管理和分析中的重要环节，它有助于实现数据的集中管理和高效利用，为企业的数字化转型和业务增长提供有力支持。

2）数据逻辑集成

数据逻辑集成是基于给定的局部数据源的模式，建立全局（或者准全局）模式，实现从局部数据到全局数据的映射。逻辑集成对应的是虚拟数据库，它并不实际存储数据，而是提供了统一的视图来访问和查询分散在不同数据源中的数据。这种方式的主要优势在于其灵活性和快速部署能力。由于不需要移动或复制实际数据，逻辑集成可以更快地响应数据需求的变化，同时降低数据管理和维护的成本。它允许用户在统一的界面访问和查询多个数据源，提高了数据的可用性和可访问性。

3）数据逻辑集成的关键步骤

（1）模式定义。首先，需要定义全局模式和局部模式。全局模式描述了整合后的数据视图，而局部模式则描述了各个数据源的数据结构。

（2）映射建立。建立局部模式到全局模式的映射关系，包括确定数据字段之间的对应关系、数据类型的转换等。

（3）查询优化。为了提高查询效率，需要对查询进行优化，包括使用索引、缓存常用查询结果等技术。

（4）数据访问控制。为了确保数据的安全性和隐私性，需要实施适当的数据访问控制策略，包括用户身份验证、权限管理等。

在实际应用中，数据逻辑集成可以支持各种复杂的数据处理和分析需求。例如，在企业内部系统整合中，可以使用数据逻辑集成来消除信息孤岛，实现不同部门之间的数据共享和协作。在客户关系管理（CRM）系统中，可以通过数据逻辑集成整合来自不同渠道和系统的客户数据，形成全面的客户视图，以支持个性化的营销和服务策略。数据逻辑集成是一种高效、灵活的数据集成方式，它可以帮助企业更好地管理和利用分散在不同数据源中的数据资源。

9.1.3 数据集成方法

数据集成又称数据整合。数据整合是指将企业内各个部门、业务、数据或多个知识图谱的语义信息进行整合，以实现信息共享、资源优化、业务流程优化等目的。它可以有效减少数据冗余、信息孤岛，以及语义不一致等问题，提升企业管理能力和决策水平，或帮助知识图谱更好地表示现实世界的信息，提高其完整性、准确性和可用性。

数据整合由来已久，图书馆等文献信息服务机构由于拥有大量的（异构）数据库资源，如何将这些数据资源（或数据库）进行有效整合，满足读者高效的（一站式）查询需求，一直都是图书馆（学）界探索的问题，图书馆界的学者对数据资源整合开展了大量的研究[5-7]。

在实际应用中，语义整合已经成为客户服务等多个领域中的重要应用之一。通过语义整合，企业可以更好地管理和利用其数据资源，提高业务效率和决策水平；同时，用户也可以获得更准确、更全面的信息服务。

例如，在企业资源计划系统中，数据语义整合可以通过本体、语义网和语义分析等技术手段实现。本体用于描述一组概念及相互关系，可以实现不同模块之间的语义整合；语义网连接不同的资源，形成庞大的信息网络，实现数据共享和业务流程优化；语义分析则通过自然语言处理技术对文本进行分析，实现用户交互优化等目的。此外，数据语义整合也是知识图谱融合中的重要环节，它涉及多个知识图谱的语义清洗、合并和映射，以生成新的、更全面和更准确的知识图谱。

同时，与数据整合相近的概念还有数据聚合和数据融合。它们既有区别，又有联系。数据聚合侧重于不同来源和不同平台异构数据资源的整合，从含义上看，类似数据集成的概念[8-10]。而数据融合，多指数据语义融合，即将两个或两个以上数据集融合形成新的数据集[11,12]。

数据整合案例：某科技机构数据语义整合实践。

1）背景

某科技机构是一家互联网金融机构，拥有多个业务部门和复杂的数据体系。在业务发展过程中，某科技发现不同部门之间的数据存在语义不一致的问题，导致数据难以共享和理解。为了解决这个问题，某科技决定实施数据语义整合。

2）目标

（1）建立统一的数据术语体系，确保不同部门使用相同的业务术语。

（2）实现数据的语义标准化，提高数据的可读性和可理解性。

（3）促进跨部门数据共享和协作，提高工作效率。

3）实施步骤

（1）数据收集与清洗。收集来自不同业务部门的数据，包括贷款数据、用户数据、风控数据等。对数据进行清洗，去除重复、错误和不完整的数据。

（2）建立数据术语体系。组织跨部门会议，讨论并确定统一的业务术语。创建术语表，将不同部门的术语映射到统一的术语表上。

（3）构建语义数据体系。在数据术语体系的基础上，构建以数据治理驱动的全面语义数据体系。该体系实现从数据生成、供给到最终使用各个环节的语义整合。通过语义化的方法论，以业务流程为桥梁，实现数据模型、业务逻辑和指标等对象的语义标准化。

（4）数据整合与存储。使用数据整合工具将来自不同业务部门的数据整合到统一的数据仓库中。在数据仓库中，使用语义标签来组织和管理数据，确保数据的可追溯性和可理解性。

（5）数据访问与分析。为不同部门提供数据访问接口，使他们能够方便地访问和使用整合后的数据。通过商业智能产品，实现数据的可视化分析和报告生成，为决策提供支持。

4）成果与效益

（1）建立了统一的数据术语体系，消除了不同部门之间的术语障碍。

（2）实现了数据的语义标准化，提高了数据的可读性和可理解性。

（3）促进了跨部门数据共享和协作，提高了工作效率。

（4）降低了数据管理和维护成本，提高了数据的利用率和价值。

综上所述，通过数据语义整合实践，成功解决了不同部门之间数据语义不一致的问题,实现了数据的统一管理和高效利用。这一实践为企业数据治理和业务发展提供了有力支持。

9.1.4 数据集成实例：汽车导航

汽车导航不仅需要道路和汽车的实时数据,还需要来自气象与车辆等不同数据商（源）的数据。

汽车在行驶过程中,需要将详细的车辆数据公开给数据聚合服务（例如,汽车制造商的特定平台）。这些数据可在移动数据市场上获得。此外,还需要提供更多外部数据源,如道路、天气数据、建筑工地数据或当地活动数据。这些数据可用于服务提供商提供有关当前交通状态的数据,计算最快的路线,或发出道路危险的实时警告。

一方面,虽然在数据集成研究中也考虑了数据交换的情况,但在使用外部数据时的限制因素尚未得到考虑。例如,数据可能存在使用限制,即数据可能没有存储在本地存储库中,并且只能处理一次。另一方面,需要保护数据提供者的隐私,即数据只能用于执行汇总计算,而不能泄露详细信息。服务提供商不应该完全获得数据提供商的详细信息,如位置、速度等信息。详细的位置数据可能会泄露敏感信息,尽管这些数据已被匿名化。为应对这一挑战,数据交换平台应使数据提供商能够指定其数据的使用政策。

当前,国际数据空间采用务实的、以工作流为导向的数据集成方法,这种方法已在数据仓库等场景和其他集成方案中得到成功应用。在国际数据空间中,数据集成通过连接器利用语法分析框架作为路由机制,实现工作流数据的集成。图 9-1 展示了一个汽车导航的数据集成架构。

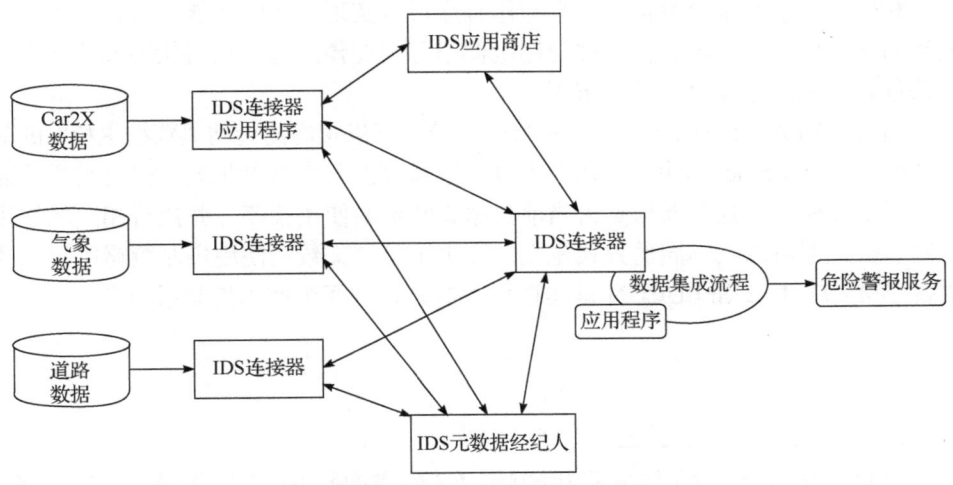

图 9-1　汽车导航数据集成架构

在该数据集成架构中，有三个数据连接器用于提供车辆数据，包括车辆位置、速度等，以及天气数据和道路数据。这些数据连接器可由三个不同的数据提供商运行，它们的目标是在国际数据空间中出售自己的数据。它们需要在国际数据空间元数据经纪商的元数据代理服务器（或元数据代理的数据连接器）上发布其数据集的自我描述，包括其数据连接器的技术信息（如查询数据的 URL 和协议）。IDS 元数据经纪商是 IDS 架构的核心组件，根据 IDS 信息模型管理元数据。IDS 信息模型使用网络本体语言来定义 IDS 数据资源描述的基本词汇。

IDS 架构的另一个核心组件是应用商店。它可以提供"数据应用程序"，即可以部署在连接器内执行特定数据操作的应用程序。例如，数据应用程序可以在不同的标准格式（如将 XML 转换为 JSON）之间转换数据项，并将不同的数据集连接在一起。

如前所述，数据应用程序可以执行任何类型的数据操作。就 Car2X 数据连接器而言，数据应用程序负责汇总数据，并将数据匿名化和去噪声化，以保证原始数据提供者（如汽车司机）的隐私。

要整合来自不同连接器的数据，数据消费者的连接器必须采用整合流程。集成过程可以用多种不同的方式实现，例如，采用编程语言手动实现，或使用（开源）数据集成框架。在国际数据空间中，一些数据连接器使用 Apache Camel[1)]数据集成方案。Apache Camel 是一个数据集成框架，可以将数据集成和转换定义为路由。路由是应用于数据集的一系列操作，可以用各种语言（如 XML、Java）定义，还可以通过个性化操作来扩展。通过使用类似连接的操作，可以将多个路由组合在一起。Apache Camel 的优点之一是广泛支持不同的源系统和操作，使用域指定语言来路由。

相较于连接和聚合数据，数据应用程序可以实现更多的智能行为，例如，根据当前交通信息分析数据流，并应用机器学习模型预测近期交通状态或检测潜在道路危险（如结冰路面、队列末端）。

通过使用 Apache Camel 的可扩展性功能，可以很容易地将"数据主权"的附加功能集成到 Camel 路由中。在两个 IDS 连接器之间交换数据时，需要用拦截器模式来丰富路由。拦截器检查为当前数据集制定的使用策略，并执行相应的使用限制。拦截器可以用不同的方式定义，取决于已定义数据使用控制策略所采取的语言。MY DATA2 和 LUCON 是实现拦截器模式的两个使用控制系统实例。

1）Apache Camel 是 Apache 基金会旗下的开源项目。作为基于规则路由和处理的引擎，提供企业集成模式的 Java 对象实现，并支持通过应用程序接口或传输式 Java 领域特定语言来配置路由和处理规则。

9.2 资源描述框架

资源描述框架（Resource Description Framework，RDF）是一种数据集成的模式和框架[13-15]。

9.2.1 资源描述框架内涵

资源描述框架是使用 XML[1)]语法来表示的数据模型，用于描述 Web 资源的特性及资源之间的关系。W3C 在 1999 年 2 月 22 日颁布资源描述框架。目的是为元数据在 Web 上的各种应用提供一个基础结构，使应用程序之间能够在 Web 上交换元数据，以促进网络资源的自动集成。

RDF 的核心是"资源-属性-属性值"的"主谓宾"结构，为机器语义理解提供了结构基础。它提供数据的模型和语法，可被计算机理解，使用 Web 标识符来标识资源，并使用属性和属性值来描述资源。在 RDF 中，资源、属性和属性值的组合形成语句（语义三元组），这些语句构成了对 Web 资源的描述。

RDF 有各种不同的应用，例如，在资源检索方面，能够提高搜索引擎的检索准确率；在编目方面，能够描述网站、网页或电子出版物等网络数字资源的内容及内容之间的关系；而通过智能代理程序，能够促进知识的分享与交换；应用在数字签章上，则是发展电子商务、建立可信网站的关键；其他应用诸如内容分级、知识产权、隐私权等[16,17]。

总的来说，RDF 是一种强大的数据集成工具，用于在 Web 环境中表示和交换关于资源的元数据。通过提供统一的数据模型和语法，它使得不同系统和平台之间的互操作成为可能，促进数据资源的有效管理和利用。资源描述框架可以用于数据空间内元数据的集成。元数据经纪人可以采用资源描述框架集成来自不同数据提供者的数据自我描述或元数据，构建"联合数据目录"，便于数据消费者搜索所需的数据。

其实，数据空间内还有许多实体，都有自己的"自我描述"或元数据，它们分散在各自的数据连接器或元数据代理处，都可以利用资源描述框架构建相应的"联合目录"，提高相关实体的发现概率。例如，数据空间需要各种各样的应用程序去处理数据，因而有许多应用程序开发者、提供者和应用程序商店。应用程序商店是数据空间的核心组件，对于完善数据空间服务具有重要作用，拥有许多应

---

1) XML(Extensible Markup Language，可扩展标记语言)是标准通用标记语言的子集，可用于标记数据、定义数据类型，是一种允许用户自定义标记语言的源语言。早在 1998 年，W3C 就发布了 XML1.0 规范，旨在通过它简化互联网中的文档信息传输。

用程序供数据连接器下载和使用。应用商店可以利用资源描述框架对应用程序的元数据进行集成，形成"应用程序联合目录"，供数据空间连接器查询、下载和使用。

9.2.2 资源描述框架基本框架与示例

1. RDF 的基本框架

RDF 的基本框架可通过以下概念以一种结构化的方式呈现，采用类似思维导图的层级结构来描述 RDF 的核心组件。

```
# RDF 基本框架
## 核心概念
 - 资源（Resource）
   - 使用 URI 唯一标识
 - 属性（Property）
   - 描述资源的特性或关系
 - 陈述（Statement）
   - 由资源、属性和属性值组成的三元组
## 数据模型
 - 主体（Subject）
   - 资源，是陈述的主体
 - 谓语（Predicate）
   - 属性，描述资源与属性值之间的关系
 - 宾语（Object）
   - 属性值，可以是资源、文字或其他数据类型
## 命名空间（Namespace）
 - 用于定义属性和资源的 URI 前缀
 - 简化 URI 的表示，提高可读性
## RDF 文档
 - 包含多个陈述的集合
 - 可以使用 XML、Turtle、JSON-LD 等多种语法表示
## RDFSchema（RDFS）
 - 对 RDF 进行扩展，提供类和属性的定义
 - 支持子类、子属性以及域和范围的声明
```

2. RDF 描述图书的示例

以下示例展示了用 RDF（Turtle 语法）描述一个图书馆中的两本书及其相关信息。

【turtle】
```
@prefixrdf:<http://www.w3.org/1999/02/22-rdf-syntax-ns#>.
@prefix rdfs: <http://www.w3.org/2000/01/rdf-schema#>.
@prefix book: <http://example.com/library/book/> .
@prefix author: <http://example.com/library/author/> .
@prefix library: <http://example.com/library/> .
# 定义书籍类型
book:Book a rdfs:Class .
# 定义书籍的属性
book:title a rdf:Property ;
    rdfs:domain book:Book ;
    rdfs:range rdfs:Literal .
book:author a rdf:Property ;
    rdfs:domain book:Book ;
    rdfs:range author:Author .
book:ISBN a rdf:Property ;
    rdfs:domain book:Book ;
    rdfs:range rdfs:Literal .
book:publishedYear a rdf:Property ;
    rdfs:domain book:Book ;
    rdfs:range rdfs:Literal .
# 定义作者类型
author:Author a rdfs:Class .
# 定义作者的属性
author:name a rdf:Property ;
    rdfs:domain author:Author ;
    rdfs:range rdfs:Literal .
# 定义图书馆及其藏书
library:Library a rdfs:Class .
library:hasBook a rdf:Property ;
    rdfs:domain library:Library ;
```

```
    rdfs:range book:Book .
# 实例化图书馆
library:MainLibrary a library:Library .
# 实例化书籍及其属性
book:001 a book:Book ;
    book:title "红楼梦" ;
    book:author author:001 ;
    book:ISBN "9787101012345" ;
    book:publishedYear "18 世纪中叶" .
book:002 a book:Book ;
    book:title "西游记" ;
    book:author author:002 ;
    book:ISBN "9787101056789" ;
    book:publishedYear "16 世纪" .
# 实例化作者及其属性
author:001 a author:Author ;
    author:name "曹雪芹" .
author:002 a author:Author ;
    author:name "吴承恩" .
# 关联图书馆和书籍
library:MainLibrary library:hasBook book:001, book:002 .
```

在这个示例中：

- 定义了书籍（book:Book）和作者（author:Author）两种类型，以及它们各自的属性。
- 实例化两本书（book:001、book:002）和两位作者（author:001、author:002）。
- 定义了图书馆（library:MainLibrary）类型及其属性（library:hasBook）用于关联图书。
- 将两本书关联到图书馆实例上。

这个示例展示了 RDF 如何表示复杂的数据结构，包括类、属性、实例，以及它们之间的关系。Turtle 语法使得这种表示方式简洁易读。

9.2.3 基于关联数据的数据集成

企业或产业数据具有典型的多源异构属性，其组织、存储、流通、利用的各环节均依赖"以数据为中心"的深层次语义关联。基于语义的数据资源关联旨在通过多模态数据的语义识别和语义挖掘方法，从数据层、特征层、决策层进行融合，形成领域主题、概念主题、数据内容及数据对象实体汇集的立体化知识网络[18]。

1. 关联数据

2006 年 7 月，万维网的发明者蒂姆·伯纳斯-李（Tim Berners-Lee）首次提出关联数据及其原则。

关联数据使用通用资源标识符（URI）标识数据中的"事物"。这与用于标识和定位网页的 URL 机制基本一致，从而实现全球网络信息空间的检索与链接。其不需要中央机构来创建标识符，每个人都可以利用他所控制的域名或网络空间生成 URI，用以标识各类"事务"，既包括产品、组织、地点等有形实体或抽象概念，也涵盖数据空间中的参与者（如数据提供者、消费者、中介）、应用商店、清算中心、词汇表等。

使用 http://URIs，人和机器可以在数据空间中查找各类实体（如数据提供者、消费者、中介、应用商店、清算中心、词汇表等），还能通过标识符检索相关信息。其优势是可以通过检索特定资源的原始位置，验证信息的出处。这对在分布式全球数据空间中建立信任至关重要。

当查询某个 URI 时，系统会以 W3C 资源描述格式返回对该事物的描述。RDF 相对简单，既能以语义方式表示数据，又可在多种不同数据模型之间进行调节。

正如我们能在不同服务器，甚至全球各地的网页之间建立链接，也可以对数据项（或数据元）进行复用与链接。这种对数据和定义的复用而不是重复创建，是构建数据协作文化的一个重要方面。

简单地说，关联数据是整合和关联网络分散信息资源的技术方法。关联数据通过使用统一资源标识符（URI）来标识网络上的各种信息资源，并利用 HTTP 协议实现访问。这些资源被描述为资源描述框架形式的数据，从而构建起资源之间的联系。其原理是采用轻量化、支持分布式数据集及其自主内容格式的机制，基于标准知识表示与检索协议，通过可逐步扩展的方式，构建动态关联的知识对象网络，并支持在此基础上形成的知识组织和知识发现。

2. 数据空间数据集成的需求分析

互联网飞速发展促使数据量呈指数级增长，人们往往聚焦于数据的数量和传输速度，却忽视了大量数据以单一结构的格式存在。在数据空间内，还存在大量单一数据结构的异构数据。为了实现这些数据的交互和共享，必须聚合和整合不同来源的异构数据。为此，业界普遍强调开发面向第四范式的新型数据基础设施——强调内容理解的语义网，该体系以链接数据原则为指导，通过通用资源标识符对数据进行唯一标识[19]，并在用户检索时返回基于 RDF 框架的描述信息。

关联数据的原则强调整体识别、表示和链接，能够解决数据多样性的问题。类似于利用万维网建立庞大的全球信息网，也可借助关联数据原则建立庞大的全球分布式数据空间，有效整合来自不同企业、机构和个人的数据。

为了应对数据的多样性，并在数据空间不同参与者之间建立共识，需要一种通用的数据集成方法和语言，以应对下列情况。

（1）在缺乏中央标识符机构的情况下，对数据元素进行唯一标识。这看似是个小问题，但"标识符"冲突可能是数据整合或集成面临的最大挑战。

（2）实现各种数据模型之间的相互映射，因为当前及未来都会有大量不同的专业数据表示和存储机制（如关系图、图结构、XML、JSON 等）。

（3）支持分布式模块化数据模式定义和增量模式重构，需将其应用于数据和模式的创建与演进过程。

（4）以整合方式处理模式和数据，因为从不同角度看，两者可能存在角色转换（例如，汽车产品模型在工程部门作为业务数据，但在制造部门则作为模式定义）。

（5）兼容对数据的不同视角，因为数据通常是按特定用例的需求表示的。如果想更广泛地交换和汇总数据，就需要使数据更加独立和灵活，从而从特定对象中抽象出来。

就像利用网络建立了庞大的全球信息系统，也可以借助关联数据原则建立庞大的全球分布式数据空间（或数据管理系统），实现跨不同企业和组织信息系统的数据表示和连接数据。

3. 关联数据技术与应用

关联数据作为一种重要的信息组织和利用方式，已经广泛应用于图书馆等信息服务机构。

1）技术基础

URI：为网络中每个资源分配唯一的 URI，以便进行标识和访问。

HTTP：利用 HTTP 协议访问资源，确保资源的可获取性。

RDF：将资源描述为 RDF 形式的数据，涵盖资源的属性、关系等。

链接：通过 RDF 中的链接关系关联不同资源，构建知识网络。

2）关联数据在数据集成方面的应用

关联数据是轻型（轻量级）本体，是语义互联网络的最佳应用实践之一。图书情报领域的学者，热衷于用本体对资源（如图书、论文、专利、网页、数据库等）进行较为详细且准确地描述，以便全面揭示其语义内容。但客观上，事物通常较为复杂，即便是一篇论文，也很难通过单一本体详尽描述其研究问题、研究方法、研究内容和创新点等。因此，不同领域的专家会构建不同的本体。此外，本体构建相对较难，在数据资源语义描述中，并未实现普遍应用。但是，关联数据简单易用，受到图书馆等信息组织、管理和服务机构的普遍欢迎[20-22]。总体上看，关联数据在数字图书馆、科学数据和文化遗产领域的数字资源集成和发布方面应用较多。

（1）在数字图书馆领域的应用：关联数据在数字图书馆领域应用广泛，可助力实现馆藏资源的语义化描述、组织、集成、发布和检索。数字图书馆与数据空间具有高度相似性。数字图书馆建设的目标是推动不同区域的图书馆间实现馆藏资源的共享（互联互通）。因而，图书馆学界常将数字图书馆称为虚拟图书馆[23]、虚拟馆藏[24]等。

（2）在科学数据方面的应用：在科学数据领域，关联数据技术被用于实现数据的语义关联和融合，推动跨领域的数据共享和利用。中国科学院科学文献信息中心利用关联数据对科学数据进行描述和发布，从而实现科学数据的集成、开放与共享[25]。

（3）在文物数字资源集成中的应用：通过关联数据技术，可以加强文物数字资源的语义融合和共享，提升面向用户的服务能力。

目前，国内外许多组织已经利用关联数据开展了大量数据集成（或数据整合）实践。

• 以 schema.org initiative3 为主的搜索引擎和网络商业公司，为网络数据结构设计了庞大的词汇表（已在大量且日益增多的网页上使用），并借助 GitHub 对词汇表进行协作维护。

• 在文化遗产领域的倡议（如 Europeana）中，数以千计的记忆组织（图书馆、档案馆、博物馆）对描述文物的数据进行整合和链接。例如，大英图书馆将其书目数据从 MARC 格式转换为资源描述框架格式，并作为关联数据发布。这一转换使图书馆数据能够更好地融入互联网络，实现与外部数据集的关联。

在数据关联融合路径中，由产业链内部、外部获取的多元化数据经预处理形成原始数据集，通过特征提取与多尺度解析、语义化描述与序化关联、多层级融合与评估等，实现多模态数据在语义层面的关联融合[26]，如图9-2所示。

未来，关联数据在数据空间的数据集成中有望得到更广泛的应用。关联数据技术更加注重数据的实时性、一致性和互操作性，以更好地支持数据空间内数据资产的发现。同时，关联数据也将与自然语言处理、机器学习等技术深度融合，实现更智能化的数据处理和利用。总之，作为一种重要的数据集成和利用方式，关联数据将在未来发挥越来越重要的作用。

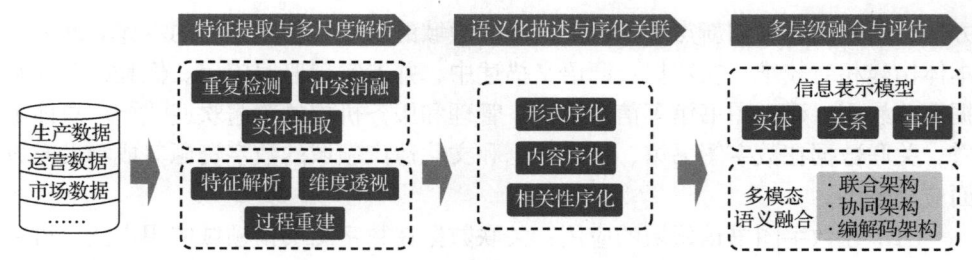

图 9-2 基于语义的数据关联融合路径

9.2.4 基于知识图谱的数据集成

知识图谱是用于组织、存储和表示知识的结构化数据模型。它通过实体和实体之间的关系构建网络，以展示现实世界中各种概念（或实体）及其相互关系。知识图谱是包含概念、类、属性、关系和实体描述的结构化体系，通常基于 W3C 标准（如 RDF、RDF-Schema、OWL）进行知识表示，涵盖多领域、多来源和不同颗粒度的知识（元知识）。现在，越来越多的公司和组织都在构建自己的知识图谱，以连接各类数据和信息源，并打造数据创新服务生态系统。

基于 RDF 的知识图谱，可以通过三重范式（涵盖数据、模式和元数据）实现整合数据。因此，本质上，RDF 已内置知识图谱的底层逻辑，使其能够捕捉来自异构分布式来源的数据或信息。这一特性为企业基于数据构建业务创新模式奠定了基础。基于关联数据知识图谱有诸多优点，未来必将在数据空间的数据集成和数据互操作中获得广泛应用。

9.3 数据语义互操作

随着数字经济的快速发展，不同领域、不同组织的数据交换需求日益增长，如何实现高效的跨领域和跨组织数据互操作，成为数据空间建设的重要议题。尽管国内外已有不少针对互操作性的研究，如欧盟提出的 IDSA 框架对数据空间中的语义互操作性需求与一般方法进行了探讨，但目前在数据空间的具体实践中，互操作性依然面临诸多挑战，缺乏对数据空间互操作性的整体性定义，以及数据语义互操作的具体方法。

语义互操作性确保在数据交换过程中，所交换的数据和信息的精确格式及含义得以保持和理解，所发送的内容即所理解的内容。在欧洲互操作性框架中，语义互操作涵盖语义和语法两个方面。语义方面是指数据元素的含义及其相互关系，包括开发用于描述数据交换的词汇表和模式，确保所有通信方对数据元素的理解一致；语法方面是指从语法和格式角度，描述待交换信息的确切格式。

相对来说，语法层面的语义互操作比语义层面更容易实现。理论上，语义互操作应同时包含语法和语义两个维度。但实际中有时只进行语法层面的转换。例如，数据空间连接器在检查数据提供者提交的数据自我描述时，通常只对其语法格式进行检查，而不对其语义进行检查。

9.3.1 语义互操作

语义互操作性是指两个或多个系统（或组成部分）之间对所交换的信息能够正确理解和使用的能力。在数据空间内涉及不同数据连接器之间的数据交换结构、数据编码，以及公开的标准词汇，确保接收数据的连接器可以解释交互的数据。当今，随着组织内信息系统日益复杂，不同系统或不同平台间数据语义互操作的需求越来越多。国内外学者围绕语义互操作的技术、方法、模式等开展了许多研究[27-29]。

具体来说，语义互操作模型是定义异构系统与异构设备间互操作方式的通用模型[30]。它提供结构化的语义框架，用于描述和理解不同系统及设备间的信息交换和操作行为[31]。这个模型的目的是，确保在异构环境中，不同系统和设备能够准确理解彼此的意图，并实现无缝互操作。

在物联网领域，语义互操作性尤为重要。由于物联网中设备众多且可能采用不同数据格式和通信协议，实现设备间的语义互操作需要借助标准的数据模型和语义描述。这些模型和描述定义了设备数据的结构与含义，使不同设备能理解和解释彼此数据，从而实现更高级别的应用。

总体而言，语义互操作是数据空间实现不同数据连接器间数据互操作的关键技术之一，在提升数据交换效率、降低沟通成本，以及推动智能化应用等方面发挥重要作用。语义互操作可基于数据目录词汇表（DCAT）实现，交换数据的进一步定义由语义模型、分类法、模式或其他类似机制（词汇表）处理。这些均是实现语义互操作性的关键前提。

此外，语义互操作还涉及数据、概念、术语、领域模型和数据模型的整合，以及信息（数据）框架的一致性问题，这些因素决定了信息的结构与内容。总之，语义互操作是实现不同系统或设备间高效、准确协作的重要基础。数据语义互操作涉及数据语义发现、数据语义转换和数据语义映射等技术。

9.3.2 数据语义发现

数据语义发现是指识别和理解数据集中隐含的意义和关系的过程。通常需对数据进行深入分析，以揭示数据元素间的关联、模式和趋势。现在，非结构化的、多模态数据日益增多，正确理解其语义内容，对数据开发利用具有重要意义。

1. 定义

数据语义发现旨在借助语义分析技术，从原始数据中提取有用信息和知识。它关注数据背后的含义和上下文，而非仅关注数据的表面形式。通过数据语义发现，可以更好地理解数据，进而做出更明智的决策。

2. 核心技术与方法

（1）自然语言处理。当数据源包含大量文本时，自然语言处理技术尤为重要。利用语法分析和语义分析等方法，建立语法和语义的抽取规则。通过这些规则进行信息抽取，识别数据中的实体、关系和事件。

（2）信息抽取。从非结构化或半结构化文本数据中提取结构化信息。典型系统，如 WHISK 能够处理多种文本，并抽取多条记录。

（3）潜在语义分析。一种用于发现文本中隐藏的语义结构的技术，通过统计分析构建文档-词项矩阵，并利用奇异值分解等方法转换为低维稠密语义空间。

（4）基于词典和语料库的方法。基于词典的方法，如 WordNet、HowNet 等，根据词典中的词语定义和关系来计算词语或句子间的语义相似度。基于语料库的方法，如 Wikipedia、Google Ngrams 等，利用大规模语料库中的词语共现信息来计算语义相似度。

（5）基于深度学习的方法。利用深度学习模型，如 Word2Vec、GloVe、BERT 等，计算词语或句子间的语义相似度。这些模型能够捕捉词语之间的潜在语义关系，实现更精准的语义匹配和发现。

（6）特定的数据语义组织与发现方法。如 iHash、iTree、iPyramid 等方法，通过哈希、主成分分析、随机投影等技术手段，实现高维数据的降维、聚类和组织，从而支持基于语义的数据相似性查询和发现。

在实际应用中，可以根据数据的特性和需求，选择合适的数据语义发现方法。例如，在文本挖掘领域，NLP 技术是实现语义分析的核心；在搜索引擎优化中，基于语料库和词典的方法可以提升搜索结果的准确性和相关性；而深度学习模型则因其强大的表示学习能力，在语义匹配和推荐系统中得到广泛应用。

3. 应用场景

（1）企业内部数据分析。将复杂数据转换为易于理解的信息，帮助企业制定战略和决策。

（2）政府统计数据分析。提升数据可用性，为政策制定和决策提供有力支撑。

（3）医疗健康领域。通过对病例数据的分析，优化诊断和治疗效率。

（4）搜索引擎优化。借助语义分析技术，搜索引擎能够更准确地理解用户查询意图，提高搜索结果的相关性。

4. 实施步骤

数据语义发现主要包括以下三个步骤。
（1）数据预处理。包括数据清洗、数据类型转换和数据集成等。
（2）语义化模型构建。包括实体识别、关系抽取和语义角色标注等。
（3）语义化模型训练与应用。选择合适的语义化模型进行训练，并部署到生产环境中实现实际应用。

然而，数据语义发现仍面临诸多挑战，主要包括数据多样性、噪声和不确定性等问题。但随着自然语言处理、机器学习和数据挖掘等技术的不断进步，数据语义发现的应用前景会越来越广阔，有望在更多领域发挥重要作用，帮助人们从海量数据中挖掘有价值的信息和知识。

总之，数据语义发现是一种强大的数据分析方法，通过深入理解和解析数据集中的语义信息，提供更加全面和深入的数据洞察能力。

9.3.3 数据语义转换

数据语义转换是基于语义层面的数据转换，除数据结构的转换外，更重要的是对语义数据模型的转换和操作。

1. 定义与特点

数据语义转换旨在实现不同数据集在语义层面的转换，确保数据在转换过程中保留原有的意义和关联性。其特点包括：
（1）定义数据集间的相互映射关系。
（2）使用要素操作语言进行数据转换。
（3）允许转换方案的重定义。
（4）提供查找、复杂计算等函数。
（5）提供从原始数据生成过程数据的方法。

2. 核心原理与技术

数据语义转换的核心是数据转换模型，该模型具有内部一致性和外部可扩展性，可通过要素操作语言对输入/输出数据进行重定义，从而确保数据语义在转换过程中保持一致。此外，数据语义转换还涉及数据清洗、数据标准化、数据集成等预处理步骤，以及语义化模型构建、训练和应用等后续步骤。

3. 应用场景

数据语义转换在多个领域具有广泛应用。

（1）地理信息系统。实现不同空间数据的语义转换，保障地理信息的准确性和一致性。

（2）企业内部数据分析。将数据转换为易理解的信息，辅助企业战略制定和决策。

（3）政府统计数据分析。提高数据的可用性和准确性，为政策制定提供有力支撑。

（4）科研领域。助力科研人员从复杂数据中提取有价值的信息，推动科学研究的发展。

4. 实施步骤

在实施数据语义转换时，通常需要遵循以下步骤：

（1）数据预处理。包括数据清洗、数据类型转换和数据集成等，确保数据的准确性和一致性。

（2）语义化模型构建。根据数据特性和需求，选择合适的语义化模型进行构建。

（3）语义化模型训练。利用训练数据对模型进行训练，调整模型参数优化性能。

（4）数据转换与应用。将训练好的模型应用于实际数据转换与处理，实现数据的语义转换。

然而，在实施过程中会面临数据多样性等挑战，需借助先进算法和技术手段解决，以确保数据语义转换的准确性和可靠性。

5. 数据语义转换的典型实例

1）字符编码转换

案例描述：当一个应用程序使用某种类型的编码方案对字符进行编码，并将该信息发送给默认使用不同编码方案的另一个应用程序时，后者可能因无法正确解释所有字符而显示乱码。

转换方法：在这种情况下，需要进行字符编码格式转换如从 GBK 编码转换为 UTF-8 编码，以确保数据在不同应用程序间能够正确传递和显示。

2）CSV 到 XML 的转换

案例描述：CSV（逗号分隔值）与 XML（可扩展标记语言）是两种常见的数据存储方式，但结构差异显著。CSV 使用逗号分隔数据值，而 XML 则借助标签定义数据结构。

转换方法：可以使用数据转换工具或编写脚本实现 CSV 到 XML 的转换。在转换过程中，需要解析 CSV 文件中的数据字段，并将其映射为 XML 格式中的标签和元素。

3）语音到文本的转换

案例描述：将音频文件中的语音信息转换为文本文件。

转换方法：通常借助语音识别技术实现。可使用语音转文本工具自动化处理，这类工具通过分析音频信号的声学特征将，语音内容转换为可读文本。

9.3.4 数据语义映射

1. 定义

数据语义映射是将数据源中的数据字段（或元素）与目标系统中的数据字段在语义层面进行对应和转换的过程。它涉及数据类型、索引、特性等语义信息的关联，以确保数据的准确性和可靠性。这种映射过程通常用于数据处理、数据集成、数据迁移等领域，以解决不同数据源之间的差异和冲突，实现数据的整合和共享。

在数据语义映射中，需要预先定义投影法则或转换规则，以便将源数据准确地映射到目标系统中。这些规则可能包括数据类型转换、数据格式转换、数据值转换等多种操作。通过数据语义映射，不同系统、不同格式的数据能够相互理解和交互，从而为更广泛的数据分析和应用提供支持。

此外，数据语义映射在人工智能、大数据分析、机器学习等领域发挥着重要作用。例如，在机器学习中，特征映射就是一种常见的语义映射方式，它通过将原始数据映射到高维或低维空间来提取数据的特征，进而提升模型的性能和准确性。

2. 语义映射的示例：学生信息数据语义映射

以下是学生信息数据语义映射的例子。

（1）源数据（如数据库表）。

表名：Students。

字段：StudentID（学生 ID，整型）、FirstName（名字，字符串）、LastName（姓氏，字符串）、BirthDate（出生日期，日期型）。

（2）目标数据（如 XML 格式）。

XML 标签结构：

- <Students>
- <Student>
  * <ID>（对应 StudentID）

* `<FirstName>`（对应 FirstName）

* `<LastName>`（对应 LastName）

* `<BirthDate>`（对应 BirthDate，格式需转换为字符串）

- `</Student>`

  • `</Students>`

（3）数据语义映射规则。

`StudentID -> ID`：将源数据中的 StudentID 字段映射至目标 XML 中的 ID 标签。

`FirstName -> FirstName`：将源数据中的 FirstName 字段映射至目标 XML 中的 FirstName 标签。

`LastName -> LastName`：将源数据中的 LastName 字段映射至目标 XML 中的 LastName 标签。

`BirthDate -> BirthDate`：将源数据中的 BirthDate 字段映射至目标 XML 中的 BirthDate 标签，但需要将日期型数据转换为字符串格式（如"YYYY-MM-DD"）。

（4）映射结果。

假设源数据中有以下一条记录：

• `StudentID: 12345`
• `FirstName: John`
• `LastName: Doe`
• `BirthDate: 1995-06-15`

则映射后的 XML 数据如下：

【xml】

```
<Students>
  <Student>
      <ID>12345</ID>
      <FirstName>John</FirstName>
      <LastName>Doe</LastName>
      <BirthDate>1995-06-15</BirthDate>
  </Student>
</Students>
```

该示例展示了关系型数据库数据字段向 XML 标签的语义映射过程，通过定义明确的映射规则，确保数据在转换过程中语义的准确性和一致性。

9.4 本章小结

　　数据集成是指将分布式环境中的异构数据进行整合，为用户提供统一透明的数据访问方式。这种集成从整体层面维护数据的一致性，提高数据的利用和共享效率。其目的是对各种分布式异构数据源提供统一的表示和访问接口，屏蔽数据源在物理和逻辑层面的差异。数据集成在数据应用中具有广泛应用，其模式通常包括联邦式、分布式和集中式等。资源描述框架是一种数据集成模式和框架。其中，基于关联数据的数据集成和基于知识图谱的数据集成是目前常用的方法。

　　数据互操作是数据共享利用的基础。本章介绍了数据语义互操作技术。在数据空间内，数据连接器通过技术协议实现数据的互联互通，借助信息模型和词汇表实现数据的语义理解。

参 考 文 献

[1] 杨雪梅,董逸生,王永利,等. 异构数据源集成中的模式映射技术. 计算机科学, 2006, 7: 87-91.
[2] 周顺平,魏利萍,万波,等. 多源异构空间数据集成的研究. 测绘通报, 2008, 5 : 25-27, 39.
[3] 余辉,梁镇涛,鄢宇晨. 多来源多模态数据融合与集成研究进展. 情报理论与实践, 2020, 43(11) : 169-178.
[4] 查文中,兰希,比确子拉. 医院信息系统中的跨平台数据集成技术研究. 信息与电脑(理论版), 2024, 36(18): 66-68.
[5] 苏新宁,章成志,卫平. 论信息资源整合. 现代图书情报技术, 2005, 9 :54-61.
[6] 马文峰. 数字资源整合研究. 中国图书馆学报, 2002, 4 : 63-66.
[7] 袁刚,温圣军,赵晶晶,等. 政务数据资源整合共享：需求、困境与关键进路. 电子政务, 2020, 10 : 109-116.
[8] 李江鑫,张建军,张小龙,等. 基于联邦学习环境与隐私保护的数据聚合方法分析. 集成电路应用, 2024,41(7):88-89.
[9] 王曰芬,董校一,何劲. 基于多源数据聚合的场景式情报服务方案生成及评价研究. 科技情报研究, 2024,6(3): 56-68.
[10] 李汶锦,蔡英,范艳芳,等. 车联网群智感知中具有隐私保护的数据聚合方案. 小型微型计算机系统, 2025,46(1): 200-208.
[11] 林尚纬,杜晓,张宏伟,等. 基于多源数据的全球路网融合生产应用研究[J].地理空间信息,2025,23(1): 90-94, 122.
[12] 鞠孜涵,王延飞,白如江. 复杂环境下的多模态数据融合研究——以开源国防数据分析为例.情报理论与实践, 2025, 48(5): 49-56.
[13] 朱利鲁,苏晓露,阎克栋. 时空大数据资源集成框架设计与应用.计算机应用与软件, 2020, 37(3): 22-27, 37.
[14] 丁振国,袁巨星. 联邦数字图书馆异构数据集成框架研究. 情报杂志, 2008, 1: 61-64, 67.
[15] 寿志勤,陈文. 基于元数据和目录服务的政府信息资源集成管理框架研究.电子政务, 2007, 7: 40-45.
[16] 成全,许爽,钟晶晶. 馆藏资源元数据语义描述及关联网络构建模型研究. 情报理论与实践, 2015, 38(4):

124-129.

[17] 王昉, 黄永文, 马建玲, 等. 开放资源互操作框架研究. 图书情报工作, 2013, 57(21): 24-31.

[18] 张云中. 从整合到聚合: 国内数字资源再组织模式的变革. 数字图书馆论坛, 2014, 6:16-20.

[19] Otto B, Ten H M, Wrobel S.Designing Data Spaces:The Ecosystem Approachto Competitive Advantage . Cham: Springer, 2022.

[20] 林海青, 楼向英, 夏翠娟. 图书馆关联数据:机会与挑战. 中国图书馆学报, 2012, 38(1): 58-67, 112.

[21] 丁楠, 潘有能. 基于关联数据的图书馆信息聚合研究. 图书与情报, 2011,6: 50-53.

[22] Summers E, Isaac A, Redding C, et al.LCSH,SKOS 和关联数据. 现代图书情报技术, 2009, 3: 8-14.

[23] 黄宗忠. 论 21 世纪的虚拟图书馆与传统图书馆(上). 图书馆理论与实践, 1998, 1: 3-8.

[24] 索传军,张怀涛.网络环境下虚拟馆藏的建设.中国图书馆学报, 2000, 1: 62-66.

[25] 沈志宏, 刘筱敏, 郭学兵, 等. 关联数据发布流程与关键问题研究——以科技文献、科学数据发布为例. 中国图书馆学报, 2013, 39(2): 53-62.

[26] 刘博文, 夏义堃. 基于数据空间的产业数据流通利用: 逻辑框架与技术实现. 图书与情报, 2024, 2: 33-44.

[27] 黄婕, 安小米, 邝苗苗, 等. 标准化视角下的语义互操作性概念体系构建及应用——以智慧城市国际标准研制为例. 信息资源管理学报, 2024, 14(3): 56-68, 135.

[28] 邓盼盼, 孙海霞. 知识组织体系互操作中的缩略语语义控制与规范. 中华医学图书情报杂志, 2020, 29(1): 12-21.

[29] 余益民, 陈韬伟, 赵昆. 跨境电子商务语义互操作模型研究. 电子商务, 2017, 12: 45-46.

[30] 严骏. 情感语言资源语义互操作模型研究. 信息与电脑(理论版), 2016, 19: 37-38.

[31] 吴鹏, 高升, 甘利人. 电子政务信息资源语义互操作模型研究. 中国图书馆学报, 2010, 36(2): 77-82, 122.

第Ⅳ部分　数据生态体系建设

数据生态体系是一个复杂且多维的系统，涉及数据管理的各个方面，旨在高效地管理、分析和利用数据资源。通过构建完善的数据生态体系，企业可以更好地挖掘数据价值，支持业务决策和创新，推动行业的数字化转型和发展。从组织视角看，数据空间是虚拟数字空间，是由不同行业、不同类型的数据空间组成的联盟。不同的数据空间，遵循共同的价值观和共同的约定，它们为了实现数据（价值）共享，组成数据共享联盟，共同推动多元主体在数据空间内实现价值共创。

可信数据空间是数据要素市场的软基础设施。数据要素市场建设的目标，就是保障市场内的数据要素安全高效的流通和利用，从而使数据要素市场健康稳定发展，使数据要素市场内的参与方实现价值共创。因而，价值共创能力是可信数据空间的核心能力之一，支持数据空间内多元主体在可信数据空间规则约束下共同参与数据开发利用，推动数据资源向数据产品或数据资产或数据资本转化，并保障参与各方的合法权益。

数据具有生命周期，从创建到被认识、组织加工和开发利用，直至消亡，每个阶段数据的价值都是不同的。在数据生命周期的每个阶段，不同参与者对数据价值的再造和实现，都具有重要作用。因此，要实现可信数据空间价值共创，就需要培育和建设数据生态。

第 10 章　数据空间参与者角色及主要业务活动

数据空间是建立在互联网基础上的数据应用网络。数据空间要围绕数据生命周期各个阶段,为不同参与者提供安全可信的数据共享和利用环境。数据空间内的参与者和各类应用服务是动态的、发展变化的,数据空间内的参与者及其活动构成了数据空间生态系统。客观上,数据空间就是要培育数据生态,健全数据要素市场。

10.1　数据空间参与者

从组织视角看,数据空间是一个虚拟空间,是由不同行业、不同城市、不同类型企业,以及不同类型的数据空间组成的联盟。不同的数据空间,遵循共同的价值取向和约定,它们为了实现数据(价值)共享,组成数据共享联盟,共同推动多元主体在数据空间内实现价值共创。因此,数据空间的核心价值是,为参与者提供可信的数据流通、交易和利用环境,使得每个参与者都能够依据自己的劳动和贡献获得应有的价值,从而实现所有参与者的价值。

10.1.1　参与者分类

数据空间的目标是建设数据生态系统,系统中有不同类型的参与者,它们各自承担不同的角色和责任,共同推动数据空间的健康发展。数据空间的参与者,可以基于不同的视角进行分类。根据对数据服务参与的程度和方式,数据空间内的参与者可以分为两大类:一类是从事数据交易服务的实体,如数据提供者和消费者;另一类是为数据交易提供服务的相关实体,如数据空间运营与监管机构、数据服务中介、应用服务商店、数据连接器及各类应用软件提供者等。这类实体又可以分为三个子类,一是数据空间的监管者,二是数据空间内的关键核心组件,三是数据空间内各类数据应用程序。如图 10-1 所示。

1. 核心参与者

1)数据提供者

数据提供者是数据空间内直接从事数据交易服务的主体,是数据空间的核心参与者。它为数据空间提供各类数据和数据服务,或者说,它是数据空间生态系

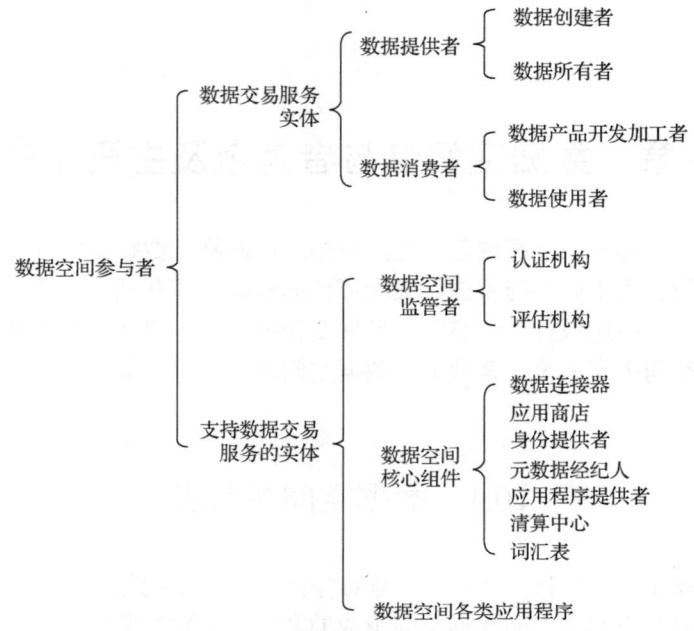

图 10-1　数据空间参与者的分类

统主要构建者之一。根据对数据空间的不同贡献和权属关系，数据提供者又可以分为数据创建者、数据所有者和数据持有者等。数据空间（或数据要素市场）的发展，必须培育大量优秀的数据提供者，向数据空间源源不断地提供大量高质量的数据产品（如数据集和数据服务等）。

（1）数据创建者。数据创建者负责生成原始数据、它可能是个人、组织或机器（如传感器和计算机等）。通常情况下，数据创建者与数据所有者是同一角色。只有当数据创建者将数据权利授予或许可给其他数据空间的参与者时，二者作为不同角色，承担不同职责。

（2）数据所有者。数据所有者是指控制数据并有权定义数据使用政策的组织和个人。数据所有者和数据创建者，可能是同一实体，也可能不是。这里的数据所有者概念并非基于法律视角。主要是从管理学的角度出发，指控制数据的相关组织或个人。在其意义上其等同于数据持有者。数据所有者有权定义数据的访问和使用政策。具体包含两个方面：一是通过技术手段和责任界定，明确数据消费者访问或使用数据的方式；二是通过技术手段及责任设定，明确付款模型。数据作为一类新型资产，因其来源的多样性和生成的复杂性，导致其产权关系较为复杂。

例如，一个数据集的数据结构包含多个数据项，这些数据项又来自不同的数据源（这些数据源属于不同的所有者），因此该数据集的所有者可能涉及多个主体。这种现象在数据整合和集成场景中很常见。再如，医院病人的 CT 片和病历等数据，其中涉及病人、医院、医生和相关设备提供商等主体的参与，因此，该类数据并非由某一主体拥有所有权，但从实际情况看，该数据集通常由医院持有。

（3）数据提供者。数据提供者是指通过技术手段使数据可用，并传输给数据消费者的相关组织或个人。数据提供者与数据所有者可能是同一个主体，也可能不是。数据交易完成后，数据提供者可以在清算中心记录交易日志，以便后续计费与解决争议。数据提供者可以依据数据所有者的授权，利用数据空间连接器中的应用程序，对数据进行补充或转换，提高数据质量。

以医疗数据空间为例，某互联网医疗服务商可能具有不同的身份或承担不同的角色。其拥有医疗数据采集与管理系统，可通过在医疗机构部署相关的设备和系统采集医疗活动数据。但采集数据的权属关系比较复杂，涉及病人、医院和互联网医疗服务商三个主体。谁是被采集数据的所有者？客观上，这些数据是对病人病情的记录，但其中包含医生对病人病情的分析和判断，同时这些数据的记录、存储和管理是按照互联网医疗服务商提供的"数据采集与管理系统"和"数据模型"进行的，该服务商是这些数据的实际持有者。在实际的医疗服务中，互联网医疗服务商是"事实上的数据提供者"。这个例子表明，在某种情况下，数据创建者、所有者和提供者可能分属不同实体，对应不同角色。

2）数据消费者

数据消费者是数据要素市场的主要参与者。它从数据提供者那里获取或接收数据，并通过消费数据获取信息、知识和洞察，以支持决策和业务活动。或者说，数据消费者是指通过对数据的使用直接获取价值的相关主体。对于数据要素类企业，它们通过消费数据直接获取数据价值。对于数据驱动类企业，它们通过消费数据，降低成本、优化产品设计、创新生产流程等，间接获取数据价值。数据消费者是数据要素市场的主要参与者，也是数据价值的主要获得者。无论是数据空间，还是数据要素市场，都需要大量的数据消费者。在某些情况下，数据消费过程需依赖第三方服务的处理和支持。

例如，以统计数据产品和统计数据服务为消费对象的消费活动，是一种比较特殊的信息消费形式。像用户每天浏览微信订阅号、关注微博明星动态等，本质上就是在消费数据。这是因为数据来源于海量用户消费、浏览、订阅、搜索等日常行为中产生的可追踪痕迹，这些大数据经加工后形成相关产品和服务，例如产品推荐、消息推送、广告推广等，再次面向用户提供，由用户进行消费。

这里要注意区别数据消费者、数据服务者与数据使用者。数据服务者是数据提供者和消费者之间的中介。数据使用者与数据消费者存在交集，有时二者是同一实体，有时不是。有时，数据提供者要求将数据提供给消费者之前，必须由第三方（即数据服务者或服务提供者）处理数据后，再提供给数据消费者。数据服务者也使用数据，本质上也属于数据消费者，但它不是最终从数据应用中获得价值的主体。客观上，数据服务者通过对数据的处理也获得一定的数据价值。因此，准确地说，数据提供者、数据服务者和数据消费者基于数据生命周期内数据价值链的不同阶段，分别从数据获得各自的价值。

数据消费者与数据提供者一样，都是数据空间内的核心参与者。如同数据所有者拥有数据的法定控制权，数据消费者可根据数据提供者制定的使用政策或规定，在一定时空范围内行使数据使用权。

在数据空间中，数据提供者和数据消费者都是最主要的参与者。但二者的角色并非固定，而是可以相互转变的。它们可能具有双重身份或角色。在一个数据空间或应用场景中是数据提供者，在另一个数据空间或应用场景中可能是数据消费者。同样，一个组织或个人，可以是多个数据空间的参与者，在不同的数据空间内扮演不同类型的角色。总之，数据空间内的数据提供者或消费者的身份或角色不是固定的，而是依据其在不同应用场景中承担的角色和职能而改变。

2. 数据与服务中介

数据与服务中介是数据空间内辅助数据提供者和数据消费者的第三方主体。数据空间内围绕着数据流通和利用，存在多种第三方中介者。中介通常被视为"平台"，在数据空间内具有重要地位，它可能比数据提供者和数据消费者具有更多功能。数据空间内的中介包括数据中介、服务中介和应用商店等。

1）数据中介

数据中介承担数据经纪人的角色，负责存储和管理数据空间中的数据源信息（如元数据）。数据空间内的数据经纪人，类似于线下数据交易所（或市场）的数据经纪人，一定程度上是数据交易双方的"信任体"。

以汽车导航场景为例，数据消费者需要获取气象数据、道路数据、车辆数据等多个数据提供商的数据时，可以向数据经纪人（服务中介）进行查询、搜索并了解有关数据集，再由数据中介提供所需的元数据，以便连接数据提供者。

数据中介可能是平台运营商，当获得数据所有者授权时，可能同时承担数据提供者、数据经纪人等角色。数据经纪人也可能同时扮演清算中心、身份认证机构等其他角色。

数据经纪人主要接收和提供元数据，需为数据创建者或提供者提供发送元数据的接口，同时发布和管理元数据，供数据消费者查询。虽然数据中介或数据经纪人可以充当或承担数据提供者的部分功能，但考虑到数据主权和安全等因素，它通常不存储数据本身或原始数据。

2）服务中介

数据服务中介提供关于数据空间内服务的元数据、服务本身或两者兼有，主要承担服务提供商和服务经纪人的角色。其主要职责有两方面：一是通过建立数据服务目录体系，促进数据空间内数据或数据服务的发现；二是通过对数据空间内相关服务的描述和推介，促进数据的流通和交易。

服务中介作为数据空间服务提供商，提供数据清洗、转换、整合和分析等服务，以提升数据空间内交换数据的质量和效率。与数据中介类似，服务中介多为平台运营者，主要扮演服务提供者或服务经纪人的角色。

服务提供者从数据提供者处接收数据，并将计算或分析结果返回数据提供者，或数据提供者指定的数据消费者。为了提供服务，服务提供者在其数据空间连接器内安装应用程序，该程序可由第三方应用程序提供者开发。

3）应用商店

应用商店作为数据空间的关键组件，负责发布数据应用程序，扮演应用程序经纪人和应用程序提供者的角色。与服务提供者不同，算法不在应用商店上执行，而需下载到应用程序消费者的数据空间连接器中。

应用商店主要管理有关应用程序的元数据信息，提供发布和检索应用程序及其元数据的接口。一般情况下，应用商店也承担应用程序提供者的基本角色。在技术上，应用商店代表应用程序所有者提供应用程序。由于应用程序与数据同样具有敏感性，应存储在应用程序所有者能控制的范围内。

应用商店提供的应用程序，本质上也是一种数据产品，也可以看作数据空间内的数据资源或数据资产，也可以进行交易。例如，具有各类数据处理功能的"智能体"，以及大语言模型等都可以看作资源，在数据空间内进行交易或提供服务。

4）词汇中介

词汇本质上是词汇表或术语体系。词汇中介负责管理和提供词汇（即本体、参考数据模型或元数据元素）的技术工作，通常扮演词汇发布者和词汇提供者的角色，同时也是词汇表注册中心。

词汇可用于注释和描述数据空间内的数据资产、数据使用政策和智能合约等。相关数据资产包括以下内容。

（1）数据空间信息模型，作为描述数据、来源、价格和使用政策的基础。

（2）特定领域词汇，对于数据空间的可扩展性至关重要。

词汇表在数据空间中承担着实现数据语义互操作的重要功能。数据空间内没有专门或唯一的角色来创建词汇。通常，由标准化组织（如 ISO、IEEE 等）及行业协会定义词汇标准。词汇表通常是开放式的，使用者包括数据提供者、消费者、服务中介、数据中介、应用商店等。词汇中介充当词汇表提供者，提供词汇表关联或词汇下载功能。

5）清算中心

清算中心为所有金融和数据交换交易提供清算与结算服务，记录数据交换过程中的全部活动数据。在数据空间中，清算活动与经纪人服务相应独立。清算中心记录在数据交易过程中的所有活动日志数据，担任清算人的角色。数据交换完成后，数据提供者和消费者均通过清算中心记录的交易详情确认数据传输。清算中心还提供已执行或已记录的交易报告，用于计费、争议解决等场景。

6）身份认证机构

身份认证机构负责创建、维护、管理、监督和验证数据空间参与者的身份信息。这是数据空间安全运行和避免未经授权数据访的必要前提。数据空间内的每个参与者都必须拥有"数字身份"，并通过数字身份进行身份验证。

身份认证机构提供以下服务：颁发认证证书（管理数据空间参与者的数字证书）、动态属性提供服务和动态信任监控等，通常与数据空间认证协同开展服务。

3. 数据空间应用程序开发商

应用程序开发商主要为数据空间参与者提供应用程序开发和连接器开发。

1）应用程序开发者

负责开发适用于数据空间连接器的数据应用程序，通常兼具应用程序创建者和所有者的角色。应用程序在应用商店中发布，供数据提供者、消费者或中介机构下载使用。应用程序开发者使用元数据描述每个数据应用程序的语义、功能和界面。

2）连接器开发者

连接器是数据空间的关键组件。数据连接器上可以部署各类数据服务应用程序，主要用于实现数据空间内技术互操作。从形态看，数据空间本质上就是数据连接器构成的网络。数据空间内有承担不同功能的各类连接器。连接器开发者提供实现数据空间功能所需的连接器，通常承担连接器创建者、所有者和提供者的角色。

数据空间是数据要素市场的软基础设施，之其"软"的，本质体现在"应用软件"上。数据空间的建设成效不仅依赖"硬"环境建设，功能丰富的应用软件也是保障数据空间健康发展的重要支撑。因此，数据空间的发展需要大量应用软件开发商，为数据空间提供各类数据服务软件。

4. 数据空间治理机构

治理是指政府、非政府组织、私人机构以及个人等多元行为者，通过合作、协商、伙伴关系等方式，共同管理公共事务的过程。其核心强调多元主体的参与和互动，调和不同利益相关者诉求，以实现公共利益最大化。治理不仅关注具体政策执行和管理过程，还从宏观全局视角进行调控协调，旨在构建公平、正义且稳定的社会环境。数据空间治理是确保数据空间内数据质量、安全性、合规性和一致性的过程和实践，需要认证机构、评估机构、数据空间协会等多方主体共同参与。

（1）认证机构。认证机构与选定的评估机构协作，负责认证数据空间中的参与者和核心技术组件的身份。

（2）评估机构。评估机构需经认证机构考核确认，主要负责数据空间参与者（包括核心组件等）和技术的评估工作。

（3）标准化组织。负责制定和管理数据空间相关标准，包括词汇表和本体，例如，全国数据标准化技术委员会（TC609）。

（4）数据空间协会。如国际数据空间协会，致力于促进和管理国际数据空间的持续发展，再如我国的可信数据空间发展联盟（TDSA）。

5. 数据空间的运营者

（1）数据空间运营者。负责数据空间日常运营和管理，制定并执行空间运营规则与管理规范。例如，对于我国各类数据空间，其建设者通常兼具运营者角色。依据《可信数据空间 技术架构》（TC609-6-2025-01）可知，可信数据空间服务平台应具备身份管理、接入连接器管理、目录管理、数据合约管理、可信数据空间管理等功能，因此，可信数据空间服务平台的管理者通常就是数据空间运营者。

（2）数据空间监管方。指履行数据空间监管职责的政府主管部门，或经授权监管的第三方主体。

10.1.2 参与者自我描述

参与者必须能够发现和理解其他参与者的信息，以清晰知晓其特性（如参与者角色、所属行业等）。因此，参与者需要遵循已知格式和协议进行自我描述，并了解描述属性语义的本体。

1. 参与者自我描述格式

参与者自我描述格式可由数据空间治理机构定义，且可能成为数据空间成员政策的一部分。在许多情况下，参与者自我描述的格式和本体还取决于选定的信任锚点和信任框架。例如，若数据空间选择 Gaia-X 作为信任锚点并利用其信任框架，则必须了解 Gaia-X 自我描述结构及属性定义的含义。数据空间可能需要多个自我描述的本体（如一个针对信任锚点，一个针对特定行业），这可能导致定义模糊或冲突，此类问题需由数据空间治理机构解决。

参与者自我描述格式的技术表示与通信方式因数据空间而异，并受信任锚点影响或授权。不同信任锚点及其框架可能提出不同要求，有的要求查询时属性以可验证文档形式呈现，有时要求请求以特定资源描述格式序列化属性组，还有的要求所有属性存入可供所有成员随时查询的数据库。

同时参与多个数据空间的参与者，必须以可靠的方式管理自我描述属性，同时过滤不同数据空间中可用的属性及其序列化格式。对于大型企业，若其属性涉及复杂角色和职责信息，还需纳入审批流程和审计功能，以跟踪自我描述中敏感属性的价值变化。

2. 参与者自我描述格式的内容

数据空间参与者的自我描述本质上是参与者的"自我简介"，目的是让其他参与者了解自己及其服务，从而取得对方的信任。国际数据空间协会虽未提供参与者自我描述格式模版，但该格式通常需要包含以下核心要素，以确保信息可被其他参与者理解和可信。

1）参与者身份标识

明确组织/个体的唯一标识符、角色（数据提供方、使用方或中介机构）及基础联络信息。

2）数据资产描述

若为数据提供者对数据资产的描述，至少需包含数据类型、内容、格式、使用政策、价格等信息，具体请参阅 11.2 节。

（1）数据类型：包括结构化/非结构化数据、实时/批量数据等分类。

（2）数据格式：涵盖物理存储格式（如 Parquet、CSV）及逻辑描述规范（如 JSON Schema、XML 元数据）。

（3）语义定义：采用行业标准词汇表（如 RDF、OWL）解释数据字段含义，避免歧义。

（4）使用策略：包含数据许可协议（如 CC 协议）、使用场景限制、再分发规则。

（5）合规性：说明符合的法规（如 GDPR、数据安全法）及数据脱敏方法。

（6）溯源信息：标注数据来源、更新时间戳、版本号。

3）技术接口规范

（1）访问协议：包括 API 端点（REST/gRPC）、认证方式（OAuth2.0）、数据加密标准（TLS 1.3）。

（2）数据流描述：明确支持的数据传输模式（推送/拉取）及 QoS（吞吐量、延迟）。

4）服务能力扩展

可选描述数据处理能力（如支持 Spark 计算框架）、数据分析服务（预置 ML 模型）等。

3. 参与者自我描述的功能

参与者自我描述信息可用于数据空间的多项政策评估。例如，评估申请人是否可以成为参与者，将参与者属性与访问目录策略相匹配，仅显示允许该参与者查看的项目,在合同谈判过程中,自动匹配参与者属性与政策要求。

自我描述还可用于传递参与者的技术信息。例如,其他参与者可通过什么地址与该参与者的目录或连接器通信,支持哪些加密技术等。这些信息是否以与参与者自我描述相同的方式存储和分发,取决于数据空间设计。采用集中组件实现所有强制性功能的数据空间不需要为每个参与者单独设置发现机制,而去中心化架构则需要通过与参与者自我描述相同的机制或独立协议实现发现功能。

10.2 数据空间参与者角色

数据空间的参与者在数据空间内充当不同角色,各自承担不同职责。国际数据空间的角色类别见表10-1。

表 10-1 国际数据空间角色类别

类别1	核心参与者	数据所有者、数据提供者、数据消费者、数据使用者、应用程序提供者
类别2	中间参与方	元数据经纪服务提供商、信息交换所、身份提供商、应用程序商店、词汇提供商
类别3	软件与服务	软件提供商、服务提供商
类别4	管理机构	国际数据空间协会、认证机构和评估机构

10.2.1 数据空间核心角色

数据空间的核心角色主要包括数据提供者或数据所有者、数据消费者或数据使用者等。

1. 数据提供者与所有者

1)主要职责

(1)提供数据源。

(2)管理数据质量。

(3)定义数据访问与使用限制或政策,并与数据关联。

(4)向元数据经纪人发布包含使用限制的元数据。

(5)传输数据。

(6)从清算中心接收数据交易信息。

(7)监督数据使用策略的执行。

2)支持数据空间组件

(1)数据连接器。

（2）允许数据所有者配置符合自身需求的使用条件规则目录。
（3）制定数据交易定价模式与价格。

2. 数据消费者与使用者

1）主要职责
（1）依据数据提供者定义的使用政策使用数据。
（2）在数据中介或元数据服务中介处查询数据集或服务。
（3）接收来自清算中心的数据交易信息。
（4）监测使用策略的执行情况。

2）支持数据空间组件
（1）数据连接器。
（2）遵守数据所有者定义的使用限制规则目录。

10.2.2 数据空间基本角色

应用商店、词汇中心、清算中心等对数据生态建设至关重要，但并非必需。基本角色为数据空间提供基本信任保障，其他角色则提升数据空间的可用性与附加价值。在数据空间中，元数据代理、应用商店和清算中心等属于基本角色，负责提供基础服务。

1. 元数据经纪人服务提供者

1）主要职责
（1）匹配数据需求与供应。
（2）为数据消费者提供元数据。

2）支持数据空间组件
（1）元数据经纪人组件。
（2）为数据提供者提供注册接口。
（3）为数据消费者提供查询接口及数据查询服务。

2. 清算中心

1）主要职责
（1）监测和记录数据交易。
（2）监测数据使用限制执行情况。
（3）提供数据核算服务。

2）支持数据空间组件
（1）清算中心组件。

（2）记录数据交易活动。
（3）为数据提供者和消费者反馈数据交易信息。

3. 应用商店提供者

1）主要职责
（1）提供应用程序。
（2）提供数据服务。
（3）为应用程序用户提供元数据。
2）支持数据空间组件
（1）应用程序商店提供者组件。
（2）用于发布和检索数据的应用程序及接口。

10.2.3 数据空间典型角色

基于数据空间的信任、数据自主权使用条款等价值，功能协议还定义了以下数据空间或数据生态系统的典型角色：认证机构、认证中心、动态属性供应服务、参与者信息系统和动态信任管理等。

这些角色需根据数据空间规定的运行规则运作。其中，认证机构、认证中心、动态属性供应服务等，既可由数据空间建设与管理方运营，也可委托第三方运营，但均需由数据空间服务中心协调管理。

10.2.4 数据空间角色之间的交互

数据空间角色交互侧重体现数据空间中不同角色（如数据提供者、应用商店、应用程序等）间的交互过程。这种交互可能涵盖数据访问、处理、分析和可视化等多个环节，旨在实现高效的数据利用和决策支持。

数据空间存在众多角色，其交互情况见表10-2。其中，强制性交互标记为X，可选交互标记为（X），"—"表示没有交互，"?"表示两个角色之间的交互存疑。

表10-2 数据空间可能发生的角色交互

	数据所有者	数据提供者	数据消费者	数据使用者	元数据经纪人	清算中心	身份提供者	服务提供者	应用程序提供者	应用商店	词汇提供者	认证机构	评估机构
数据所有者	—	X	—	—	—	(X)	—	(X)	(X)	(X)	(X)	—	(X)

续表

	数据所有者	数据提供者	数据消费者	数据使用者	元数据经纪人	清算中心	身份提供者	服务提供者	应用程序提供者	应用商店	词汇提供者	认证机构	评估机构
数据提供者	x	—	x	—	x	(x)	x	(x)	(x)	(x)	(x)	—	x
数据消费者	—	x	—	x	(x)	(x)	x	(x)	(x)	(x)	(x)	—	x
数据使用者	—	—	x	—	—	(x)	—	(x)	(x)	(x)	(x)	—	(x)
元数据经纪人	—	(x)	(x)	—	—	—	x	(x)	—	—	?	—	x
清算中心	(x)	(x)	(x)	(x)	—	—	x	(x)	(x)	(x)	(x)	—	x
身份提供者	—	x	x	—	x	x	联合	—	(x)?	(x)?	—	—	x
服务提供者	(x)	(x)	(x)	(x)	(x)	(x)	—	—	(x)	(x)	(x)	—	x

续表

	数据所有者	数据提供者	数据消费者	数据使用者	元数据经纪人	清算中心	身份提供者	服务提供者	应用程序提供者	应用商店	词汇提供者	认证机构	评估机构
应用程序提供者	(X)	(X)	(X)	(X)	—	(X)	(X)	(X)	—	(X)	—	—	(X)
应用商店	(X)	(X)	(X)	(X)	—	(X)	(X)	(X)	(X)	—	(X)	—	(X)
词汇提供者	(X)	(X)	(X)	(X)	?	(X)	(X)	(X)	(X)	(X)	—	—	x
认证机构	—	—	—	—	—	—	—	—	—	—	—	—	x
评估机构	(X)	x	x	x	x	x	(X)	x	x	x	x	—

10.3 数据空间协议

国际数据空间协会计划旨在定义一套安全可信的数据空间协议,使任何规模和行业的公司都能以主权方式管理其数据资产。数据空间本质上就是由数据连接器构成的数据交互网络。网络节点是数据连接器,数据交互(交易)关系构成了节点间的边(关系)。数据空间协议是一组规范,用于数据空间内数据连接器之间的数据交互,旨在促进由使用控制管理的实体之间可互操作的数据共享。因此,数据空间协议是确保数据在空间内安全、高效、合规流通的关键规则,其基于共同商定原则,旨在实现数据的可信流通和共享。

数据空间的协议包含功能协议、技术协议和法律协议。其中,功能协议定义数据空间中不同角色的权利和义务；技术协议阐释数据空间参考架构模型；法律协议提供数据空间相关指南和最佳实践。

10.3.1 数据空间功能协议

数据空间功能协议定义了数据空间中不同角色的权利和义务，具体包括数据空间运行所需的基本服务，以及实现数据空间所需功能要求的非强制性基础服务（如元数据代理、清算中心和应用商店等相关服务）。

1. 数据空间的基本服务

数据空间的参考架构模型从业务视角定义了主要参与者的角色模型，描述了基本运行机制。功能协议详细规定了数据空间内参与者可以担任的角色及每个角色的任务。而且，任何想要担任特定角色的参与者需要通过数据空间评估和认证机构的认证。因此，认证被视为建立数据空间信任的基本门槛，特别是对数据空间整体运行至关重要的角色，如数据经纪服务商、身份提供者、应用程序开发者、应用商店和清算中心等。

数据连接器是数据空间内数据交换的核心组件，为数据空间提供基本数据服务。功能协议明确了数据连接器的运行规则。因此，任何数据连接器的生产方、应用程序开发商或提供者都应该支持和遵守数据空间的相关功能协议。

数据空间的基本服务涵盖数据访问、发布、浏览、互操作、信任管理和分布式架构支持等方面，这些服务共同构成数据空间的基础设施，为用户提供高效、安全、可信的数据共享与使用环境。

1）数据发布服务

（1）允许数据持有者将数据发布到数据空间，供其他用户访问和使用。

（2）支持数据的主动发现和被动发布机制。

2）数据浏览服务

（1）提供对数据目录和数据项内容的浏览功能。

（2）用户可以在数据空间中导航，查看数据项的目录信息，并通过相应的数据浏览组件实现对数据内容的可视化输出。

3）数据访问服务

（1）为用户提供访问数据空间中数据项或整个数据空间的入口。

（2）支持基于角色和属性的数据访问控制，确保数据的安全性和合规性。

4）数据互操作服务

（1）通过语义互操作和技术互操作，解决不同系统与平台间的数据通信和协同问题。

（2）语义互操作帮助用户快速理解数据语义，提升数据可用性；技术互操作确保不同系统和平台能够按照统一标准进行通信和数据交换。

5）数据集成服务

（1）将不同来源的数据合并至统一系统，以便进行一致的分析和报告。

（2）利用 ETL（提取、转换、加载）工具，从各类数据源中提取数据，完成转换、清洗后加载至数据空间。

6）数据分析服务

（1）对数据空间中的海量数据进行分析，为企业提供有价值的见解和决策支持。

（2）通常提供 OLAP（联机分析处理）、数据挖掘、预测分析和机器学习等多种分析方法。

7）数据可视化服务

（1）将复杂的数据分析结果以图形化方式呈现，帮助用户直观理解数据。

（2）通过交互式仪表板和自定义报表，支持用户探索数据、生成报告并分享见解。

8）信任管理服务

（1）构建分布式数字身份和可验证数字凭证，为数据空间中信任管理提供支撑。

（2）实现动态信任管理，确保数据在满足条件时被使用。

9）数据安全服务

保障数据在传输和处理过程中的机密性、完整性和可用性。包括访问控制、数据加密、审计跟踪、安全监控等措施，防止数据资产被未授权访问或泄露。

10）分布式架构支持服务

（1）支持多节点快速组网，通过连接器身份注册、网络寻址与互联等功能，实现高效数据通信。

（2）提供通信协议兼容服务，确保数据空间兼容多种数据传输协议，满足不同场景需求。

此外，根据应用场景和需求，数据空间还可能提供其他定制化的基本服务，如数据脱敏服务等。这些服务共同构成数据空间的核心功能，支持数据的存储、处理、共享和分析，为数据的价值创造与变现提供支撑。

2. 数据空间的支持组织

支持组织是确保数据空间解决方案可信的实体，负责协调不同参与者和供应商提供的基本服务。支持组织提供的服务主要包括身份认证、评估机构和软件测试、动态属性供应服务和参与者信息服务等。

10.3.2 数据空间技术协议

数据空间的技术协议主要涉及数据互操作、信任体系、访问和使用控制，以及分布式架构等方面，以确保数据在不同系统和平台间高效、安全地流通与使用。以下是一些关键的技术协议。

1. 数据互操作协议

数据互操作协议包括语义互操作协议和技术互操作协议。

1）语义互操作协议

语义互操作协议是指在跨系统或设备交互中，确保数据含义被准确理解和处理的标准或规范。其核心是通过统一语义描述与数据模型，使异构系统不仅能交换数据，还能正确解析数据的实际含义，实现深度协作。

具体而言，语义互操作协议解决了传统互操作仅关注数据格式（语法）而忽视含义（语义）的局限性，是实现智能系统协同的关键基础。语义互操作协议应包括以下内容与功能。

（1）语义统一。定义数据的语义结构（如实体、属性、关系），避免语义歧义导致误解。

（2）标准数据模型。采用通用模型（如 OneM2M、FIWARE）或本体描述数据含义，确保不同系统对同一数据对象的理解一致。

（3）动态适配能力。支持扩展性，允许新增设备或数据类型时无须重构系统（如通过可插拔的语义映射机制）。

（4）跨领域兼容。覆盖多行业需求（如智能家居、工业互联网），通过抽象层实现不同领域数据的语义转换与整合。

2）技术互操作协议

技术互操作协议是指定义不同系统、设备或网络之间通信规则和数据交换方式的标准或规范，其核心目标是实现异构技术组件的无缝协作与数据互通。这类协议不仅关注数据传输的语法（格式与编码），还确保交互逻辑的一致性和可靠性，具体体现在以下方面。

（1）统一通信规则。规定数据封装、传输时序、错误处理等底层机制（如 TCP/IP 协议通过分层模型保障互联网设备的数据可靠传输）。

（2）标准化数据格式。定义通用数据结构（如 JSON、XML）或特定领域编码，避免格式差异导致解析失败。

（3）跨系统认证与安全。例如 WLAN 与外部网络互操作时，需基于 802.1X 协议完成认证，并保障链路安全。

技术互操作通过约定对接协议与交互模式，解决通信层面以及接口层面的协同问题，兼容支持多项协议以满足多场景的数据传输与业务协同。数据空间治理机构通过制定和出台平台设施间互联互通的技术标准（如规定所有数据连接器必须支持的网络通信协议和 API 设计语言规范），确保不同系统和平台按照统一标准进行通信和数据交换。

技术互操作侧重解决"如何传输"（语法与通信），而语义互操作聚焦"如何理解数据含义"（本体与上下文）。技术互操作协议是数字化生态中系统互联的基石，其设计与应用需结合具体场景的通信需求与标准化程度，推动跨领域技术融合与效率提升。

2. 信任体系协议

数据空间信任体系协议是指在可信数据空间内，基于共识规则与技术保障，构建多方主体间数据共享与流通的信任机制，确保数据全流程安全可控的核心规范。其核心目标是解决数据流通中因信任缺失导致的供给意愿低、应用潜力受限等问题，通过技术融合与制度设计实现"数据可用不可见、过程可溯可审计"的协同生态。信任体系协议包括分布式数字身份协议、可验证数字凭证协议和动态信任管理协议。

1）分布式数字身份协议

分布式数字身份协议是指基于区块链或分布式账本技术，实现用户自主控制、跨系统互认的数字身份管理规范。其核心是通过去中心化架构与密码学机制，重构传统中心化身份体系，确保身份数据的真实性、隐私性与可移植性。

（1）基于分布式数字身份技术，支持数据空间内各类主体管控自己的数字身份信息。

（2）参与机构可以使用分布式数字身份技术为自身软件或系统创建数字身份，并通过自签名方式授权他人访问身份信息。

2）可验证数字凭证协议

可验证数字凭证协议是一套利用密码学（尤其是数字签名）和标准化数据格式，在尊重用户隐私和自主权的前提下，实现数字化凭证的可独立验证性的技术规范和生态系统。它旨在解决数字世界中信任建立、身份验证和安全数据交换的核心挑战。W3C Verifiable Credentials（VCs）是目前广泛认可和采用的核心标准框架。其核心是通过密码学证明与分布式存储，确保凭证内容的不可篡改与可追溯性。

（1）为信任管理提供支撑，促进建立市场信任。

（2）数据资产登记机构向登记企业签发数据资产登记凭证，数据使用方可通过该凭证了解数据产品的合规信息、质量信息和场景价值等。

3）动态信任管理协议

动态信任管理协议是指基于实时环境与行为数据，动态评估、调整多方协作主体间信任关系的技术规范。其核心是通过持续监测、量化评估与自动化策略执行，解决传统静态信任模型难以适应复杂场景变化的问题，保障数据流通与系统交互的安全可控。

（1）依托参与者信息服务和动态属性服务，共同实现和保障数据在满足条件的情况下使用。

（2）在数据使用策略中规定数据的使用条件（如软件版本等），当条件不满足时，动态信任管理系统会自动检测并采取相应措施。

3. 访问和使用控制协议

数据访问与使用控制协议是指通过标准化规则与技术手段，管理数据在共享、流通及使用过程中的权限边界与合规性，确保数据仅被授权主体以合法目的访问和操作的规范体系。其核心是解决数据要素化场景下的安全与隐私矛盾，实现"精准授权、最小化暴露、动态管控"。具体包括数据访问控制协议和数据使用控制协议。

1）数据访问控制协议

（1）基于角色和属性设置数据访问策略，实现内外部权限管理。

（2）第三方服务商或数据供给方可利用数据访问控制技术设置访问权限，确保只有授权用户能够访问数据。

2）数据使用控制协议

（1）包括控制策略编排和实施，确保数据使用方不滥用数据。

（2）数据供给方通过可视化配置生成可机读策略，将使用策略转化为可执行的代码程序，结合身份验证和授权机制，实现约束条件下的数据处理目标。

4. 分布式架构协议

分布式架构协议是指在分布式系统中，支撑多节点协同工作的通信、数据同步与资源管理的标准化规则与技术规范。其核心目标是解决节点间高效通信、数据一致性、容错性及服务协调等问题，确保系统具备高可用性、可扩展性与弹性。

1）多节点快速组网协议

（1）通过连接器身份注册、网络寻址与互联等，支撑多节点快速组网。

（2）各参与方连接器通过身份注册完成验证，确保安全连接，并通过网络寻址快速定位其他节点，实现高效通信和数据交换。

2）通信协议兼容协议

（1）连接器需要具备多种数据传输能力，兼容 VDP、WebRT、MQTT、HTTP/HTTPS、gRPC、FTP/SFTP/STPS、SMB、NFS 等协议，并建立错误检测与重传机制。

（2）根据应用场景和数据特点，选择合适的通信协议进行数据传输。

综上所述，数据空间的技术协议涵盖数据互操作、信任体系、访问和使用控制、分布式架构等方面，共同构成数据空间的技术基础，确保数据在不同系统和平台间高效、安全地流通与使用。

10.3.3 数据空间法律协议

数据空间的法律协议是确保数据在空间内合法、合规、安全流通的重要基础。通常涉及数据所有权、使用权、共享权、安全保护以及纠纷解决等方面。总体上，数据空间建立在数据自主权原则前提下，任何参与数据空间的主体都可以自主决定选择和遵守的框架类型、数据交换对象与方式，以及数据使用规则。

数据空间是功能性的数据流通、交换与共享框架，所有参与者基于协商原则开展数据服务相关活动。数据空间建设所需的法律协议类型，主要取决于其自身属性。例如，通过清算中心进行货币化交易的数据空间，应积极制定法律协议来明确货币化数据相关的责任划分、收益分配等问题。

数据空间相关的法律协议，包括但不限于以下类型。

1. 数据权属协议

数据所属权协议（或数据所有权协议）是明确数据资源在法律归属、使用权限及权益分配的合同或法律文件。核心目的是界定数据产生、收集、加工、存储等环节中各方的权利与义务，避免因权属不清引发纠纷。

1）数据所有权归属原则

（1）原始数据：通常归直接产生者或合法收集者（如用户生成的内容归用户所有，企业业务活动中采集的数据归企业所有）。

（2）加工数据：经技术处理（如清洗、分析、建模等）的数据，所有权可能归加工者，但需以原始数据权利人授权或合同约定为前提。

2）权利划分与行使

（1）财产性权利：明确数据持有权、使用权、经营权、收益权等（如企业可在内部使用数据，或通过交易、许可等方式对外经营）。

（2）衍生数据：创新性加工形成的新数据，其权利归属可能独立于原始数据，但需保障原始权利人的合法权益。

3）合规与安全保障义务

约定各方遵守数据安全与隐私保护法规（如个人信息处理规则），明确数据泄露、篡改等风险的责任划分。

4）争议解决机制

通常包含协商、仲裁或诉讼等纠纷处理条款，确保权益受损时可通过法律手段解决。

2. 数据交换与共享协议

数据交换与共享协议是规范不同主体（如组织、系统或个人）间数据安全、高效传输与使用的规则集合，涵盖技术标准、权责划分、安全机制及合规要求等，旨在实现数据的跨平台流动与价值释放。

（1）交换方式：明确数据提供者与数据使用者、消费者的交换路径与技术手段。

（2）共享范围：明确哪些数据可以共享，哪些数据属于敏感或私有数据。

（3）共享方式：规定数据共享的平台或技术。

（4）共享期限：设定数据共享的期限，以及共享结束后数据的处理方式。

3. 数据安全协议

数据安全协议是保护数据在传输、存储和处理过程中安全性的规则与标准，核心目标是确保数据的机密性（防止未授权访问）、完整性（防止篡改）、可用性（确保合法用户可访问）以及真实性（验证数据来源）。

（1）数据加密：要求对数据进行加密处理，确保数据在传输和存储过程中的安全性。

（2）访问控制：设置访问权限和身份验证机制，防止未授权访问。

（3）使用控制：数据提供者为数据消费者设定数据的使用条件和规则，防止数据消费者超范围使用数据。

（4）数据备份与恢复：制定数据备份策略和恢复计划，以应对可能的数据丢失或损坏。

4. 纠纷解决协议

（1）争议解决机制：明确数据使用争议的解决机制（如协商、调解、仲裁或诉讼等）。

（2）适用法律与管辖：确定争议解决的法律依据和管辖法院。

5. 其他法律协议

（1）用户协议：网络服务提供者通常会制定用户协议，明确用户在使用服务过程中的权利和义务。

（2）跨境数据传输协议：涉及跨境数据传输时，需要遵守相关国家和地区的法律法规，确保数据的合法跨境流动。

综上所述，数据空间的法律协议是确保数据在空间内合法、合规、安全流通的重要保障。这些协议需要根据具体应用场景和需求制定完善，以适应数字化时代对数据管理和流通的新要求。

概括地说，数据空间协议广泛应用于数据空间活动的各个领域，特别是在跨组织、跨领域的数据共享和流通场景中。例如，在智能制造领域，数据空间协议可实现生产全过程质量数据的可信共享，支撑产业链上下游实时柔性双向质量追溯。在科研合作、供应链协同、企业管理等应用场景下，数据空间协议也能促进数据的跨境便利流通。

此外，随着数据要素市场的快速发展和数据空间技术的不断进步，数据空间协议也在持续完善。未来，数据空间协议将更加注重数据的隐私保护、安全传输和高效利用，以适应数字化时代对数据管理和流通的新要求。总之，数据空间的协议是确保数据在空间内安全、高效、合规流通的基础和保障。这些协议的不断完善和发展将推动数据要素市场的繁荣发展。

10.4 数据空间主要业务活动

数据空间是基于可信环境实现数据交换与共享的功能性框架，目标是支持安全可信且可持续发展的数据生态系统建设。为了实现这一目标，数据空间的多方参与者围绕数据安全可信环境的创建、数据的互联互通与交换共享，以及多元价值主体的价值共创，在不同参与者之间、不同组件之间开展了一系列交互活动。从现有的数据业务活动看，其主要业务活动包括加入或接入数据空间、数据提供和消费、合同谈判、数据交换、数据应用程序发布等。

10.4.1 加入

任何实体（包括组织、个人和组件等）若想成为数据空间的参与者，并从事相关的数据业务，首要工作是加入数据空间，成为合法参与者。这通常需要以下几步：一是注册和认证；二是获取经过认证的数据空间连接器；三是提供和配置数据连接器；四是进行可用性设置。

1. 注册和认证

数据提供者、消费者或提供其他服务的数据空间组件，在进入数据空间之前都需要完成注册和认证。认证通过后，参与者信息将被自动填至初始页面。支持组织会收到认证成功的信息，并获取有关数据空间新实体的元数据。信息提供虽不属于数据空间交互的内容，但必须通过通信机制进行管理。支持组织将核查声明的准确性、验证相关信息，并实例化新的数据空间参与者信息服务。

另外，建议每个参与者将自我描述信息托管在其选择的公共可访问端点上，对于我国可信数据空间技术架构，参与者自我描述信息或元数据要上载并发布到服务平台，其他参与者可以通过接入服务平台查询其相关信息，且自我描述文档的定位器最好与参与者统一资源标识符一致。

2. 获取经过认证的数据空间连接器

数据空间连接器是加入数据空间的核心技术组件。但其在使用之前，必须通过组件认证，以确保安全性和互操作性。任何想加入数据空间的参与者都需借助数据连接器接入，可以使用自有连接器，也可以向软件提供者申请数据连接器。

3. 数据连接器配置

每个接入数据空间的连接器都必须在空间内具有唯一标识，该标识由数据空间身份提供者发布或确认。同时，需将身份提供者所需的信任锚点（如认证机构的根证书）配置到连接器中，以便验证通信伙伴提供的身份信息。另外，每个数据空间连接器还应提供自我描述信息，供其他数据空间参与者查阅。相关组织需在数据空间连接器配置和提供过程中创建该描述。

4. 可用性设置

数据空间连接器必须对其他数据空间参与者可用。每个数据提供者和消费者都有权决定，是否在数据生态系统中公开发布其数据连接器及数据资源。客观上，若数据提供者的连接器不能被数据消费者所访问（或不可用），那么其数据资源或数据产品也就不能被发现，其就不能参与流通和交易，其价值也就难以实现。同样，数据消费者的连接器若不可用，其也难以获取数据提供者发布的数据资源的元数据或目录信息，也无法接收数据提供者的数据。所以，接入数据空间的连接器可用性设置是必须且重要的。

10.4.2 数据提供

数据提供是数据空间内的重要业务活动，是数据交互和共享的前提。参与者或数据提供者若想在数据空间内提供（或发布）数据产品，需要完成相应的步骤。

数据提供有多种方式，最简单便捷的方式是"一对一"或"点对点"提供数据资源，但前提是必须知晓数据消费者。然而通常情况是，数据提供者并不知道哪些数据消费者对其提供的数据感兴趣。因此，数据提供者需要对数据资产进行描述。为此，数据空间定义了数据自我描述语言，以及搜索自我描述的基础设施组件（元数据经纪人或元数据代理）。

另外，数据提供者为了让数据消费者更好地理解数据资源，在创建数据产品时，可以对数据产品进行语义描述（如数据产品的格式、应用场景、使用政策和价格等），将数据产品的词汇表注册到数据词汇表中心，并链接到自我描述。

1. 创建数据自我描述

数据提供者发布数据的第一步是正确创建数据的自我描述（即待发布数据的元数据）。通常，数据连接器提供创建和维护数据自我描述的技术支持。如果数据自我描述符合语法和语义规范，将被部署到数据提供者的数据连接器上，其他数据连接器可通过其端点访问。

数据自我描述的格式取决于数据连接器的类型，可能包含特定领域的本体或通用元素，具体取决于数据生态系统。对数据产品进行全面描述（数据产品描述框架参见 11.2.5 节），能够吸引更多数据消费者关注，也便于其他参与者理解和利用。因而，建议数据提供者依据自我描述格式，选择合适的元数据标准规范，对数据进行全面系统的描述。

2. 数据空间元数据代理

数据空间元数据代理是数据空间内的基本角色，允许参与者发布数据资源或连接器的自我描述。元数据代理可以接收、存储数据提供者的数据自我描述，并支持其他数据连接器的搜索请求。潜在数据消费者可通过选择合适的元数据代理，搜索存储的数据自我描述，找到需要的数据产品，再与数据提供者协商，在托管数据空间连接器上获取相关数据产品。

所有的数据提供者都希望在数据空间（或数据空间服务平台）中公布和创建自己数据资产自我描述的元数据，甚至在元数据代理处分布式存储自我描述。因此，数据空间服务者会集成不同数据提供者的数据自我描述（元数据）形成"联合数据目录"，以提高数据资源的发现概率和管理效率。不同系统架构或运营模式的数据空间，"联合数据目录"的形成机制可能不同，但为了便于数据消费者发现数据，各类数据空间均应具备"联合数据目录"。

数据空间元数据代理服务器一般不提供词汇表，但数据自我描述中通常会提供词汇表的应用信息，必要时，还会提供对词汇表中心的应用信息。

10.4.3 合同谈判

合同谈判是指合同各方当事人就合同内容进行磋商，明确所有当事人的权利与义务的合同订立方式。

通常情况下，数据提供者连接器的自我描述包含可用数据资产的描述性信息，此类信息以合同要约（或数字合约或智能合约）形式包含使用控制信息。合同要约描述了数据提供者愿意在何种条件下向数据消费者提供数据，以及数据访问和使用控制等规定。

智能合约是一种旨在以数字化方式传播、验证或执行合同的计算机协议，它允许在没有第三方的情况下进行可信交易，这些交易可追踪且不可逆转。智能合约是基于区块链技术运行的自动化协议，核心是通过编程代码将合约条款转化为可自动执行的程序。在数据空间中，智能合约以高效性、可靠性和自动化等特性发挥关键作用，支撑数据及时流通，确保数据流通的透明性、安全性和公正性，同时降低了数据流通的成本和风险。智能合约能够保障数据流通过程中的实时性、准确性、可追溯性、不可抵赖性和不可篡改性，从而强化数据空间的可信特征。

在数据空间内，数据提供者连接器和数据消费者连接器基于数字合约或智能合约进行合同谈判，实现数据交换。因此，智能合约技术和协议对于数据空间内的数据交易具有重要意义。

10.4.4　数据交换

数据交换是数据空间内的核心业务活动，广泛应用于金融、医疗、教育等各类数据空间。通过数据交换，可以实现跨系统、跨平台的数据共享和互通，促进业务流程自动化和智能化，提高数据利用效率和价值。

数据空间内的数据交换，是指在数据空间环境中，不同数据提供者和数据消费者之间（或不同参与者数据连接器之间）按照约定规则和协议进行数据传输和共享的过程。该过程依据一定原则（或合约）和技术标准，确保数据在不同参与者之间的共享和互通。

从网络传输角度看，数据空间内数据交换的具体实现方式包括电路交换、报文交换和分组交换等。这些方式在网络层面支持数据的传输和交换，通常与应用层面的实现方式结合，共同构成完整的数据交换体系。数据交换的具体实现方式多样，应根据具体业务需求和技术条件选择合适方式。在实际应用中，可能结合多种实现方式满足复杂的数据交换需求。

10.4.5　发布和使用应用程序

数据连接器可借助数据空间应用程序执行特定的数据处理、转换和交换等任务（或业务）。数据空间应用程序由应用程序提供者创建，并发布到数据空间应用商店。

数据空间的一些关键应用程序在发布到应用商店之前，需要通过认证。无论是否需要认证，发布数据空间应用程序均需要应用程序提供者将应用程序镜像推送到应用商店的应用程序注册中心，然后发布应用程序元数据。

每个成功发布的数据空间应用程序，其元数据和应用程序镜像都存储在数据空间的应用商店中，任何参与者均可以通过应用商店的搜索界面检索、下载并获取相应的应用服务。

10.5　本 章 小 结

　　数据空间为不同参与者提供安全可信的数据共享和服务环境。数据空间的参与者可以分为两大类，一类是从事数据交易服务的实体，如数据提供者和消费者；另一类是为数据交易提供服务的相关实体，如数据空间运营与监管机构、数据服务中介、应用服务商店、数据连接器及各类应用软件提供者等。这类实体又可分为三个子类，一是数据空间的监管者；二是数据空间内的关键核心组件，如数据代理和清算中心等中介；三是数据空间内各类数据应用程序。每类参与者都扮演不同角色，承担不同功能。这些角色可分为核心角色、基本角色和典型角色。

　　数据空间协议是一组规范，用于数据空间内数据连接器之间的数据交互，旨在促进由使用控制管理的实体之间可互操作的数据共享。数据空间协议包含功能协议、技术协议和法律协议。其中，功能协议定义数据空间中不同角色的权利和义务；技术协议解释数据空间参考架构模型；法律协议提供数据空间相关指南和最佳实践。

　　数据空间的主要业务活动包括加入或接入数据空间、数据提供和消费、合同谈判、数据交换、数据应用程序发布等。

第 11 章　数据空间内数据资产管理

数据资产是数据空间内所有业务活动的客体，也是数据流通、交互和共享的对象。数据空间最基本的功能就是实现数据资源或产品的发现和共享。只有对数据资产进行科学有效管理，才能提升数据资产的可发现性，促进其高效流通和共享。因此，如何对数据空间内数据资产进行标识和描述，如何发现其元数据，以及如何构建统一数据目录，都是数据空间数据资产管理的重要内容。

11.1　数据标识符

11.1.1　数据标识符概述

1. 数据标识符的定义

数据标识符（或数据标识），是为方便数据的识别、分类和管理，为数据赋予的唯一标识符。它可以是数字、字符串或其他形式，确保每条数据都能够被单独识别和访问。

数据标识符在数据开发利用中具有多方面的作用，包括确保数据记录的唯一性，提升数据管理和查询效率，防止数据重复，以及提升数据分析的准确性和效率。数据空间内的所有数据资产（包括各类数据资源和数据产品等）都应具有唯一标识符。数据资产唯一标识符可以由数据空间运营者或更高级别的管理者提供。

2. 数据标识符的特点

数据标识符具有唯一性、持久性和可读性等特点。

（1）唯一性。在数据空间内，每个数据标识符都是独一无二的，确保每条数据都能被准确区分。

（2）持久性。数据标识符一旦分配给某个数据记录，将伴随其整个生命周期保持不变。

（3）可读性。数据标识符通常采用易于理解和记忆的格式，方便用户识别和使用。

3. 数据标识符的组成与规则

数据标识符的组成通常遵循一定规则,以确保其唯一性和可读性。
(1)使用特定字符集(如字母、数字、下划线等)构成标识符。
(2)标识符的长度和格式需满足限制,以保证在数据空间中的一致性和可管理性。
(3)避免与数据空间中其他对象重名,防止混淆和错误。

4. 应用场景

在数据空间中,数据标识符广泛应用于以下场景:
(1)数据资产管理。通过数据标识符实现数据资产分类、存储和检索。
(2)数据查询。数据空间的参与者可输入数据标识符快速定位所需数据记录。
(3)数据分析。在分析过程中,标识符用于标识和关联不同数据记录,挖掘有价值的信息。

5. 安全性与隐私保护

在数据空间中,数据标识符的安全性至关重要。为防止数据泄露和滥用,需采取以下安全措施。
(1)使用加密技术对数据标识符进行加密存储和传输。
(2)限制数据标识符的访问权限,确保只有授权用户可访问和使用。
(3)定期对数据标识符进行审查和更新,保证其准确性和有效性。

综上所述,数据空间中的数据标识符在数据管理和分析中发挥关键作用。它确保数据的唯一性,提升数据管理和查询效率,并保障数据的安全性和隐私性。

11.1.2 数据对象唯一标识符

数据对象唯一标识符是用于唯一标识数据对象的字符串,确保系统中每个数据对象都能被准确区分和识别。数据空间内的所有数据、数据服务、参与者和组件都应有唯一标识符,这是它们在数据空间内的合法数字身份证。

1. 概念与作用

数据对象唯一标识符,是为数据对象分配的一个独一无二的标识。它有两个主要作用,一是唯一性识别身份。在数据库或分布式系统中,确保每个数据对象有唯一标识符,避免数据冲突和覆盖。在数据空间建设中,唯一标识符更为重要。从整体看,全球国际数据空间应是统一的数据应用市场,所有数字对象(包括参与者和实体)都应建立统一的唯一标识符命名规范。我国可信数据空间需建立自己的命名域，并制定命名规范。二是通过唯一标识符，可快速定位、管理和检索特定数据对象，提升数据操作的效率和准确性。

2. 常见类型

1）DOI（Digital Object Identifier）

定义：由国际 DOI 基金会管理，用于唯一标识学术文献、数据集、电子书籍等数字对象。

特点：具有持久性（一旦分配永久不变），可通过 DOI 访问数字对象的元数据及相关信息。

示例：ISBN 978-3-16-148410-0（ISBN 是国际标准书号，用于唯一标识书籍，由 10 位或 13 位数字组成，可能带有 ISBN 前缀）。

2）OID（Object Identifier）

定义：数据库系统中自动生成的唯一标识符，用于标识数据库中的对象或记录。

特点：由数据库系统自动生成，无须手动分配；长度和格式因数据库系统而异，常用于关系型数据库中标识行、表、索引等对象。

3）UUID（Universally Unique Identifier）

定义：一种 128 位的唯一标识符，由 32 个 16 进制数字组成，分为五个部分并用连字符分隔。

特点：全局唯一，适用于分布式系统和大数据环境。生成不依赖集中式数据库或组件。具有无序性（每次随机生成，与之前无关）。

示例：550e8400-e29b-41d4-a716-446655440000。UUID 是软件建构标准，被开放软件基金会（OSF）的分布式计算环境（DCE）所采用，目的是让分布式系统中所有元素拥有唯一辨识信息，而无须中央控制端分配。UUID 的标准形式包含 32 个 16 进制数字，通常表示为 8-4-4-4-12 的 36 个字符格式，用短横线分隔，以便阅读和记忆。

3. 应用场景

数据对象唯一标识符应用广泛。在任何数据空间或虚拟空间中，每个参与者都应有唯一标识符。

（1）数据库管理。在关系型数据库或面向对象数据库中，用 OID 唯一标识和管理数据对象。

（2）学术文献标识。学术出版领域用 DOI 唯一标识学术文献，便于学者引用和检索。

（3）分布式系统。分布式系统中用 UUID 作为数据唯一标识，确保不同节点间数据的唯一性和一致性。

综上所述，数据对象唯一标识符在数据管理、检索和出版等领域发挥重要作用，不同类型的唯一标识符具有各自特点和应用场景。对于不同类型的数据空间，确保每个数据资产拥有不可替代的唯一标识符，是数据空间运营者或治理机构需要解决的问题。特别是对于联邦式和去中心化式架构的数据空间，制定科学的唯一标识符规范是首要任务。

11.2 元 数 据

11.2.1 元数据定义

如果把图书馆里面的某一本书视为数据，那么所有描述这本书的信息，如书名、作者、分类号、出版社等都是这本书的元数据元素。对企业而言，元数据可描述企业的物理数据、业务流程、数据结构及特定产品等实体。因此，元数据可简单地理解为"关于数据的数据"，即定义和描述特定数据的数据，它提供数据的结构、特征和关系等信息，有助于组织、查找、理解和管理数据。元数据与数据的关系类似数据与自然界的关系，数据反映真实世界的交易、事件、对象及关系，而元数据则反映数据本身的交易、事件、对象及关系等。简单来说，任何能用来描述某个数据的内容，都可视为元数据。元数据管理是企业数据治理的基础。企业以元数据为抓手开展数据治理，能更好地管理数据资产，理清数据之间的关系，实现精准高效的分析和决策。

11.2.2 元数据分类

常用的元数据分类方式有以下三种（见表 11-1）。

（1）按照业务主题组织，通过从业务域到业务主题、实体数据、数据模型的逐层分解，规划元数据分类，形成业务人员易于理解的数据目录。

（2）按照数据源组织，以源数据系统、数据表、数据结构的形式展现企业数据目录，更便于 IT 人员使用元数据。

（3）根据元数据用途及使用者差异，制定分类框架，分为业务元数据、技术元数据、操作元数据。

1. 业务元数据

业务元数据（Business Metadata）是从业务角度出发，用于描述和理解数据含义、背景、规则及其业务价值的基础信息。业务元数据是关于数据的业务知识，它解释数据的业务背景、含义、规则和价值，使数据对业务用户变得可理解、可信赖和可操作，是释放数据业务价值、赋能数据驱动文化、实现有效数据治理不可或缺的基石。没有良好的业务元数据，数据就像一堆没有标签的零件，即使存在也难以被正确有效地使用。简单地说，业务元数据描述业务含义、规则等。业务元数据通常包含以下业务内容：

（1）业务定义、业务术语解释。
（2）业务指标名称、衍生指标。
（3）业务引擎的规则。
（4）数据安全或敏感级别。

2. 技术元数据

技术元数据（Technical Metadata）是结构化处理后的数据，便于计算机或数据库识别、存储、传输和交换。技术元数据是从技术视角描述数据的结构、系统属性及处理过程的基础信息，本质上是数据的"技术说明书"，为IT人员管理、开发和维护数据系统提供关键支持。技术元数据通常包含以下内容：

（1）物理数据库表名称、列名称、字段长度、类型、约束信息、数据依赖关系。
（2）数据存储位置、格式。
（3）调度依赖关系、进度和数据更新频率。

3. 操作元数据

操作元数据（Operational Metadata）是描述数据系统在运行过程中产生的实时状态、性能指标和作业执行细节的动态信息。简单地说，操作元数据描述业务数据的操作属性。本质上是数据流水线的"运行时监控日志"和"体检报告"，为运维人员和数据工程师提供系统健康洞察和故障诊断依据。操作元数据通常描述以下内容：

（1）数据所有者、使用者。
（2）数据访问方式、时间和限制。
（3）数据访问权限、组和角色。
（4）数据处理日志。
（5）数据备份、归档人及时间。

表 11-1　元数据的分类

元数据分类	元数据类型	元数据描述
业务元数据	业务定义	数据的含义
	业务规则	数据录入规则
	识别规则	识别规则
	质量规则	质量规则

续表

元数据分类	元数据类型	元数据描述
技术元数据	存储位置	数据存储在什么地方
	数据库表	存储数据的库表名称和路径
	字段类型	数据的技术类型
	字段长度	数据存储的最大长度
操作元数据	更新频率	数据更新频率
	管理部门	数据责任部门
	管理责任人	

11.2.3 元数据功能

元数据应用十分广泛，元数据的功能主要包括以下方面：

（1）数据描述。元数据能描述数据的内容、属性、来源和结构等信息，帮助用户了解数据的内在含义与特征。

（2）数据检索。通过元数据可建立信息对象间的关系，为用户提供多层次、多途径的检索体系，便于快速发现所需的信息资源。

（3）数据定位。元数据包含数据存储位置信息（如 URL、DOI 等），使用户能准确找到并访问数据。

（4）数据管理。元数据在数据加工、存档、使用和管理中发挥重要作用，包括权限管理、版权保护等。

（5）数据评估。元数据可记录资源使用和评价信息，通过分析这些信息，帮助资源建立与管理者更好地组织资源。

（6）数据解释和定义。提供数据含义的明确信息，帮助用户和技术人员正确理解数据。

（7）提升工作效率。因包含数据存储位置和获取方式，用户可更高效地找到和使用数据。

（8）自助式使用数据。良好的元数据管理视图可以使业务人员独立、准确地定位和使用数据，减少对技术人员的依赖。

（9）提高数据质量。元数据管理有助于确保数据的完整性和正确性，从而提高数据质量。

（10）跨系统互联互通。支持不同 IT 系统间的数据转换和兼容，实现数据互联互通。

（11）数据安全性。可包含数据敏感性和访问控制信息，保障数据安全和合规。

综上所述，元数据在数据管理、检索、使用和保护等方面至关重要。若数据提供者能够全面详细地描述数据资产，可最大限度地吸引感兴趣的数据消费者，若其遵守数据空间通用描述标准，则能简化对潜在数据消费者的发现过程。

11.2.4 元数据实例

都柏林核心元素集（Dublin Core Metadata Element Set，DCMES）是致力于规范 Web 资源体系结构的国际性元数据解决方案。它定义了所有 Web 资源都应遵循的通用核心标准，由于其元素具有通用性，得到了其他相关标准的广泛支持。面向其他类型资源的元数据标准，基本都兼容 DCMES 并对其进行扩展。它已成为互联网正式标准 RFC2413 和美国国家信息标准 Z39.85。DCMES 的元素见表 11-2。

表 11-2 DCMES 的元素

标识	中文	解释
Title	题名	赋予资源的名称
Creator	创建者	创建资源内容的主要责任者
Subject	主题	资源内容的主题描述
Description	描述	资源内容的说明
Publisher	出版者	使资源可被获取的责任实体
Contributor	其他责任者	资源存续期间作出贡献的其他实体，除制作者／创作者外的其他撰稿人和贡献者，如插图绘制者、编辑等
Date	日期	资源生存周期中相关事件的时间
Type	类型	资源所属的类别，包括种类、体裁、作品等级等描述性术语
Format	格式	资源的物理或数字表现形式，包括媒体类型或资源容量，可用于限定资源显示或操作所需的软件、硬件或其他设备（容量表示数据所占的空间大小）
Identifier	标识符	资源的唯一标识，如 URI（统一资源标识符）、URL（统一资源定位符）、DOI（数字对象标识符）、ISBN（国际标准书号）、ISSN（国际标准刊号）等
Language	语种	描述资源内容的语言种类
Source	来源	当前资源源自的参照对象
Relation	关联	与其他资源的索引关系，通过标识系统标引参考的相关资源
Coverage	覆盖范围	资源的应用范围，包括空间位置（地名或地理坐标）、时间范围（年代、日期或日期范围）或权限范围
Rights	权限	使用资源的权限信息，包括知识产权、著作权及其他所有权。若无此项，视为放弃相关权利

下面给出用 DCMES 描述网页资源的 XML 示例代码。

【xml】

```xml
<?xml version="1.0" encoding="UTF-8"?>
<metadata xmlns:dc="http://purl.org/dc/elements/1.1/">
    <dc:title>人工智能与未来教育</dc:title>
    <dc:creator>李华</dc:creator>
    <dc:subject>
        <dc:subjectTerm>人工智能</dc:subjectTerm>
        <dc:subjectTerm>教育技术</dc:subjectTerm>
        <dc:subjectTerm>未来教育</dc:subjectTerm>
    </dc:subject>
    <dc:description>本文探讨了人工智能在教育领域的应用及其对未来教育模式的影响。</dc:description>
    <dc:publisher>智慧教育出版社</dc:publisher>
    <dc:contributor>
        <dc:contributor>王五（编辑）</dc:contributor>
        <dc:contributor>赵六（校对）</dc:contributor>
    </dc:contributor>
    <dc:date>2023-04-15</dc:date>
    <dc:type>网页</dc:type>
    <dc:format>text/html</dc:format>
<dc:identifier>http://www.smarteducation.com/articles/ai-future-education</dc:identifier>
    <dc:source>智慧教育在线</dc:source>
    <dc:language>zh-CN</dc:language>
    <dc:relation>
<dc:relation>http://www.smarteducation.com/category/ai</dc:relation>
<dc:relation>http://www.smarteducation.com/author/lihua</dc:relation>
    </dc:relation>
    <dc:coverage>全球</dc:coverage>
    <dc:rights>
        <dc:rights>本文版权归智慧教育出版社所有，未经授权，禁止转载。</dc:rights>
</dc:rights>
```

```
        </dc:rights>
    </metadata>
```

本示例采用都柏林核心元素集对"人工智能与未来教育"网页资源[1])进行描述，涵盖标题（dc:title）、创作者（dc:creator）、主题（dc:subject，使用多个主题词）、描述（dc:description）、出版者（dc:publisher）、贡献者（dc:contributor，包括编辑和校对人员）、日期（dc:date）、类型（dc:type）、格式（dc:format）、标识符（dc:identifier）、来源（dc:source）、语种（dc:language）、关联（dc:relation，包括相关类别和作者页面）、覆盖范围（dc:coverage）和权限（dc:rights）等元数据元素。

由于 dc:subject 元素支持多主题词，故采用嵌套的 dc:subjectTerm 元素表示。同样，dc:contributor 和 dc:relation 元素因可包含多个值，也通过嵌套元素结构体现上述关系。

该示例展示了利用 DCMES 描述网页资源的方法，通过提供关于资源的详细信息，助力资源的发现、理解和使用。

11.2.5 数据资产元数据描述框架

数据资产既不同于传统的物质资产，也不同于一般的数字资源。以往，图书情报界对文献、信息资源、数字资源、知识资源和网络资源等的元数据研究较多。近几年，我国针对数据资产或数据产品的描述，也制定了一些标准。例如，《信息技术 数据交易服务平台 交易数据描述》（GB/T 36343-2018）、《电子商务数据交易 第2部分：数据描述规范》（GB/T 40094.2-2021）。

1. 数据交易服务平台交易数据描述框架

GB/T 36343-2018 定义了数据交易服务平台交易数据的描述框架，如图 11-1 所示。该框架将描述信息分为必选信息（19 个）和可选信息（5 个）两大类，共包含 24 个信息元素，从数据基本信息、数据价值、数据状态、数据权属、数据管理和数据应用等 6 个方面对交易数据进行描述。

（1）数据基本信息。
- 数据编号（或唯一标识符）。
- 数据名称。
- 关键词。
- 所属行业。

---

1) https://baike.baidu.com/item/%E6%9C%AA%E6%9D%A5%E6%95%99%E8%82%B2/6654534。

第 11 章 数据空间内数据资产管理

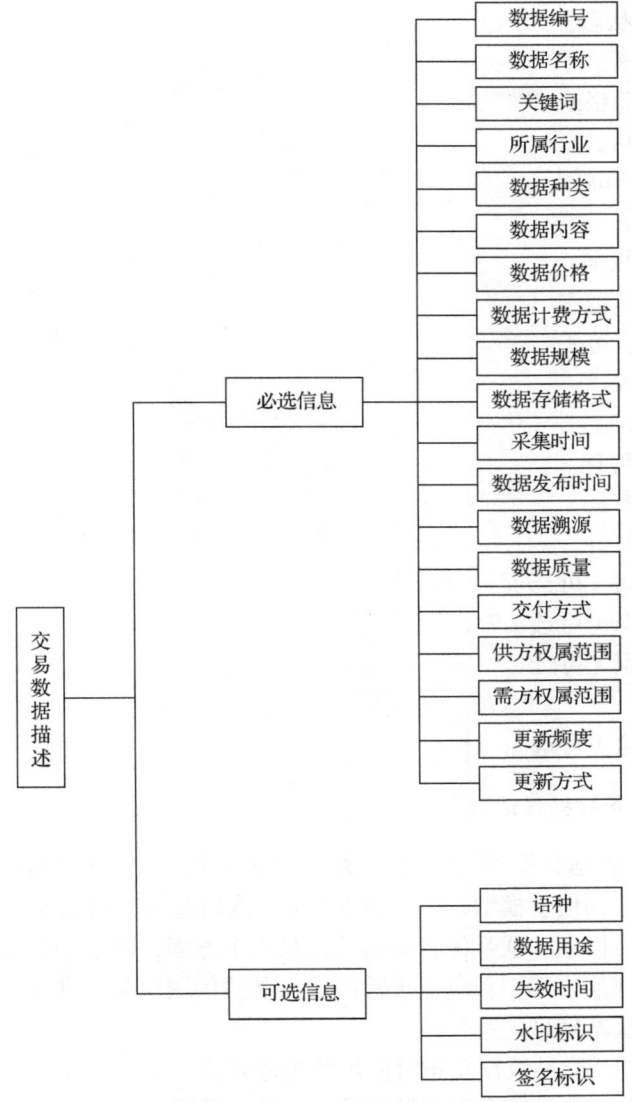

图 11-1 数据交易服务平台交易数据描述框架图

- 数据种类。
- 数据内容。
- 语种（可选）。

（2）数据价值。

- 数据价格。
- 数据计费方式。

（3）数据状态。
- 数据规模。
- 数据存储格式。
- 采集时间。
- 数据发布时间。
- 数据质量。

（4）数据权属。
- 供方权属范围。
- 需方权属范围。
- 数据溯源。
- 交付方式。

（5）数据管理。
- 更新频率。
- 更新方式。
- 失效时间（可选）。
- 水印标识（可选）。
- 签名标识（可选）。

（6）应用。
- 数据用途（可选）。

2. 电子商务数据描述规范

《电子商务数据交易 第2部分：数据描述规范》（GB/T 40094.2-2021）定义了交易数据描述的信息模型，如图11-2所示。该模型从数据基本信息、机构信息、账户信息、人员信息、联系信息和信用信息六个方面，对电子商务数据交易数据的描述进行了规范，其创新点在于首次定义了"信用信息"维度。

（1）数据基本信息。
- 数据名称：交易数据发布时使用的规范名称。
- 数据编码：交易数据在交易活动中的唯一标识。
- 数据标签：描述数据内容的核心关键词。
- 计费方式：交易数据定价的具体方式。
- 数据价格：交易数据价值的量化货币表现。
- 数据规模：交易数据的存储空间大小、数据条数等量化指标。
- 描述语种：交易数据内容采用的语种名称。
- 有效期限：交易数据可被购买、下载、使用或调用的有效截止日期。
- 数据种类：根据数据性质和应用表征区分的可识别数据集合。

第 11 章　数据空间内数据资产管理 ·253·

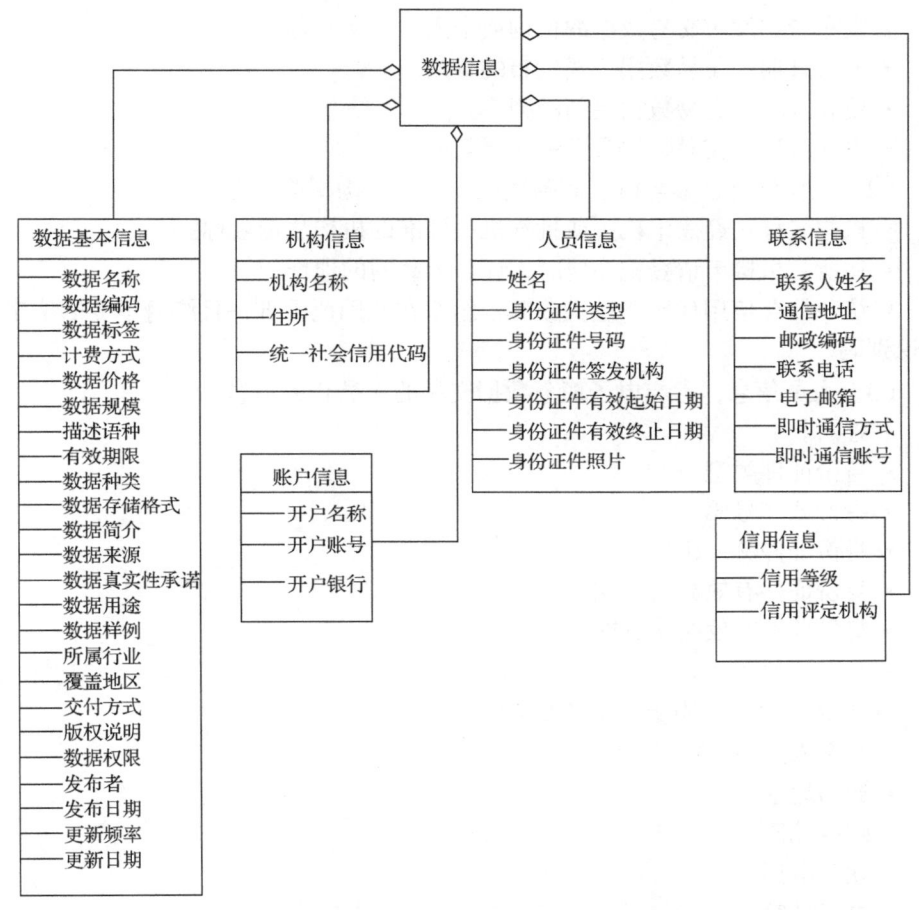

图 11-2　电子商务交易数据描述信息模型

- 数据存储格式：数据记录的具体格式。
- 数据简介：对交易数据主题内容的简要描述。
- 数据来源：交易数据的原始生成或采集渠道。
- 数据真实性承诺：对交易数据真实性的书面承诺说明。
- 数据用途：交易数据的适用范围、目标人群、应用场景及业务领域等。
- 数据样例：交易数据主要字段内容或实际数据结构的示例说明。
- 所属行业：交易数据对应的国民经济行业名称。
- 覆盖地区：交易数据内容涉及的行政区划名称。
- 交付方式：交易数据交付采用的具体方法或途径。
- 版权说明：数据所有权归属的信息说明。
- 数据权限：数据提供方对数据需求方使用数据的权利限制范围。

- 发布者：发布交易数据的机构或个人的中文全称。
- 发布日期：交易数据正式发布的日期。
- 更新频率：交易数据更新的频率。
- 更新日期：交易数据最近一次更新的日期。

（2）机构信息，参与电子商务数据交易的机构相关信息。
- 机构名称：经登记机关或批准机关核准的机构法定名称。
- 住所：机构申请登记注册时，证照上载明的地址。
- 统一社会信用代码：法人或其他组织在全国范围唯一且终身不变的法定身份识别码。

（3）人员信息，参与电子商务数据交易的人员相关信息。
- 姓名。
- 身份证件类型。
- 身份证件号码。
- 身份证件签发机构。
- 身份证件有效起始日期。
- 身份证件有效终止日期。
- 身份证件照片。

（4）联系信息，用于联系的相关信息。
- 联系人姓名。
- 通信地址。
- 邮政编码。
- 联系电话。
- 电子邮箱。
- 即时通信方式。
- 即时通信账号。

（5）账户信息，机构或人员的开户账号信息。
- 开户名称。
- 开户账号。
- 开户银行。

（6）信用信息，机构或人员的信用评估信息。
- 信用等级。
- 信用评定机构。

3. 数据产品登记信息描述规范

我国一些省市也制定了数据资源描述相关标准。例如，贵州省制定了《政府

数据资源目录 第1部分：元数据描述规范》，山东省于2022年制定《数据产品登记信息描述规范》，浙江省于2024年制定《产业数据仓 第2部分：数据资源编目规范》等。

其中，山东省《数据产品登记信息描述规范》定义了"登记信息框架图"，将数据产品登记信息分为"通用信息"和"个性信息"两大类，涵盖数据产品基本信息、应用场景、权属、使用方式、状态和类型等六个方面，如图11-3所示。

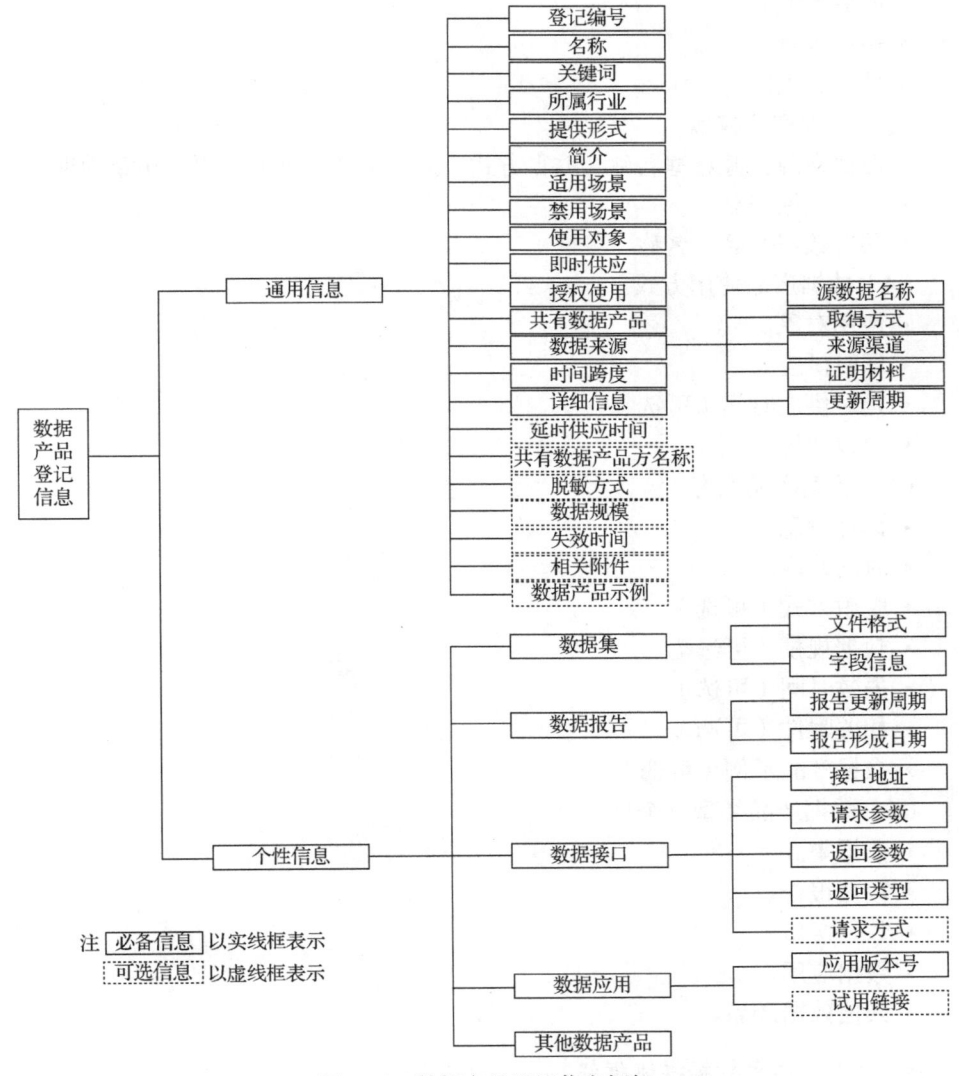

图11-3 数据产品登记信息框架

（1）数据产品基本信息。
- 登记编号。
- 名称。
- 关键词。
- 简介。

（2）数据产品应用场景。
- 所属行业。
- 适用场景。
- 禁用场景。

（3）数据产品权属。
- 数据来源：源数据名称、取得方式、来源渠道、证明材料、更新周期。
- 共有数据产品。
- 共有数据产品方名称（可选）。

（4）数据产品使用方式。
- 使用对象。
- 即时供应。
- 延时供应时间（可选）。
- 授权使用。

（5）数据产品状态。
- 详细信息。
- 时间跨度。
- 脱敏方式（可选）。
- 数据规模（可选）。
- 失效时间（可选）。
- 相关附件（可选）。
- 数据产品示例（可选）。

（6）数据产品类型（个性信息）。
- 数据集。
- 数据报告。
- 数据接口。
- 数据应用。
- 其他数据产品。

4. 数据资产元数据描述框架

目前，国际和国家层面尚未制定发布数据资产元数据描述标准规范。结合数据空间应用场景和数据资产特征，参考上述国家标准和地方标准的描述框架，构建如下的数据资产元数据参考描述框架。

（1）数据资产基本信息。
- 数据资产名称。
- 数据资产别名（如有）。
- 数据资产类型（如数据库表、文件、API 等）。
- 数据资产 ID（唯一标识符）。
- 创建日期。
- 最后更新日期。
- 创建者。
- 提供者或维护者。
- 数据资产简介：简短描述数据资产的内容和用途。

（2）数据资产价格。
- 数据资产价格。
- 交易方式（按合约规定的交易方式）。

（3）数据资产状态。
- 数据源类型（如关系数据库、NoSQL 数据库、文件系统等）。
- 数据源地址（如数据库 URL、文件路径等）。
- 数据格式（如 CSV、JSON、XML、二进制等）。
- 数据编码（如 UTF-8、GBK 等）。
- 存储位置（如服务器名称、数据库名、表名、文件路径等）。
- 存储介质（如硬盘、SSD、云存储等）。
- 表/文件结构（含列/字段名、数据类型、长度、精度等）。
- 索引/键（如主键、外键、唯一索引等）。
- 约束条件（如非空约束、唯一性约束、检查约束等）。
- 与其他数据资产的关联（如外键关系、数据转换流程等）。

（4）数据资产应用场景。
- 业务域：数据所属的业务领域或主题。
- 业务规则：与数据相关的业务逻辑、计算规则、数据有效性检查等。
- 数据字典：对关键字段或代码值的解释和说明。
- 数据生命周期：数据的创建、使用、更新、归档和销毁等阶段。
- 数据质量管理：数据准确性、完整性、一致性、及时性的管理和监控。

（5）数据资产使用方式。
- 数据安全与隐私：数据的访问控制、加密、脱敏等安全措施。
- 数据使用者：使用数据的部门、团队或个人。

- 数据消费者：实际使用数据的组织或个人。
- 应用场景：数据在哪些业务场景或应用中使用。
- 数据访问权限：具体的访问权限和方式。
- 数据使用政策：数据使用的权限和规范。
- 数据转换过程：数据在系统中的转换、加工和处理流程。
- 数据流：数据在系统中的流动路径和转换过程。
- 数据来源追踪：数据的原始来源和生成过程。

（6）其他。
- 数据资产质量。
- 数据规模。
- 数据版本管理：版本控制、变更记录和审批流程。
- 备注：与数据资产相关的其他重要信息或说明。
- 附件：相关数据模型、数据字典、流程图等文档的链接或存储位置。

以上是数据资产描述的参考框架，可作为数据提供者发布数据资产描述元数据的参考。针对不同需求或应用场景，可适当地删减或补充。在数据空间中描述数据资产时，一方面可依据实际需求（如数据资产如何发现、理解和选择），突出描述数据资产的基本信息、技术属性、权属、价值属性及应用场景等使用属性；另一方面可考虑如何描述数据提供者的数据主权，如数据使用限制政策等。

11.3 元数据智能发现

元数据发现是指在企业或组织的数据环境中，定位、识别并获取元数据的过程。元数据作为"关于数据的数据"，描述了数据的结构、内容、来源、用途等关键信息，对数据的理解、管理、检索和使用至关重要。国家数据局对元数据智能识别的定义是，一种资源互通技术，将元数据从一种格式转换为另一种格式，包括但不限于对数据的属性、关系和规则进行重新定义，以确保数据在不同系统中的一致性和可理解性。对于数据空间或数据市场的发展，如何解决"先有数据，后有模式"问题，即对海量缺少数据模型描述的数据进行语义发现和理解，是亟待研究的问题。

1. 元数据的获取途径

元数据的基本要素来源包括业务术语、业务规则、报表说明、指标定义，以及各业务系统的数据结构、代码字段取值、数据迁移和转换规则等。这些元数据除了通过自动化工具获取，有时候还需要通过模版手动整理作为补充。

2. 元数据发现的过程

（1）定义元数据需求。明确企业或组织需要的元数据类型，以及这些元数据对数据管理和分析活动的支持方式。

（2）选择元数据标准。根据业务需求和技术环境，选择合适的元数据标准和模型，确保元数据的标准化和互操作性。

（3）元数据采集。从数据库、数据仓库、数据湖、文件系统等各种数据源中收集元数据。

（4）元数据加工和存储。对采集的元数据进行清洗、转换和丰富，以适应不同的使用场景和需求，并存储于元数据仓库中。

（5）元数据查询和检索。提供高效的查询和检索功能，支持用户通过关键词、属性、关系等条件快速定位所需元数据。

3. 元数据采集

通常情况下，元数据采集包含以下四个步骤：

（1）数据源识别。识别组织内部所有数据源，包括数据库、数据仓库、数据湖、文件系统等。

（2）采集工具选择。根据数据源类型和特点，选择合适的元数据采集工具，自动从数据源提取元数据，并存储到元数据仓库中。

（3）采集策略制定。明确采集频率、范围、深度等策略，确保元数据全面准确。

（4）采集元数据元素。

4. 元数据智能发现的技术实现

元数据智能发现是利用人工智能技术自动化地获取、整理和分析元数据的过程。

（1）自然语言处理与文本挖掘。从文档、网页等非结构化数据中提取标题、作者、日期等元数据。

（2）机器学习算法。通过训练机器学习模型自动识别数据模式和特征，如用分类算法识别数据类型，用聚类算法来划分数据集合等。

（3）元数据标准与模型。根据特定标准和模型定义，组织元数据，为智能发现提供规范和指导。

（4）元数据存储与管理系统。借助元数据存储与管理系统来存储、管理和查询元数据，支持元数据搜索、数据血缘追踪等功能。

5. 元数据智能发现的应用场景

（1）数据仓库与数据湖。帮助用户快速了解数据结构和内容，便于数据分析挖掘。

（2）学术出版与数字图书馆。提取学术文献的数字对象唯一标识符（DOI）、作者、摘要等信息，方便文献检索和引用。

（3）企业数据管理。助力企业管理和利用其数据资产，提高数据可见性、可用性和价值。

6. 元数据智能发现技术的难点

元数据智能发现是数据管理和分析的一项重要技术，可通过自动化手段，提升数据管理效率，促进数据共享与流通，为数据分析和挖掘提供有力支持。但仍存在以下技术难点。

（1）管理范围局限。元数据管理多局限于数据仓库层面，缺乏企业全局治理视角。制约数据资产整体视图构建，以及跨部门、跨系统的数据共享与协作。

（2）业务融合障碍。元数据管理系统与企业实际业务流程融合困难，导致业务人员使用率低，限制了元数据在企业创新中的应用潜力。

（3）应用场景单一。当前元数据应用主要集中在血缘分析、版本管理等内部功能，未充分挖掘潜在价值。

（4）扩展性差。很多元数据管理工具无法适应企业数据环境的动态变化。

（5）采集能力不足。依赖手工录入，人工成本高，难以建立完整的信息链路。

（6）实时性不高。元数据治理无法实时反映数据资产状况，跟不上企业数据增长速度。

综上所述，元数据智能发现技术需不断引入新技术、优化算法、提升系统性能，并加强与企业业务流程的融合，以充分释放元数据在数据治理和业务创新中的价值。

11.4　数据空间元数据代理

在数据空间架构中，元数据代理是关键组件，主要用于协调元数据的存储、访问与路由，特别是在多用户场景下实现数据隔离与动态扩展。数据提供者希望在数据空间中央组件中创建并发布自我描述（如数据提供者及其提供的数据资产的元数据），可将自我描述发送至元数据代理。这样，数据消费者无须知晓数据提供者的存在或位置，即可找到合适的数据供应商。

11.4.1 元数据代理的功能

元数据代理在数据空间中扮演中介或桥梁角色，代表用户或应用程序与元数据仓库交互。元数据代理可以接收用户对元数据（如数据提供者的自我描述）的查询、更新或管理请求，并转发给相应的元数据仓库进行处理。同时，将元数据仓库的响应返回给用户或应用程序。

数据空间的每个参与者都需要选择合适的元数据代理。元数据代理存储数据提供者创建和发布的数据资产自我描述，供其他数据空间连接器搜索。数据消费者可以通过搜索这些自我描述，过滤相关报价等信息，并与数据提供者协商，在其托管的数据连接器上获取自己所需数据。概括地说，元数据代理具备以下三方面的功能。

1. 元数据查询

根据用户的请求，在元数据仓库中查找并返回相关数据资产的元数据信息。帮助用户了解数据资产的来源、结构、质量等特征，以便更高效地使用数据。

2. 元数据更新与管理

支持对元数据的更新和管理操作。例如，当数据源发生变化时，接收并处理更新请求，确保元数据仓库中的信息保持最新和准确。

3. 数据访问控制

根据用户的权限和角色，实施数据访问控制。根据用户的数字身份隔离元数据与底层数据，保护敏感数据不被未经授权的用户访问。

11.4.2 元数据代理的应用场景

元数据代理有广泛的应用场景。例如，在数字图书馆中，元数据作为书籍、文献等数字化信息资源的描述性信息，可帮助用户快速检索和定位所需资源。用户通过获取元数据的内容，决定是否进一步获取原文。在数据仓库和数据湖管理中，元数据代理可以帮助用户快速定位和访问所需数据；在文件与文档管理系统中，通过为文件和文档添加元数据（如作者、创建时间、标签等），元数据代理可实现快速检索和分类管理；元数据代理在数据空间内的应用场景，主要通过元数据的核心功能实现对数据的智能化管理和协调，体现在以下几个方面。

1. 数据发现与检索优化

元数据代理可作为中介，通过解析元数据中的描述信息（如数据主题、格式、存储位置等），帮助用户快速定位目标数据。例如，内置元数据搜索引擎可避免传统逐层查找的低效问题，直接通过关键词或业务属性匹配数据资源。

2. 跨系统数据集成

在异构数据源集成中，元数据代理通过记录技术元数据（如数据格式、坐标系、字段含义等）和业务规则，自动协调不同系统间的数据映射关系，确保数据转换和集成的准确性。例如，数据集成的元数据可解决数据格式冲突和语义对齐问题。

3. 数据质量监控与治理

元数据代理可基于管理元数据（如数据来源、加工逻辑、质量规则）实时监控数据质量。例如，通过校验元数据中的精度定义和逻辑关系，自动触发数据清洗或告警流程，保障数据的可靠性和一致性。

4. 动态访问控制与权限管理

数据代理结合安全元数据（如数据敏感性标签、权限策略），实现细粒度的访问控制。例如，根据用户角色和元数据中的授权规则动态调整数据访问权限，确保合规使用。

5. 数据血缘与影响分析

通过记录数据血缘元数据（如数据加工链路、上下游依赖关系），元数据代理支持追踪数据来源、分析变更影响范围。例如，在数据仓库中快速定位某指标的计算逻辑异常或上游数据问题。

6. 智能数据路由与分发

元数据代理可根据元数据属性（如时效性、处理类型）动态规划数据传输路径。例如，将实时流数据路由到低延迟计算节点，批量分析数据分发到存储密集型节点，优化资源利用率。

11.4.3 元数据代理的实现方式

元数据代理功能的实现通常依赖于特定的元数据管理系统或平台。这些系统或平台提供元数据的采集、存储、管理和应用等功能，支持用户通过元数据检索和发现所需的信息资源。

1. 元数据代理的系统架构

元数据代理系统通常由客户端、元数据服务器、代理服务器（有时也称数据服务器）等组件构成。

元数据服务器：存储每个文件或目录的关键元数据，管理文件系统命名空间，以及文件、目录和对象物理存储位置之间的映射。

代理服务器：实现客户端和元数据服务器之间的桥接，接收客户端的输入/输出请求，经处理后转发到元数据服务器。同时，代理服务器负责维护目录分配表，以实现元数据服务器集群的动态负载均衡。

2. 关键技术

目录分配表：代理服务器通过目录分配表管理不同元数据服务器的负载分配。

心跳机制：元数据服务器和代理服务器之间通过心跳机制保持通信，确保系统的稳定性和可靠性。

元数据扩充与合成：在某些场景下，系统可对元数据进行扩充和合成，例如，基于数据提供者或其他渠道收集的信息，对元数据进行修改或添加新的信息处理，以增强数据关联性。

3. 实现步骤

（1）请求接收。应用程序通过客户端 API 发出文件操作请求（如打开文件）。

（2）请求转发。请求通过网络传送给代理服务器端，由代理服务器接收并处理。

（3）请求分组与打包。代理服务器根据目录分配表对请求分组，将每个装满的分组打包成请求包，对应到元数据服务器的处理包。

（4）负载均衡与请求处理。代理服务器的转发器将请求包转发给对应的元数据服务器。元数据服务器将请求包"解包"为文件请求，并执行相应操作。

（5）结果返回。元数据服务器将处理结果分发给对应的客户端。

综上所述，元数据代理是一种高效的数据管理和查询方式，它通过利用元数据的描述性信息来代理实际数据或资源，从而节省网络资源、提高数据检索效率，并支持多种应用场景。

4. **企业数据空间元数据代理应用实例

**作为国内数据空间技术的领先企业，通过支持元数据代理实现数据可控交换。具体实践如下：

（1）内部数据空间开通。企业内部各部门开通数据空间，元数据代理系统实现高密、重要数据跨部门的安全可控共享。

（2）元数据交换与管理。为企业自身和上下游生态伙伴企业开通数据连接器，实现研发、供应、服务等领域数据的可控交换。确保元数据仓库中的信息实时准确，支持批量更新和定时更新策略。

（3）效果与收益。促进高密、重要数据的有效利用。支持质量追溯、产品开发协同、能力提升等业务场景的可控数据交换。提升与伙伴协同合作的深度和广度。

该案例展示了元数据代理在数据空间中的具体实现和应用。通过元数据代理，企业可以更有效地管理和利用数据资源，提升数据质量和利用效率，进而支持业务决策和创新发展。

11.5 数据空间统一数据目录体系建设

目录是数据空间内实现数据发现的常见组件，可由一个或多个选定参与者作为托管服务实施，或由数据空间治理机构托管，也可由每个提供数据合同的参与者以完全分散的方式操作。目录体系架构类型取决于数据空间的设计以及参与者的需求和能力。

目前，国内外数据空间实践主要集中在农业、工业、制造业等单一领域，不同数据空间来源的数据、产品和服务的跨主体互认，仍面临技术标准和体制机制的约束。由于缺乏统一数据目录体系和全局管理，难以实现跨区域或跨行业数据的互联互通和共享利用。

11.5.1 数据目录与目录体系

1. 数据目录

目录是一种用于组织和展示信息或资源的结构化列表。数据空间内，目录是指由数据提供者发布的代表数据集及其报价的条目集合。我国国家数据局对资源目录的定义是，一种可信数据空间共性服务，按照统一接口标准建设，提供数据、服务等资源的发布与发现能力，可同时被多个可信数据空间使用。

在计算机科学和信息资源管理领域，目录通常是指用于存储、分类和检索文件、文档、数据库记录等数据对象的数据结构或系统。数据目录在数据空间内具有组织数据资产、导航数据资产、检索数据资产、管理元数据和控制访问等功能。华中师范大学的曾建勋教授提出，数据目录是实现数据资产统一管理的工具，通过对所有数据、数据产品和数据服务进行分级、分类、分层、分权限整编，以结构化和可管理的方式组织与访问数据。数据目录对组织内所有数据资产（包括数据库、数据仓库、数据文件、API、报表、指标、模型等各类数据资源）进行索引和描述，提供全面的可用数据资产清单，有助于跟踪不同系统、流程和应用程序之间的数据轨迹，促进数据的发现、理解和使用[1]。

概括地说，数据目录是数据空间各项"数据"的索引，存放数据集元数据的集合，数据空间采用 DCAT 作为数据目录标准，用于对数据资源进行重构描述，确保不同组织或平台的数据目录互操作。

2. 目录体系

目录体系是按照统一规范标准，整合组织分散的信息资源，形成逻辑集中、物理分散且可统一管理服务的信息资源目录，并以目录数据的形式发布资源，提供统一的资源发现和定位服务，实现资源共享交换[2]。2008 年 3 月 1 日正式实施的国家标准《政务信息资源目录体系 第 1 部分：总体框架》（GB/T 21063.1-2007）定义了政务信息资源目录体系，该体系由目录服务系统、支撑环境、标准与管理、安全保障等部分构成，旨在规范政务信息资源的管理和共享。其中，目录服务系统通过编目、注册、发布和维护政务信息资源，实现资源的发现和定位，是政府跨部门信息共享和业务协同的基础[3]。有学者认为，数据资产目录管理是数据资产管理的关键环节，包括目录的编制和更新，目的在于实现"资产可见"[4]。

3. 目录体系的功能

在文件系统中，目录用于组织文件和文件夹；在 Web 开发中，目录（如网站地图）帮助搜索引擎理解网站结构。总体而言，目录是数据管理工具，助力用户高效查找、理解和利用数据资源。在数据空间中，目录体系主要具备以下几个方面功能。

（1）数据组织与分类。系统地描述并编录数据空间内的所有数据资产，从全局视角强化管理。通过分类整合，用户可便捷浏览、查询和获取所需数据。

（2）数据发现与定位。提供强大的搜索功能，用户可通过关键词、标签、元数据等快速找到所需数据集，提升数据的可发现性与访问效率。

（3）数据理解与使用。不仅记录数据的存储位置，还详细描述数据结构、内容、来源、使用政策及相关元数据。帮助用户更好地理解数据的含义和适用性，辅助决策分析。

（4）数据治理与合规性。支持数据质量、安全和合规性管理。为数据治理政策和流程的执行提供平台，并监控数据的使用情况，确保持续合规。

（5）数据血缘与依赖管理。追踪数据的起源和流动（数据血缘），帮助理解数据间的依赖关系。通过数据血缘追踪，数据提供者可以评估数据变更对业务流程的潜在影响，保障数据的一致性和完整性。

（6）促进数据共享与协作。打破数据空间内部数据分散的状况，消除数据孤岛，实现数据资源高效共享。支持用户对数据集进行评论、评分和讨论，形成协作平台，加速数据驱动决策。

综上所述，数据空间的目录体系是全面的数据管理解决方案，通过组织、分类、发现、理解、治理、共享等功能，促进数据的有效管理和利用。它将数据资产按逻辑结构和分类体系编录整理，方便数据消费者浏览、查询和获取数据或服务。同时，提供元数据信息，增强数据资产（包括数据集、数据服务、应用程序等）的可信度和价值。目录体系是数据管理的重要工具，对提高数据质量和促进数据应用具有重要意义。

4. 数据空间目录类型

在数据空间中，统一数据目录体系为数据空间参与者提供目录查询服务，核心价值在于提升数据资产（包括数据集、数据服务和应用程序等）的可见性、可访问性和利用效率。通过集中管理数据资产，从全局视角减少数据冗余、提高数据资产描述的一致性，促进共享协作，并支持数据治理活动（如质量管理、隐私保护和合规性检查）。

数据空间是安全可信的数据流通和交易环境，也是多元主体实现价值共创的数据生态，包含数据集、数据服务、各类参与者等主体或实体。它们都有自我描述，并提供给数据空间运营者或第三方中介，便于数据消费者查询使用。每类参与者的自我描述（相当于元数据）的集合形成各类"实体"目录。依据数据空间核心参与者类型，数据空间内可以形成以下几类目录。

（1）数据资产目录（包括数据集和数据服务等目录）。这是数据空间内最重要的目录之一，数据消费者或参与者都可以通过搜索发现所需数据资产。

（2）数据应用服务（或应用程序）目录。数据应用服务与数据资源同样重要，应用程序提供者针对不同数据集、应用场景和数据消费者需求，开发和提供不同的数据应用程序。应用商店按元数据标准编目或描述，形成数据目录，供数据提供者和消费者查询。

（3）数据空间参与者目录。数据空间内所有参与者均有数字身份和"自我描述"，并希望被其他参与者发现和理解自己。数据空间运营者应建立参与者目录体系。

在国际数据空间体系架构中，还有词汇表中心、信息模型库等组件，对实现跨域数据集成与共享至关重要。因此，理论上数据空间还应包含词汇表目录、信息模型目录等。但不同类型、规模和体系架构的数据空间，可能需要建立联合数据目录、通用数据目录或统一数据目录，具体目录类型和体系，取决于数据空间的运营需求。

11.5.2 统一数据目录体系

1. 统一数据目录概述

在数据空间中，统一目录指在集成环境下，对所有数据资产进行系统化组织和管理的目录结构。它提供全面视图，涵盖数据空间内的数据资产，便于数据消费者查找、理解、访问和利用数据。这类目录通常包含数据元数据元素（如名称、来源、格式、更新周期、存储位置等基本信息），以及数据访问权限或政策、价格、合同等额外信息。

在技术实现上，数据空间统一数据目录依赖大数据处理框架、数据仓库、数据湖或数据中台等先进技术平台。这些平台提供数据集成、存储、处理和分析的基础设施与工具。同时，统一数据目录需与身份认证和访问管理系统集成，确保数据安全与合规。总之，数据空间统一数据目录是数据空间内数据资产管理的重要组成部分，有助于组织更好地管理和利用数据资产，推动业务增长和创新。

2. 统一数据目录的特性

（1）集中访问控制。统一目录为管理员提供统一入口，管理适用于所有数据的数据访问策略。

（2）安全模型。统一数据目录的安全模型通常基于标准 ANSI SQL，允许管理员在现有数据湖中使用熟悉的语法（在目录、数据库/模式、表和视图级别）授予权限。

（3）内置审计和谱系。统一数据目录自动捕获用户级审核日志，记录数据访问行为，同时捕获谱系数据，跟踪数据资产在全链路中的创建和使用过程。

（4）数据发现。统一数据目录允许对数据资产进行标记和记录，并提供搜索界面，帮助数据消费者定位数据。

11.5.3 统一数据目录体系建设方法

欧洲陆续推出多个领域数据空间计划。例如，欧盟 2024 年推出公共采购数据空间，其数据目录结构围绕数据源层、集成层、分析层和客户层展开。其中，数据源层是一个联邦网络，用于连接欧洲数据库和各国门户网站中的采购数据集，集成层将不同来源的数据整合为协调的数据集，确保数据的标准化和互操作性。分析层提供数据发现、查询和分析功能，支持生成新见解、数据驱动决策以及关键绩效指标（KPI）的设定。客户层为不同用户（如政策制定者、公共采购者和企业）提供友好的用户界面，方便访问和使用数据[5]。欧洲农业领域数据空间

DjustConnect 通过 ConnectShop 构建涵盖农业生产、管理和服务的数据目录，包括农民和农场、农业企业和服务提供商、公共数据源的相关数据，数据类别主要有作物种植数据、土壤和环境数据、生产管理数据、经济和政策数据等[6]。制造业数据空间项目 EuProGigant 的数据目录围绕制造业全生命周期展开，涵盖生产流程、供应链管理到数据分析等多个方面，核心目标是通过数据共享和互操作性提升生产效率、优化资源利用，并支持可持续发展[7]。此外，健康、能源等多个领域的数据项目在推进发展[8]。表 11-3 列举了欧洲三个数据空间统一目录的功能与特征。

表 11-3 欧洲部分数据空间的统一目录

数据空间	统一目录	相关解释
欧洲共同语言数据空间（LDS）[①]	通用目录（LDS）空间目录	（1）通用目录：作为存储库，包含世界各地已识别语言资源的相关信息。通过简单的表格，任何人都可提供数据资源指针。条目包括媒体类型、语言、资源类型、许可证、可用性、使用限制、真实性验证、MIME 类型等 （2）LDS 空间目录：采用类似 LDS 的空间架构（结构），由多个数据空间通过连接器连接构成 LDS
欧洲癌症影像联合会（Eucaim）[②]	联合目录公共目录	（1）联合目录：将癌症图像图集数据的不同联合节点中的元数据目录，作为符合联合查询要求的联合搜索端点 （2）公共目录：元数据目录可供匿名和身份验证用户使用，提供数据集元数据的可视化功能，具有基本的集中过滤/多面搜索选项。该目录存储元数据，提供可用数据集、数据访问条件的基本描述性信息 （3）技术数据合规等级：为了适应不同级别的数据合规性，建立三个技术层级：低合规性（公共元数据目录搜索）、中等合规性（联合查询功能）、完全合规（分布式和联合处理）
Gaia-X[③]（BOOT-X[④]\EuProGigant[⑤]等多个项目在使用）	联合目录	为 Gaia-X 生态系统中的数据和服务提供公共、同步、联邦化的目录服务 （1）列出 Gaia-X 合规的服务和数据资源，以及使用条件 （2）支持跨数据空间的互操作性 （3）提供集中的目录服务，促进数据交换 （4）采用联邦化架构，通过连接各个数据空间中的目录实例实现数据共享 （5）联合目录实例之间通过同步机制保持一致 （6）联合目录与 Gaia-X 的"身份和信任"服务相结合，确保只有可信参与者才能访问和使用目录中的数据 （7）支持"主权数据交换"服务，确保数据交换符合数据所有者的主权要求 （8）确保数据交换符合相关法律法规

① 欧洲共同语言数据空间（LDS），http://portal.elda.org/en/projects/current-projects/lds-common-european-language-data-space/。
② 欧洲癌症影像联合会（Eucaim），https://cancerimage.eu。
③ 盖亚-X（Gaia-X），https://gaia-x.eu/who-we-are/lighthouse-data-spaces/。
④ BOOT-X，https://www.boot-x.eu/open-source-architecture/。
⑤ 欧洲制造业数据空间（EuProGigant），https://euprogigant.com/en/。

1. 统一数据目录体系的规划设计

统一数据目录的构建通常包括以下步骤。

（1）制定数据分类体系标准框架。由国家相关部门牵头，联合各行业专家和数据管理者，制定覆盖经济、社会、政务等领域的数据资产分类框架（如金融数据、医疗数据、交通数据等大类及细分小类）。同时，参考国际成熟标准（如 ISO 数据标准），结合我国国情和数据资产特点，确保分类标准的先进性与实际性。

（2）构建数据目录体系建设标准规范。以数据分类标准为基础，构建全国统一的数据目录，应包含数据名称、来源、格式、更新周期、存储位置等基本信息。例如，气象数据需注明采集部门、数据名称、更新频率（小时级/日级等）及存储数据中心等。

（3）制定数据空间数据资产标识编码规则。为每个数据资产分配唯一标识符，采用层次化编码方式，将数据的分类信息、地域信息、机构信息等融入编码中。比如，以"地区码-行业码-数据资源序列号"的形式进行编码，方便数据的定位和管理。

（4）建立数据目录管理系统。建立数据目录管理系统，各数据提供者和管理者按照统一数据目录著录规则将数据目录信息录入系统。这个系统要具备数据目录的发布、查询、更新等功能，方便数据消费者查找和使用数据资源。同时，保障系统的安全性和可靠性，防止数据目录信息被篡改或泄露。

（5）确保目录的可维护性和可扩展性。建立动态更新机制，定期评估数据分类标准的适用性，及时补充新的数据类别，修改或删除过时的分类。同时，目录结构设计需预留扩展空间，适应业务需求的变化和数据量增长。

综上所述，通过制定数据分类框架、构建数据目录、制定标识编码规则、建立数据目录管理系统，以及保障目录的可维护性和可扩展性等措施，规范数据空间统一目录结构，提升数据管理效率和数据利用价值。数据空间统一目录是提高数据空间数据资产的可见性、可访问性和利用效率的重要工具。通过管理数据资产、提供安全的数据访问控制、内置审计和谱系功能，以及强大的数据发现能力，统一目录能为数据空间发展创造显著价值。

2. 简化的统一目录范例

简化的统一目录范例如图 11-4 所示。

（1）数据资产名称。内含数据空间域名和地址的唯一标识符，便于用户识别和查找。

（2）描述。对数据资产的简短说明，帮助用户了解数据的内容和用途。

序号	数据资产名称	描述	存储位置	数据来源	数据类型	访问权限
1	客户信息数据	包含所有客户的基本信息	数据仓库/CustomerInfo表	销售部门录入系统	结构化数据	内部访问
2	产品库存数据	实时更新各产品的库存情况	数据湖/ProductInventory文件夹	仓库管理系统	半结构化数据（JSON）	内部访问
3	销售交易数据	记录所有销售交易的历史记录	关系型数据库/SalesTransactions表	POS系统	结构化数据	内部访问+特定外部合作伙伴
4	市场调研报告	定期进行的市场调研报告	文件服务器/MarketResearch文件夹/Reports子文件夹	市场调研团队	非结构化数据（PDF）	内部访问+高级管理层
5	财务分析数据	包含财务报表、预算分析等	MPP数据仓库/FinanceAnalysis数据库	财务部门软件	结构化数据	内部访问+财务部门

图 11-4　简化的统一目录范例

（3）存储位置。数据在数据空间中的实际存储位置（涉及不同数据平台或系统）。

（4）数据来源。数据的原始来源或采集渠道，有助于用户评估数据的可靠性和准确性。

（5）数据类型。数据的格式或结构（如结构化数据、半结构化数据或非结构化数据）。

（6）访问权限。定义数据访问和使用范围，确保安全合规。

以上只是一个简化的范例，实际的数据空间统一目录包含更多字段和复杂结构，以适应不同数据空间参与者的需求和数据特性。此外，数据空间统一目录通常需要与元数据管理、数据质量监控、数据安全控制等功能相结合，保障数据资产的有效管理和利用。

11.5.4　数据目录体系建设实例

1. 公共数据资源登记目录体系构建的意义和价值

公共数据资源登记目录是以公共数据资源为对象，对公共数据资源进行有效整合、管理，形成的物理分散、逻辑集中、统一管理的数据资源目录，旨在更好地为使用者提供便捷的公共数据资源查询和共享服务，进而推动公共数据资源的开发、挖掘与高效利用[9]。公共数据资源登记目录的构建能够全面梳理和整合公共数据，基于统一的标准描述开放政府数据、编制数据目录，并建立科学规范的分类体系。通过对公共数据资源进行分类分级和数据标准化，有序组织数据，便于数据的存储、导航、检索及实际应用，从而推动公共数据资源的开发利用，规范数据的流通与共享。同时，公共数据资源登记目录管理系统的构建，为建立完善的公共数据资源登记目录体系提供了可靠便捷的工具支持，也为资源整合和共享奠定了良好的基础[10]。公共数据资源登记目录体系是连接数据管理与数据应用的桥梁，可形成数据共享和流通的生态系统，对推动数据资源的价值转化和社会化服务具有重要意义。

2. 公共数据资源目录体系框架

公共数据资源目录体系总体框架是指导公共数据资源目录体系相关研究的顶层设计，可以从整体上描述目录体系的组成和内容，有利于资源目录体系的有序系统建设，其核心在于主体（公共数据资源持有者）对客体（公共数据资源）的价值重构、技术赋能和统一化管理。

在"数据二十条"[1]的数据产权"三权分置"思想指导下，以数据资源持有、数据加工使用和数据管理经营"三权分置"为基本框架，结合公共数据资源登记目录的参与要素和运行机制，可以从主体维、目录维、技术维、机制维四个维度构建公共数据资源登记目录体系模型，如图11-5所示。

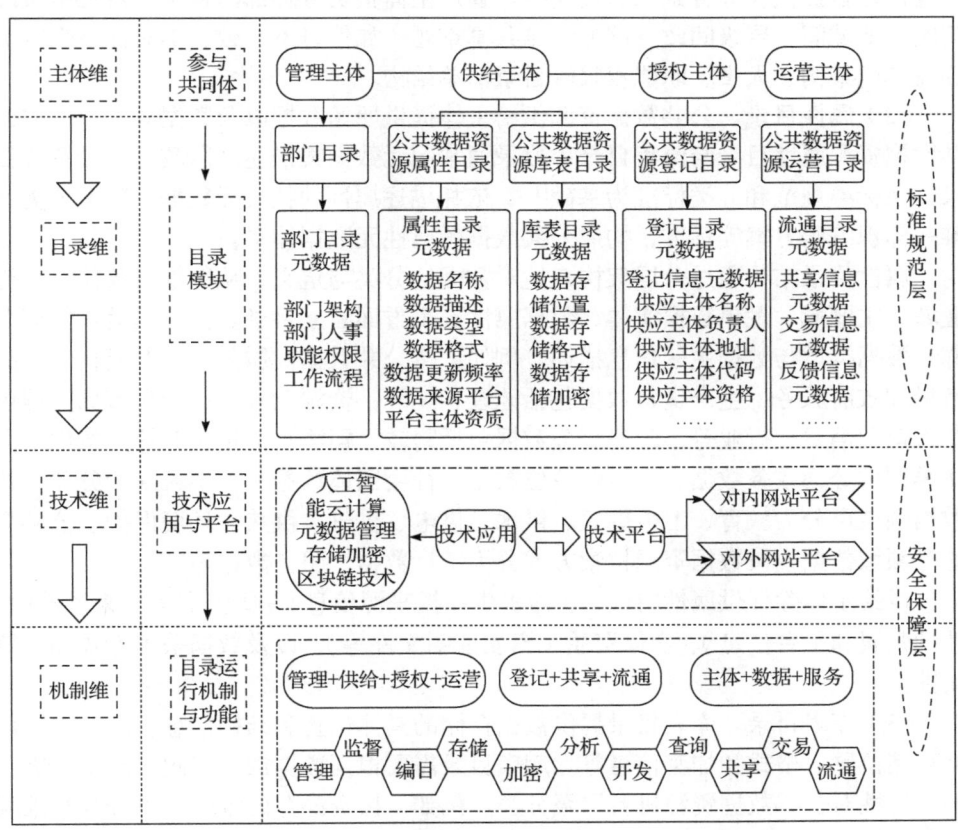

图11-5 公共数据资源登记目录体系框架

---

1) https://www.gov.cn/zhengce/2022-12/21/content_5732906.htm。

1）主体维

主体维是指参与公共数据资源活动的相关主体。一般而言，参与主体主要包括公共数据资源管理主体、供给（提供）主体、授权主体（公共数据资源持有者）、运营主体、消费主体（公共数据资源的开发利用者或直接消费者）。

2）目录维

目录维包括部门目录、公共数据资源属性目录、公共数据资源库表目录、公共数据登记目录和运营目录，这五个目录涵盖公共数据登记、存储管理和运营活动，具有顺承依赖关系。

（1）部门目录。部门目录明确职责、业务处室名称及其职责，为公共数据资源登记运营提供业务背景和职责支撑。管理主体负责管理部门目录，旨在解决部门间、地域间、层级间政务服务信息共享难题（如信息不一致、实时性不强等），涵盖部门架构、人事、职能权限等目录清单结构。

（2）属性目录。公共数据资源供给主体提供原始数据以及数据属性，形成公共数据资源属性目录与流程目录，目录通常用元数据集描述。以政务数据资源目录体系标准规范和分类标准为基础[11]，依托描述属性的核心元数据、数据分类及唯一标识编码方案等标准，构成公共数据的属性元数据体系。

属性目录结构通过分层架构表达对数据的分类与定义，从数据对象信息、行业域、主题域、逻辑数据实体、数据属性五个方面建立目录。主要涵盖：数据名称、数据类型与数据主题信息描述。例如，按公共数据性质分为生产资料、产品市场和政府服务。生产资料数据包括地理、能源、资源勘查等；产品市场数据包括人口、消费、行业等；政府服务数据包括财政、司法、信贷服务等。按供给主体类型可分为政务数据、企事业单位数据、社会团体数据及更细粒度的分类；按数据领域可分为教育、卫生健康、供水、供电、供气、供热、环境保护、公共交通等领域数据；按数据资源检索方式分为统计数据、服务数据等。

供给主体除提供属性特征，还需提供数据来源信息（领域、行业、来源部门、地理归属和平台信息）、主体资质（资质证明文件等），以及数据采集方式和法律属性。

（3）库表目录。库表目录提供数据存储的具体位置和结构信息，内容包括数据存储位置、格式和加密信息等。库表目录需要根据数据加工层次、涉密等级、共享属性对公共数据资源进行层级分类。例如，按资源存储维度，可分为基础层数据、中间层数据、应用层数据等，不同层次在集成性和灵活性等方面的要求各异。库表目录与属性目录共同为数据的检索、定位及获取提供详尽信息。

（4）登记目录。公共数据资源登记包括申请、受理、审查等程序，申请类型包括首次登记、变更登记等。在登记目录结构中主要包括供给主体（登记主体）相关信息，如单位名称、单位代码、单位资质、负责人信息等；登记活动相关信息，即登记时间、登记地点等；登记类型，首次登记、变更登记等；登记流程信息，即当前登记流程状态等。

登记目录与属性目录、库表目录共同服务于登记活动，管理主体、供给主体和授权主体分别持有目录管理权，在体系中实现独立管理、协同工作的流程机制，保障登记活动的流畅性和安全性。

（5）运营目录。运营目录的编目对象主要聚焦可进入共享运营阶段的公共数据，涵盖公共数据共享、运营等业务中不同机构间的业务协同和动态数据交换。

上述五个目录共同构成公共数据资源登记统一目录，并对应形成公共数据资源登记目录元数据库，实现公共数据资源登记、业务协同和数据运营，为政务部门、数据技术处理平台及社会公众间的数据共享、开发与利用提供依据。目录之间既相对独立又相互依赖，可互相提供服务。通过目录体系概念模型建立的属性目录、库表目录，为公共数据资源管理共享奠定基础；通过对登记目录与运营目录的程序化开放获取，可在安全有序的前提下实现公共数据资源的有效管理与利用。

3）技术维

在公共数据资源登记目录体系构建中，技术应用于公共数据登记与运营的各个环节。在数据标准指导下，应用人工智能、云计算等技术，对多模态公共数据资源进行 E-R 建模，以描述数据及其关系，指导 IT 开发相关应用系统，通过数字化处理、整合和分类，对公共数据进行盘点、分类分级和数据清洗，构建部门目录、属性目录、登记目录，实现数据在登记流程和 IT 系统的全景视图。

4）机制维

目录体系机制维度主要指运行机制，涵盖管理主体、供给主体、授权主体和运营主体等参与主体，以及这些主体参与的公共数据资源登记及后续共享流通等活动。激活公共数据资源的根本目的是将公共数据以多样、创新的方式投入经济社会发展全过程，从结果导向看，公共数据资源登记目录体系功能的设置贯穿数据登记、数据存储、数据聚合、数据共享运营服务的全周期过程。

（1）"管理+供给+授权+运营"多方主体协同。公共数据既具有"治理要素"的属性（用于政府治理和公共服务），又具有"生产要素"属性[12]（用于市场主体的生产经营和服务创新）。公共数据资源登记目录是以登记活动环节和政府数据为基础的一体化目录，不是简单的目录合集，而是更加注重登记活动和运营活动的连接，需要聚合管理主体（监管单位）、供给主体（数据登记者）、授权主体（数据登记平台）和运营主体（数据运营系统），构建多元关联的数据登记服务体系，以连接促合作，以合作促多方主体协同，以协同促进我国公共数据登记一体化建设，积极激发公共数据资源价值。

（2）"登记+共享+流通"公共数据共享。登记活动作为统一集中管理和组织数据资源的有效手段，极大地促进了公共数据的汇聚，并推动了数据查询与共享工作的深入发展。登记活动与编目存储是公共数据资源登记目录体系的核心功能，通过制度约束、系统控制等顶层设计，应用区块链[13]等技术，实现公共数据的完整性、有效性、开放性和共享性管理。通过授权运营机制，数据消费者能够以"可用不可见"的形式使用较敏感和敏感级公共数据。

（3）"主体+数据+服务"一体化数据要素市场创新。公共数据作为数据要素，应发挥创新引擎作用。创新和共享是高质量发展的主旋律，也是公共数据登记运营所要坚持的价值取向。公共数据资源登记运营体系不是简单地连接既有环节，而是要实现从政务信息登记存储到以公共数据资源为中心、以登记活动为轴心、以激发公共数据价值为目的的全流程转型升级。在登记运营活动中，要提高参与主体的专业数据分析处理能力，强化数字技术和数据人才优势，在保障公共数据安全完整的基础上，为授权运营提供数据服务，产生增值产品与服务，并在运营过程中追踪数据使用情况，形成"主体+数据+服务"一体化数据要素市场运行机制。

11.6 本章小结

数据资产是数据空间内交易的客体。数据空间内的一切活动都围绕数据资产展开。对数据资产的科学管理不仅是数据空间运营者的主要任务，也是数据能够有效发现和高效流通的前提。元数据和数据目录是实现数据资产发现和统一组织管理的工具。元数据代理作为数据空间内的重要组件，承担着数据资产查询和定位功能，因此，本章系统论述了元数据、元数据代理和数据目录，还涉及数据标识符、元数据智能发现和数据空间统一目录体系建设等内容。

参 考 文 献

[1] 曾建勋. 强化数据目录体系研究. 农业图书情报学报, 2024, 36(9): 102-103.
[2] 吴晓敏, 刘晓白. 基于目录体系的政务信息资源整合. 中国计算机报, 2006-10-30:B04.
[3] 郭路生, 刘春年. 基于 EA 的政府应急信息资源目录体系构建研究.情报杂志, 2016, 35(10): 125-130.
[4] 夏义堃, 管茜. 政府数据资产管理的内涵、要素框架与运行模式. 电子政务, 2022,1: 2-13.
[5] The Public Procurement Data Space.[2024-11-19]. https://single-market-economy.ec.europa.eu/single-market/public-procurement/digital-procurement/public-procurement-data-space-ppds_en.
[6] DjustConnect. [2024-10-26].https://www.djustconnect.be/en/ConnectShop.
[7] EuProGigant.[2024-10-26]. https://euprogigant.com/en/project/euprogigant/.
[8] 夏义堃, 程铄, 王雪, 等. 数据空间建设的实践进展与运营模式分析——基于 Data Spaces Radar 的案例. 图书与情报, 2024, 2: 18-32.
[9] 李岳峰, 胡建平, 张学高. 中国健康医疗大数据资源目录体系与技术架构研究.中国卫生信息管理杂志, 2019,

16(3): 249-256.

[10] 储昭武, 李雪凝. 公共数据资源登记目录体系研究及应用. 信息技术与标准化, 2019, 5: 10-14.

[11] 张晓娟, 任文华. 我国政务信息资源目录体系研究述评. 图书与情报, 2017, 2:48-54.

[12] 龚芳颖, 郭森宇, 马亮, 等. 公共数据授权运营的功能定位与实现机制: 基于福建省案例的研究. 电子政务, 2023, 11: 28-41.

[13] Toapanta S M, Mafla L E, Ordoñez P, et al. Blockchain analysis applied to a process for the national public data system for ecuador[C]//Proceedings of the 3rd International Conference on Information and Computer Technologies (ICICT). San Jose, CA, USA, 2020: 258-265.

第 12 章　数据空间治理

国际数据空间协会（IDSA）定义了数据共享方案，包含参考架构模型和一套用于创建与操作数据空间的协议。IDSA 计划基于普遍接受的数据治理模式，推动商业生态系统内数据的安全交换和共享。我国国家数据局局长刘烈宏指出，数据空间是由治理框架定义的分布式系统，旨在创建安全可信的数据流通环境。数据治理的目标是促进组织数据价值的实现。具体来说，就是通过对数据空间的治理，推动数据空间的参与者（或利益相关方）价值实现。

12.1　数据空间发展的未来机遇与挑战

数据空间的概念虽然已经提出十余年，但国际上已建成运营的成熟数据空间还很少，总体上看，数据空间的建设、运营和治理都是新事物、新问题。对于我国可信数据空间建设来说，如何进行科学规划？如何解决当前数据市场中存在的数据流通不畅和高质量数据产品供应不足等问题和挑战？如何制定数据空间的运营规范？如何建立信任体系？以及如何建立数据空间内数据交互的互操作标准规范以实现数据互操作，等等，都需要通过建立治理体系来解决。

我国作为互联网强国、数据大国，是数字经济发展的先行者。2019 年，中国共产党第十九届中央委员会第四次全体会议将数据确立为生产要素；2022 年，《中共中央　国务院关于构建数据基础制度更好发挥数据要素作用的意见》（简称"数据二十条"）对外发布，这些政策为我国数字经济的健康发展奠定了重要的政策基础。2024 年 11 月 21 日，国家数据局印发《可信数据空间发展行动计划（2024—2028 年）》，标志着我国数据空间建设进入了快速发展期。尽管 2015 年以来，以德国为代表的部分欧洲国家对数据空间建设和相关政策的制度开展了卓有成效的实践和探索，但目前可参考借鉴的成熟数据空间案例依然较少。从我国情况看，国家虽已出台一系列发展数字经济、数据基础设施和数据空间建设的相关政策，为数据空间建设发展创造了良好的政策环境，但同时也应看到，我国在高质量数据集的建设、数据有序流通和高效共享，以及数据安全和个人数据隐私等方面仍面临诸多挑战。

12.1.1 数据空间发展的机遇

数据空间是数据要素市场的软基础设施与载体，其发展不仅能支撑和促进数据要素市场发展，还能激发数字经济活力。概括地说，数据空间通过强化数据安全与隐私保护，应用可信技术等方式，有效保护数据持有者的数据主权，实现数据高效流通和共享，推动数字经济持续健康发展。同时，数字经济的快速发展必然为数据空间的发展带来新的机遇。总体上说，"数据二十条"和《可信数据空间发展行动计划（2024—2028 年）》为我国数据空间建设营造了良好的政策环境，海量的数据和先进的数据基础设施为我国数据空间建设奠定了基础，大数据、大语言模型和人工智能技术的快速发展为我国数据空间建设创造了技术条件。因此，从政策、技术和基础设施三方面看，我国可信数据空间发展迎来了前所未有的机遇期。

1. 政策引导支持数据空间发展

2019 年，中国共产党第十九届中央委员会第四次全体会议将数据确立为生产要素，此后我国数字经济获得前所未有的快速发展。2022 年，"数据二十条"对外发布。在该政策指引下，我国出台了加强数据基础设施建设、指导公共与企业数据资源开发利用的政策文件。2024 年 11 月 21 日，国家数据局印发《可信数据空间发展行动计划（2024—2028 年）》，成立数据领域标准化技术委员会，制定数据领域标准规范制修订计划与方案等，为数据空间发展提供了明确政策导向和支持。

2. 数据市场发展推动数据空间发展

我国数字经济的健康发展依赖于数据要素市场的快速发展，数据空间作为数据要素市场的载体，对数据要素市场具有支撑作用，目前各行各业对数据资源的需求日益增加，数据要素市场的发展迫切呼唤数据空间建设。例如，医疗卫生、农业、工业、科学技术、文化旅游等领域均需要建设行业数据空间，以满足数据共享、交换和交易需求，这为数据空间建设创造了巨大的市场机会。

3. 数据技术革新与融合为数据空间发展提供技术保障

数据空间的发展需要持续的技术创新和服务支持。隐私计算、区块链、数据沙箱和智能合约等技术，以及数据开发、数据经纪、数据托管、审计清算和合规审查等服务都是数据空间发展的重要组成部分。随着技术不断发展，新的数据服务和应用场景也将不断涌现，能够为数据空间建设提供强大的数据处理和分析能力，助力实现数据精准分类与整合，为不同用户提供个性化数据服务。

例如，大语言模型与人工智能等技术能够实现数据智能化管理与应用，提升数据空间的自动化和智能化水平。通过人工智能算法，可对数据进行自动分类、标注和推荐，为用户提供更加便捷高效的服务。同时，人工智能与大数据技术相结合，能提高数据处理和管理的效率与质量。区块链具有去中心化、不可篡改、可追溯等特点，可为数据空间提供安全可信的数据存储和传输方式，确保数据的真实性和完整性，防止数据被篡改和伪造，提高数据流通的效率和安全性。

总之，我国数据空间发展具备诸多机遇。通过把握这些机遇，可推动数据空间的建设，为数字经济和数据要素市场发展提供有力支撑。

12.1.2 数据空间发展的挑战

数据空间建设将为数据市场发展提供有力支撑，为企业基于数据驱动的业务创新带来前所未有的机遇。同时也应看到，数据空间参与者需求多样性、数据安全与隐私问题、数据使用控制、数据语义互操作等技术的复杂性，给数据空间建设和发展带来了巨大挑战。

客观上说，挑战是多方面的，既有技术层面的挑战，也有政策与法律（如数据权属问题）层面的挑战，还有组织间及参与者之间信任与认知的挑战。当前，在安全可信环境下实现数据高效流通与共享是最大的挑战。

组织间面临的最大挑战是，如何建立有价值、安全、可信的数据生态系统。或者说，由于缺乏强有力的数据交易法律和道德框架、完善的治理体系，以及可保障的数据质量和可靠可信的数据服务中介，无法激发大规模参与者的积极性。这是我国当前一些数据富集型企业"不愿共享、不想共享、不敢共享"的重要原因。

当然，挑战也有来自数据参与者自身。对于数据空间的参与者，无论是数据提供者还是数据消费者，目前都缺乏统一的数据估值标准和方法。数据具有价值，但如何测度和评估其价值，目前仍然是大问题。另外，数据安全风险是数据持有者最为关注的问题。他们无法判断数据共享后带来的价值与失去数据控制权所产生的风险之间的关系。

1. 数据合法合规的挑战

数据空间内相关数据及其业务活动的合法合规涉及以下几方面：

（1）数据主权。当前，数据所有权、访问和使用控制权、开发利用权等仍然是亟待解决的问题，在人工智能背景下更是如此。现有法律（如数据库相关权利规定）已显滞后，阻碍了人工智能领域的数据使用和新商业模式的开发。此外，数据所有权在数据市场环境中难以厘清，因为很难在法律层面界定。只有保障数据生产者（或持有者）作为"数据所有者"的权利，使其能够对数据使用主体、使用目的、使用条件及条款等进行控制，才能提高他们的共享意愿。因此，需进一步探索多元"所有权模式"以保障数据主权。

（2）个人数据隐私保护。开放数据倡议和公共区块链正在以多种方式推动开放式创新。隐私保护是需要深入研究的话题，不仅涉及技术层面，在国家法律和合规性方面也是如此。

（3）数据合规性。以数据为驱动力的中小型企业仍然面临如何融入国家统一数据生态系统的问题，例如，如何实现合规运营；监管的时间、地点及方式等。

（4）数据标准和互操作性不足。不同国家和地区在数据标准制定上存在显著差异，加之数据格式的不兼容性，容易形成数据孤岛，阻碍数据在不同系统、不同平台间的自由流动与高效共享。

2. 技术挑战

数据空间是实现数据安全高效流通与共享的功能型框架，由一组技术构件和组件构成，其安全、可信、公平的交易环境需要一系列数据技术支撑。数据空间建设相关的技术挑战主要表现在以下几方面：

（1）去中心化的分布式数据处理架构。为保证数据生产者对数据的控制权，系统架构放弃了集中式存储，采用分布式数据存储架构。因此，在考量数据量和数据速度（数据流）时，需要多考虑对地理分布不确定的分散静态数据进行实时操作的可扩展性，以及对无须中间存储的移动数据进行分布式处理的问题。因此，对分散式架构中的数据交换与互操作协议提出了更高要求。

（2）保障流通和交易数据的质量。数据空间既要保护数据提供者的权益，也要保护数据消费者的利益。因此，数据真实性对于数据共享生态系统的可持续性至关重要。各阶段的数据都需要携带有关其来源和操作（即原始形式、算法和操作元数据）的可追溯信息。另外，要提高信任度，就必须保证数据来源合法、内容真实等质量问题。

（3）实施安全的数据访问和使用限制。从技术上保障数据持有者的权利也是面临的一项技术挑战，如数据沙箱技术、数据使用控制技术、智能合约等。即使在分散的点对点网络中，也需要保证数据的安全传输和访问控制。因此，必须为数据空间参与者提供安全解决方案和数据交换协议的标准规范。

（4）数据隐私保护技术。虽然安全可信的数据共享技术解决方案（如隐私增强和隐私保护技术，包括数字身份管理）在不断发展，但面对日益复杂的数据使用环境和快速发展的数据技术，个人数据隐私保护技术仍然是一项技术挑战。而且，数据保护和共享利用存在矛盾，还需探索既可靠又灵活的方式，科学合理地解决"数据保护与共享"问题。

3. 业务和组织内的挑战

数据空间最重要的参与者是各类企业或组织，它们可能既是数据提供者，又是数据消费者。但由于其业务的多样性和复杂性，在数据提供和消费时面临许多挑战。

（1）在动态业务和数据生态系统中实施数据空间。在工业领域，共享数据生态系统必须保证数据生产者完全控制其数据的访问和使用。但数据所有权在法律上难以界定。此外，在灵活动态的业务生态系统中，缺乏实施数据主权的明确指导原则或共识，进而限制了企业共享数据的意愿。

（2）数字化转型模式对组织的挑战。企业需要在产品和服务、流程、平台和空间、市场、人员和角色、合作伙伴关系和参与式创新模式，以及绩效和数据驱动的关键绩效指标等层面推进数据驱动转型。这为组织建设或参与数据空间带来了挑战与不确定性。

（3）缺乏数据共享的信任和动力。数据市场依赖于对各行业和企业对数据商业价值的理解。但数据提供者缺乏对数据消费者的信任，数据消费者对共享数据的质量缺乏信心，交易双方的互信缺失本身就是一项挑战。此外，缺乏数据质量评估标准和科学的数据价值评估方法，导致难以实现广泛的自动数据交易。优化数据质量还需延伸至算法层面（如算法偏差）。同时需要考虑共享数据的准备成本（如清洗、质量保证）及风险（如商业秘密泄露、知识产权共享问题）。

（4）颠覆性技术对就业市场的影响。关于数据驱动新技术对工作的影响存在不同看法。从长远来看，需全面重新定义工作流程、程序和人机互动。此外，当前的教育体系仍无法持续满足新兴及未知职业的需求。

4. 数据跨境流通的挑战

数据跨境流通面临的最大挑战是政策合规。这主要源于不同国家和地区在数据保护、数据监管等方面的政策、法律法规存在冲突。数据跨境流动可能伴随数据泄露、隐私侵犯乃至国家安全风险，给数据跨境流动的管理与监管带来前所未有的挑战。特别是当数据跨越国界时，不同国家对数据收集、处理、存储及传输的法律要求与保护标准存在显著差异，增加了数据跨境流动的复杂性与不确定性。

12.2 国际数据空间的治理框架与内容

12.2.1 数据空间治理模式

国际数据空间参考架构模型的治理视角，从治理和合规性角度定义了国际数据空间的作用、功能和流程，明确了业务生态系统需满足的要求，以实现安全可靠的企业互操作性。国际数据空间的治理模式取决于数据空间的架构类型，通常包括三种治理模式：集中治理模式、联合/分布治理模式和去中心化治理模式。

国际数据空间通过以下方式支持治理问题：

（1）为数据交换、企业互操作性及新型数字商业模式的应用提供基础设施；

（2）在数据所有者、数据提供商和数据消费者之间构建可信关系；

（3）担任参与者之间的调解受托人；

（4）推动协议和合同的谈判；

（5）致力于实现数据交换和数据使用的透明度和可追溯性；

（6）允许私人与公共数据的交换；

（7）兼顾参与者的个性化需求；

（8）提供不需要中央权威的去中心化架构[1]。

12.2.2 国际数据空间参考框架不同层面解决的治理问题

1. 业务层

业务层推动了国际数据空间（IDS）参与者开发和应用新数字商业模式并明确 IDS 中的角色。该层通过纳入有关数据所有权、数据提供和数据消费的业务视角，以及描述元数据经纪等核心服务概念，与治理视角形成直接关联。

2. 功能层

功能层以技术无关的方式定义国际数据空间的功能要求及具体特征。其中，IDS 连接器是参与生态系统的主要接口。从治理的角度来看，需确保互操作性和连接性，以支撑信任、安全和数据主权。除了信息交换所和身份提供商（这些实体与治理关系明显），部分技术核心组件（如 App Store 或连接器）的功能也与治理视角有关。

3. 信息层

信息层规定信息模型，为参与者提供表达概念的通用词汇，进而定义标准化协作框架，支持利用国际数据空间基础设施建立个性化协议和合同。词汇在治理视角中至关重要，因其与通过元数据描述数据直接相关。

4. 流程层

流程层提供了架构的动态视图，描述国际数据空间不同组件间的交互关系。流程层部分描述的三个主要流程（加入流程、数据交换流程，以及数据应用的发布和使用流程）与治理视角直接，因此，界定了治理与技术架构的关联范围。

5. 系统层

系统层与治理视角有关，其在技术层面实现国际数据空间中数据端点间数据交换的不同安全等级。

12.2.3 国际数据空间的治理框架

数据空间治理机构（DSGA）负责制定数据空间的政策和规则。该角色可以由单一实体、多个实体甚至所有参与者承担。在集中式数据空间中，治理主体通常为运营公司；在联合数据空间中，治理职能由各参与方共同认可的联合机构执行；而在去中心化数据空间中，参与者通过多种机制就政策及其执行达成共识，共同分担治理权力与职能。

国际数据空间规则手册（IDSA Rulebook）是数据空间治理的重要指南，其提供标准化的治理框架，确保不同参与方在数据共享时遵循统一规则和流程。数据空间治理框架是数据空间参与者必须遵守的技术策略、业务规则和法规，作为参与各方之间的核心协议，主要包含以下三个维度：

（1）组织治理：明确数据空间的组织架构、角色与责任，涵盖数据提供者、数据使用者、服务提供者（数据空间运营方、数据中介等）及其他相关角色。

（2）技术治理：明确数据共享所需的技术架构、接口规范与安全要求，确保跨组织数据互操作性。

（3）法律与合规：提供合规指导，确保数据交换符合 GDPR、数据主权等法律要求。

12.2.4 国际数据空间的治理模型与内容

1. 国际数据空间的治理模型

国际数据空间的数据治理模型，定义了与数据定义、创建、处理和使用有关的决策权和流程框架。治理活动设定了决策系统的总体指令，数据管理则包含与创建、处理和使用数据有关的三组活动。在 IDS 背景下，数据治理还包括 IDS 生态系统内数据共享和交换的使用权。元数据管理涉及数据的描述性信息，包括句法、语义和实用信息，这在分布式系统环境中尤为重要，此类系统不依赖中央实例存储数据，而是允许不同异构数据库自我组织。此外，数据生命周期管理涵盖数据从创建与捕获，到处理、丰富、存储、分发和使用的全流程。

2. 国际数据空间治理内容

依据国际数据空间治理框架与模型，其治理内容主要包括功能、技术、运营和法律四个方面。

1）确保数据主权和数据控制

IDSA 提出的数据主权原则是数据空间治理的核心。数据提供者始终保持对数据的控制权，可以设定数据使用规则（如"仅限非商业研究""不能转发给第三方"等）。一方面通过数据使用政策约束数据消费者按规定使用数据。另一方面借助合约执行技术（如智能合约、DRM），自动管理和执行数据访问权限。

2）促进数据共享和互操作

IDSA 规则手册提供了标准化协议和接口，确保不同组织、行业或国家的系统安全交换数据。为了实现数据共享和互操作，国际数据空间协会制定了国际数据空间参考架构、信任框架和标准协议。

（1）IDS 参考架构：规定数据交换组件，如数据连接器，保障数据传输的安全性和可信度。

（2）信任框架：确保数据来源可信，防止数据泄露和滥用。

（3）标准协议：提供跨平台、跨行业的数据互操作能力。

3）提供数据经济模式

IDSA 规则手册为数据经济确立了公平透明的交易规则：一是定义数据市场机制，推动数据交易；二是支持数据资产基于使用次数、订阅模式等进行定价与授权；三是通过可信执行环境，确保敏感数据在共享时不被滥用。

4）保障安全性和隐私合规

IDSA 规则手册重视数据安全和隐私保护，国际数据空间协会采取了一系列措施，一是采用"零信任"策略，严格执行数据共享过程中的身份认证和访问控制；二是强制使用加密技术，防止数据在传输过程中被窃取；三是兼容 GDPR 等全球数据保护法规，确保数据空间合规运营。

12.2.5 国际数据空间治理的四个层次

IDSA 为了保障数据空间内数据流通和交易活动的合规合法开展，对其业务活动等从多个层次进行治理。表 12-1 所示为国际数据空间治理的四个层次。

表 12-1 国际数据空间治理的四个层次

层次	描述
数据空间实例治理	执行并实施数据空间实例的治理实践和规则 监督数据空间功能和规则的落实
数据空间生态系统治理	定义数据空间实例的规则 在协作组织之间创建数据空间内的信任 补充业务驱动规则的标准化和监管 定义数据空间互操作性规范

续表

层次	描述
数据空间域治理	建立行业特定的数据空间原则和机制，包括语义互操作性和领域专属监管 在保留地理差异空间的同时，支持最大化互操作性
软基础设施治理	整合通用数据空间构建模块和概念，定义法律基础，创建支撑所有数据空间的通用框架

总之，IDSA 规则手册通过治理框架、数据主权管理、标准化互操作、数据经济模式、安全合规等机制，实现对数据空间的有效治理，确保数据共享安全高效，同时保障数据提供方权益。它不仅支持企业级数据共享，更能推动跨行业、跨国的数据经济发展。

12.3 可信数据空间的治理方法

2020 年 11 月，欧盟委员会提出《数据治理法案》，总体目标是构建欧洲共同数据空间，增强数据共享和数据中介领域的信任。数据空间是基于共同商定原则的去中心化数据生态系统，旨在实现可信的数据流通。作为数字化基础设施，其致力于推动数据空间参与者开展可信、安全、透明的数据共享、交换、流通与交易。数据治理是在管理数据资产过程中行使权利和管控，涵盖计划、监控和实施等环节。其职能是指导所有数据管理领域的活动，目标是确保根据数据管理制度和最佳实践正确地管理数据[2]。因而，数据空间治理是指基于共同商定原则，对去中心化数据生态系统（即数据空间）进行的管理活动。其核心目标是培育良好的数据生态体系，建立安全可信的数据交易环境，实现数据的高效集成、安全流通和价值最大化，同时确保数据的质量、可控性和合规性。

12.3.1 可信数据空间治理的目标、模式与内容

1. 可信数据空间治理的目标

数据治理是围绕数据资产管理展开的系列工作，以服务组织各层次决策为目标，是数据管理技术、过程、标准和政策的集合[3]。数据空间本质上是安全可信的数据交易环境，是数据交换与共享的生态系统。因此，数据空间治理的目标，一是确保数据空间内所有参与者和业务活动安全可信，即其首要目标为安全可信的数据交易环境；二是指导和保障数据空间内数据流通与交易的高效实施，这是数据空间治理的重要目标；三是让所有参与者都能实现和获得应有的价值，即健

康的数据生态体系，这也是数据空间治理的主要目标。

2. 可信数据空间的治理模式

总体而言，可信数据空间治理可采用开放式治理、集中式治理，或二者结合的模式等不同程度的开放性和集中化模式。前者推动更加民主、参与度高的治理过程，由广泛利益攸关方共同决定相关业务标准规范。确保可信数据空间的相关标准具有包容性，反映所有利益攸关方的需求。

在集中式治理模式中，权力与责任多由政府机构或行业协会等单一组织承担。这个组织有权创建和维护标准，并通过法规或其他手段执行。

集中式治理效率更高，便于快速决策和确保合规性。但因缺少包容性与参与度，在标准制定中，可能过度体现部分利益相关方需求，而忽视其他方利益。

3. 可信数据空间治理的主要内容

数据空间治理的对象是数据空间内的业务活动，主要包括两方面：一是安全可信的数据流通和交易环境；二是数据交互（互操作）与交易。因此，数据空间治理围绕这两类业务活动及其相关要素展开。

通常，数据治理涉及管理方法与技术工具的综合运用，完整的数据治理项目通常包括目标、组织、制度、工具和标准等5个关键要素。显然，数据空间治理的主要内容涵盖"安全可信环境"和"数据流通和交易"两个方面，具体包括五个方面。

（1）明确数据空间建设和发展目标。

（2）规范数据空间运营组织（如参与者、评估机构、认证机构、应用程序提供者与应用商店等）。

（3）制定数据空间运行的制度与协议（如技术协议、功能协议、法律协议等）。

（4）审查构成数据空间的相关技术构件与关键组件。

（5）制定数据互操作和交易的相关标准规范。

12.3.2　可信数据空间治理框架与关键内容

可信数据空间的治理框架是综合性的体系结构，它是对数据空间治理内容的具体化，旨在确保对数据空间的有效管理，保障数据在数据空间内的安全流通、高效共享和利用。

1. 可信数据空间治理框架

国际数据空间的治理架构涵盖组织治理、技术治理和法律与合规三个维度。理论上，也适用于其他数据空间的治理，包括我国可信数据空间。

从组织治理视角看，我国可信数据空间治理需明确组织架构、参与者角色与责任。界定数据提供者、消费者和服务提供者（如评估机构、认证机构）等的权利、责任和义务。

从技术治理视角看，可信是我国可信数据空间的基础，需从技术层面解决参与者互信、流通交易数据可信问题，以及跨行业、组织数据交互共享的技术架构、接口标准与规范，确保数据互操作性。

从法律与合规治理视角看，我国可信数据空间内数据的流通和共享，应符合《中华人民共和国数据安全法》《网络数据安全管理条例》和《中华人民共和国个人信息保护法》等法规和条例，一方面保证数据提供者的数据来源合法合规，另一方面保证数据消费者按照使用控制协议合理使用数据。

2. 可信数据空间治理的关键内容

依据可信数据空间治理框架，可信数据空间治理的关键内容主要包括以下几点。

1）可信管控

综合运用数据访问与使用控制、隐私计算等技术，确保数据在流通、利用等环节的安全、合规、可信、可控。这是数据空间治理的首要目标，也是关键问题，只有数据空间参与者实现"相互信任"，交易才会发生。

2）数据质量

通过数据资源集成融合、互操作、智能治理技术创新，提升数据资源供给的质量。数据市场的发展不仅需要丰富的数据产品，更需要高质量的数据产品，充足的高质量数据产品供给是数据空间治理的关键问题，能激活数据市场并吸引更多消费者。

3）数据流通效率

活跃的数据市场依赖高效数据流通效率。通过数据标识、语义发现、联合目录体系等技术，提高数据的发现概率，增强流动性和交互性，促进数据跨领域、跨层级、跨平台流通。

4）数据价值共创

应用数据融合、机器学习等技术，推动数据产品和服务开发，促进数据价值的共同创造。

5）词汇治理

在数据共享网络中，词汇表为描述数据提供了通用语言，允许不同系统和组织有效地共享和理解数据。缺乏语义标准会导致数据不一致、难以理解，降低共享数据的附加价值，可信数据空间治理应重视信息模型和词汇表的建设。

（1）词汇生命周期：词汇从产生到消亡需遵循每个阶段的发展规律，帮助用户为解决方案选择合适的词汇。

（2）词汇成熟度：发展是持续的过程，词汇会经历不同的成熟阶段（如文档完整性或概念稳定性），涉及成熟度指标和版本选择方案。

（3）词汇批准：词汇发布应由专业委员会控制，并尽可能由自动模型检查支持。

3. 可信数据空间治理方案

一个完整的数据空间治理方案至少应包括以下内容。

（1）定义数据空间发展战略。明确数据空间治理的长远目标和愿景，为数据空间建设与管理提供战略指导。数据空间本质上是基于互联网的数据流通和交易的功能性框架。任何组织和个人都可以依据自己的需求，参照国际数据空间协会参考架构规划设计自己的数据空间。但数据市场是整体，不同类型的数据空间应该遵守统一规则和标准，避免形成"数据孤岛"。

（2）制定数据空间参考架构。国际数据空间协会制定了国际数据空间参考架构模型（IDSA-RAM），定义了数据空间的基本构件、组件、功能与协议。我国全国数据标准技术委员会也制定了《可信数据空间 技术架构》（TC609-6-2025-01）。但由于每个组织的需求、数据基础设施和目标不同，每个可信数据空间的建设者在构建时应规划自己的参考架构。并参照国际或国家相关政策与业务要求，制定技术协议、功能协议、法律协议及运行标准规范等。

（3）数据资产的质量管理体系建设。数据空间内数据资产的准确性、一致性、完整性、时效性及安全可信是数据空间治理的重要内容。数据空间目标是构建安全可信的数据交易环境，本质是开展可信的数据交易。"可信"既指"参与者"互信，也是数据交易客体——数据的可信，即数据准确、完整和一致等。

（4）数据空间安全与隐私。数据空间通过技术、协议和规则保护数据持有者的数据主权，安全和隐私保护是数据空间治理的主要内容。具体上，数据空间实施数据访问与使用控制政策、加密存储、数据脱敏、数据沙箱等技术措施，防止未经授权的访问和泄露。

（5）数据合规性。数据合规及交易（内容与活动）合法合规是保障数据空间可持续发展或生态建设的基础，治理必须确保数据管理遵守相关法律法规和行业标准。

（6）数据生命周期管理。数据、信息、知识等都有生命周期，对数据空间内数据资产（如数据集、数据服务等）需进行全生命周期管理，基于数据全生命周期制定策略，对不同阶段的数据资产进行全过程管理和监控。

12.3.3 可信数据空间治理的步骤

数据空间作为由治理框架定义的分布式系统，旨在创建安全可信的数据流通环境，促进数据的共享、利用和分析。通常一项完整的数据空间治理项目应包含以下步骤。

（1）定义数据空间治理愿景。明确数据空间治理的长远目标和短期目标，确保与数据空间参与者等相关主体的总体目标相一致。

（2）明确数据空间治理需求与目标。确定数据空间治理的具体需求和目标，如可信数据环境构建、提高数据质量、保障数据安全、数据主权等。

（3）数据空间利益相关者协同。加强数据提供者、消费者、运营者和监管者等利益相关者的沟通与协作，共同推动数据空间治理。

（4）制定数据空间治理框架。建立清晰、完善的治理框架，如从组织、技术和法律与合规等维度进行治理，具体可包括数据安全协议、访问控制机制、审计流程等，为数据空间治理提供规范和准则。

（5）设计数据空间基础架构。数据空间本质上是基于共识原则，实现数据流通与共享的功能性框架，因此，应构建灵活可扩展的数据空间基础架构，支持分布式数据管理、数据主权和无缝互操作性。

（6）开发数据空间基础设施。从数据空间系统架构看，它是连接数据基础设施和数据应用生态的中间环节，既包含数据连接器等技术设备，又包括元数据代理等数据应用程序，因此，数据空间治理应根据实际需求选择本地部署或云上部署方式，开发数据空间所需的基础设施。

（7）开展数据空间建设试点与迭代。数据空间建设是新事物，需要通过试点运行收集反馈，持续优化数据空间的功能和性能。

（8）培训与宣传。对数据空间运营者开展数据治理培训和宣传，提高数据管理意识和治理能力。

（9）监控与评估数据空间的运营与管理。对数据治理框架的实施情况进行监控和评估，及时发现并解决问题。

12.3.4 可信数据空间治理的挑战

IDS-RAM 背景下的治理观点，与从组织和技术角度出发的概念有关，目标是建立健康且值得信赖的数据生态系统。它支持协作治理机制，以实现共同服务和价值主张，同时保护所有参与者的利益。然而，一方面数据空间建设还是新事物，可以借鉴参考的实例很少，另一方面数据空间是技术应用集成的综合体，不仅涉及多个学科领域的相关理论、技术和方法，还涉及国家相关的数据安全法律法规和条例。因此，可信数据空间治理面临诸多挑战。

1. 技术复杂性与集成难度的挑战

（1）多种技术的集成。可信数据空间的建设需要集成分布式账本技术（如区块链）、可信执行环境（如 Intel SGX、ARM TrustZone）、安全多方计算、同态加密、联邦学习等多种复杂技术。这些技术的集成不仅要求高水平的技术人才，还需要大量的研发投入和长时间的测试验证。

（2）技术攻关。组织开展使用控制、数据沙箱、智能合约、隐私计算、高性能密态计算、可信执行环境等可信管控技术攻关，推动数据标识、语义发现、元数据智能识别等数据互通技术的集成应用，探索大模型与可信数据空间的融合创新。

（3）技术更新与维护。随着技术的不断发展，可信数据空间需要不断更新和迭代以适应新的需求和挑战。然而，技术更新和维护的速度往往较快，这进一步增加了技术复杂性和集成难度。

2. 数据安全与隐私保护技术挑战

（1）数据隐私保护。在可信数据空间中，如何确保数据在共享和处理过程中不被泄露或滥用是核心问题。现有的数据安全与隐私保护技术，如差分隐私、同态加密等，虽然在一定程度上可以保护数据隐私，但仍存在被破解的风险。

（2）数据溯源与审计。为确保数据的可信性，需要建立数据溯源与审计机制。然而，在数据流通和利用过程中，如何实现数据溯源和审计的准确性和高效性是技术难题。

3. 跨平台互操作性与标准化挑战

1）互操作性

不同数据空间之间缺乏统一的标准和协议，导致互操作性差，难以实现数据跨平台共享。这增加了数据流通和利用的难度，也限制了可信数据空间的应用范围。国际数据空间协会的互操作性框架包括法律、组织、技术和数据四个层次或维度，各层次都存在着不同程度的挑战。客观上说，不同地区和国家间，由于文化和制度的不同，数据法律法规方面的挑战更大。对于我国可信数据空间的治理，组织层面的互操作挑战更为突出，但这方面的挑战更多表现为技术和数据层面的挑战，即数据的技术互操作和语义互操作性挑战。

2）数据空间相关标准化建设

《可信数据空间发展行动计划（2024—2028年）》第九条提出，强化可信数据空间标准化工作，加快参考架构、功能要求、运营规范等基础共性标准研制，积极推进数据交换、使用控制、数据模型等关键技术标准制定。组织开展贯标试点，发挥标准化引领作用，推广标准应用示范案例和样板模式，引导可信数据空间规范发展。因而，为推动可信数据空间的发展，需加快制定相关技术标准和规范。然而，由于技术路线和标准不统一，不同领域和主体的差异，标准化建设面临较大挑战。

4. 数据治理与合规性

（1）可信数据空间治理框架。建立完善的可信数据空间治理框架是确保可信数据空间健康发展的关键。然而，如何制定合理的数据所有权、使用权限和责任划分机制，以及如何实现数据的高效管理和利用，是复杂的问题。

（2）数据空间内数据合规性监管。随着数据法律法规的不断完善，可信数据空间需要遵守越来越多的合规性要求。然而，由于技术复杂性和跨领域协同的难度，合规性监管面临较大挑战。

针对这些挑战，可以采取加强技术研发、完善安全机制、加强合规管理等措施来应对。总之，数据空间治理是一个复杂且重要的过程，需要政府、企业和社会各界的共同努力推动其健康发展。此外，数据空间治理还需要关注数据的生命周期，包括数据的创建、使用、归档和销毁等阶段，以确保数据在生命周期内的有效性和合规性。总之，数据空间治理是确保数据空间内数据可用性、可靠性和价值实现的关键过程，它依赖于有效的数据治理原则和方法，并涉及多个方面和利益相关者的协作。

综上所述，可信数据空间治理中的核心技术难题包括技术复杂性与集成难度、数据安全与隐私保护技术、跨平台互操作性与标准化以及数据合规性等方面。为应对这些挑战，需要加强技术研发和创新、推动标准化建设、加强数据治理和合规性监管等措施。

参 考 文 献

[1] International Data Spaces. Data Governance Perspective.[2025-01-02]. https://docs.internationaldataspaces.org/ids-knowledgebase/ids-ram-4/perspectives-of-the-reference-architecture-model/4_perspectives/4_3_governance_perspective.

[2] DAMA 国际. DAMA 数据管理知识体系指南. DAMA 中国分会翻译组. 北京: 机械工业出版社, 2021.

[3] 王兆君, 王钺, 曹朝辉. 主数据驱动的数据治理——原理、技术与实践. 北京: 清华大学出版社, 2019.

附录Ⅰ 国际数据空间术语

1. 协议（Agreement）：与特定数据集相关联的具体策略，该策略已由提供者、消费者及参与者签署。协议是合同谈判的结果，并且只与一个数据集相关联。
2. 目录（Catalog）：由提供者发布的一系列条目，代表数据集及其报价的集合。
3. 目录协议（Catalog Protocol）：用于从目录服务请求目录允许的消息类型。
4. 目录服务（Catalog Service）：使参与者可访问目录的参与者代理。
5. 连接器/数据服务（Connector/ Data Service）：用于生成协议并管理数据集共享的参与者代理。
6. 消费者（Consumer）：请求访问已提供数据集的参与者代理。
7. 合同谈判（Contract Negotiation）：数据提供者与数据消费者之间建立协议的一组交互。它是合同谈判议定书状态机的实例化。
8. 合同谈判议定书（Contract Negotiation Protocol）：定义为状态机的一组允许的消息类型序列。
9. 凭证颁发者（Credential Issuer）：受信任的技术系统，用于为参与者和参与者代理颁发可验证的凭证。
10. 数据集（Dataset）：参与者可共享的数据或技术服务。
11. 数据空间（Data Space）：促进实体间可互操作的数据集共享的一组技术服务。
12. 数据空间管理机构（Data Space Authority）：管理数据空间的实体。
13. 数据空间注册服务/数据空间注册中心（Data Space Registration Service/ Data Space Registry）：维护数据空间中参与者状态的技术系统。
14. 身份提供商（Identity Provider）：为参与者和参与者代理创建、维护和管理身份信息的可信技术系统。
15. 消息（Message）：消息类型的实例化。
16. 消息类型（Message Type）：消息结构的定义。
17. 要约（Offer）：与特定数据集相关联的具体策略。
18. 参与者（Participant）：提供/消费数据集的数据空间成员。
19. 参与代理（Participant Agent）：代表提供数据集的参与者执行操作的技术系统。

20. 政策（Policy）：定义数据集使用条款的一组规则、职责和义务，也称为"使用政策"。

21. 提供者（Provider）：提供数据集的参与者代理。

22. 传输过程（Transfer Process）：提供者和消费者之间的一组交互，用于根据协议条款提供对数据集的访问。它是传输过程协议状态机的实例化。

23. 传输过程协议（Transfer Process Protocol）：状态机的一组允许的消息类型序列。

24. 数据空间实例治理（Data Space Instance Governance）：执行并实施数据空间实例的治理实践和规则，监督数据空间功能和规则的落实。

25. 数据空间生态系统治理（Data Space Ecosystem Governance）：定义数据空间实例的规则，在协作组织之间创建数据空间内的信任，补充业务驱动规则的标准化和监管，定义数据空间互操作性规范。

26. 数据空间域治理（Data Space Domain Governance）：建立特定行业的数据空间原则和机制，包括语义互操作性和领域专属监管；在保留地理差异空间的同时，支持最大化互操作性。

27. 软基础设施治理（Soft Infrastructure Governance）：整合通用数据空间构建模块和概念，定义法律基础，创建支撑所有数据空间的通用框架。

28. 数据权利持有人（Data Rights Holders）：拥有数据权利的自然人或法人。

29. 数据接收者（Data Recipients）：作为数据使用者和数据用户的法人或自然人。

30. 数据用户（Data Users）：根据给定的政策和法规使用数据的自然人或法人。

附录Ⅱ 可信数据空间名词解释

1. **可信数据空间**。可信数据空间是基于共识规则，联接多方主体，实现数据资源共享共用的一种数据流通利用基础设施，是数据要素价值共创的应用生态，是支撑构建全国一体化数据市场的重要载体。可信数据空间须具备数据可信管控、资源交互、价值共创三类核心能力。

2. **可信管控能力**。可信数据空间核心能力之一，支持对空间内主体身份、数据资源、产品服务等开展可信认证，支持对数据流通利用全过程进行动态管控，支持实时存证和结果追溯。

3. **资源交互能力**。可信数据空间核心能力之一，支持不同来源数据资源、产品和服务在可信数据空间的统一发布、高效查询、跨主体互认，实现跨空间的身份互认、资源共享和服务共用。

4. **价值共创能力**。可信数据空间核心能力之一，支持多主体在可信数据空间规则约束下共同参与数据开发利用，推动数据资源向数据产品或服务转化，并保障参与各方的合法权益。

5. **可信数据空间运营者**。在可信数据空间中负责日常运营和管理的主体，制定并执行空间运营规则与管理规范，促进参与各方共建、共享、共用可信数据空间，保障可信数据空间的稳定运行与安全合规。可信数据空间运营者可以是独立的第三方，也可以由数据提供方、数据服务方等主体承担。

6. **数据提供方**。在可信数据空间中提供数据资源的主体，有权决定其他参与方对其数据的访问、共享和使用权限，并有权在数据创造价值后，根据约定分享相应权益。

7. **数据使用方**。在可信数据空间中使用数据资源的主体，依据与可信数据空间运营者、数据提供方等签订的协议，按约加工使用数据资源、数据产品和服务。

8. **数据服务方**。在可信数据空间中提供各类服务的主体，包括数据开发、数据中介、数据托管等类型，提供数据开发应用、供需撮合、托管运营等服务。

9. **可信数据空间监管方**。指履行可信数据空间监管责任的政府主管部门或授权监管的第三方主体，负责对可信数据空间的各项活动进行指导、监督和规范，确保可信数据空间运营的合规性。

10. **数据生态体系**。空间参与各方依据既定规则，围绕数据资源的流通、共享、开发、利用开展价值共创的生态系统，包括数据提供方、数据使用方、数据服务方、可信数据空间运营者等主体。

11. **使用控制**。一种可信管控技术，通过预先设置数据使用条件形成控制策略，依托控制策略实时监测数据使用过程，动态决定数据操作的许可或拒绝。

12. **隐私计算**。一种可信管控技术，允许在不泄露原始数据的前提下进行数据的分析和计算，旨在保障数据在产生、存储、计算、应用、销毁等数据流转全过程的各个环节中"可用不可见"。隐私计算的常用技术方案有多方安全计算、联邦学习、可信执行环境、密态计算等。

13. **数据沙箱**。一种可信管控技术，通过构建应用层隔离环境，允许数据使用方在安全和受控的区域内对数据进行分析处理。

14. **密态计算**。通过综合运用密码学、可信硬件和系统安全技术等可信隐私计算技术，在计算过程中实现数据"可用不可见"，计算结果能够保持加密状态，支持构建复杂组合计算，实现计算全链路保障，防止数据泄漏和滥用。

15. **智能合约**。基于计算机协议的合同形式，以信息化方式传播、验证和执行，支持无需第三方的可信交易，确保交易的可追踪性和不可逆转性。

16. **数据标识**。一种资源互通技术，通过为数据资源分配唯一标识符，实现快速准确的数据检索和定位，实现数据全生命周期的可追溯性和可访问性。

17. **语义发现**。一种资源互通技术，通过自动分析理解数据深层含义及其关联性，实现不同来源和类型数据的智能索引、关联和发现。

18. **元数据智能识别**。一种资源互通技术，将元数据从一种格式转换为另一种格式，包括并不限于对数据的属性、关系和规则进行重新定义，以确保数据在不同系统中的一致性和可理解性。

19. **数据价值评估模型**。一种从多维度衡量数据价值的算法模型，综合考虑数据的质量、来源、用途等因素，评估数据对业务经济效益的影响。

20. **共性服务**。可信数据空间的共性功能需求，可以提供通用化的服务，包括并不限于接入认证、可信存证、资源目录等功能，适宜统一建设。

21. **接入认证**。一种可信数据空间共性服务，按照统一标准，对接入可信数据空间的主体、技术工具、服务等开展能力评定，确保其符合国家相关政策和标准规范要求。

22. **可信存证**。一种可信数据空间共性服务，保存数据流通全过程信息被记录并不可篡改，为清算审计、纠纷仲裁提供电子证据，确保全过程行为可追溯。

23. **资源目录**。一种可信数据空间共性服务，按照统一接口标准建设，提供数据、服务等资源的发布与发现能力。可同时被多个可信数据空间使用。

24. **数据**。任何以电子或其他方式对信息的记录。数据在不同视角下被称为原始数据、衍生数据、数据资源、数据产品和服务、数据资产、数据要素等。

25. **原始数据**。初次产生或源头收集的、未经加工处理的数据。

26. **数据资源**。具有价值创造潜力的数据的总称，通常指以电子化形式记录和保存、可机器读取、可供社会化再利用的数据集合。

27. **数据要素**。投入到生产经营活动、参与价值创造的数据资源。

28. **数据产品和服务**。基于数据加工形成的，可满足特定需求的数据加工品和数据服务。

29. **数据资产**。特定主体合法拥有或者控制的，能进行货币计量的，且能带来经济利益或社会效益的数据资源。

30. **数据要素市场化配置**。通过市场机制来配置数据这一新型生产要素，旨在建立更加开放、安全和高效的数据流通环境，不断释放数据要素价值。

31. **数据处理**。包括数据的收集、存储、使用、加工、传输、提供、公开等。

32. **数据处理者**。在数据处理活动中自主决定处理目的和处理方式的个人或者组织。

33. **受托数据处理者**。接受他人委托处理数据的个人或者组织。

34. **数据流通**。数据在不同主体之间流动的过程，包括数据开放、共享、交易、交换等。

35. **数据交易**。数据供方和需方之间进行的，以特定形态数据为标的，以货币或者其他等价物作为对价的交易行为。

36. **数据治理**。提升数据的质量、安全、合规性，推动数据有效利用的过程，包含组织数据治理、行业数据治理、社会数据治理等。

37. **数据安全**。通过采取必要措施，确保数据处于有效保护和合法利用的状态，以及具备保障持续安全状态的能力。

38. **公共数据**。各级党政机关、企事业单位依法履职或提供公共服务过程中产生的数据。

39. **数字产业化**。移动通信、人工智能等数字技术向数字产品、数字服务转化，数据向资源、要素转化，形成数字新产业、新业态、新模式的过程。

40. **产业数字化**。传统的农业、工业、服务业等产业通过应用数字技术、采集融合数据、挖掘数据资源价值，提升业务运行效率，降低生产经营成本，进而重构思维认知，整体性重塑组织管理模式，系统性变革生产运营流程，不断提升全要素生产率的过程。

41. **数字经济高质量发展**。围绕加快培育新质生产力，以数据要素市场化配置改革为主线，通过协同完善数据基础制度和数字基础设施，全面推进数字技术和实体经济深度融合，持续提升数字经济治理能力和国际合作水平，实现做强、做优、做大目标的数字经济发展新阶段。

42. **数字消费**。数字技术、应用支撑形成的消费活动和消费方式，既包括对数智化技术、产品和服务的消费，也包括消费内容、消费渠道、消费环境的数字化与智能化，还包括线上线下深度融合的消费新模式。

43. **产业互联网**。利用数字技术、数据要素推动全产业链数据融通，赋能产业数字化、网络化、智能化发展，推动业务流程、组织架构、生产方式等重组变革，实现产业链上下游协同转型、线上线下融合发展、全产业降本增效与高质量发展，进而形成新的产业协作、资源配置和价值创造体系。

44. **城市全域数字化转型**。城市以全面深化数据融通和开发利用为主线，综合利用数字技术和制度创新工具，实现技术架构重塑、城市管理流程变革和产城深度融合，促进数字化转型全领域增效、支撑能力全方位增强、转型生态全过程优化的城市高质量发展新模式。

45. **"东数西算"工程**。东部地区经济活动产生的数据和需求放到西部地区计算和处理，对数据中心在布局、网络、电力、能耗、算力、数据等方面进行统筹规划的重大工程，例如，人工智能模型训练推理、机器学习等业务场景，可以通过"东数西算"的方式让东部业务向西部风光水电丰富的区域迁移，实现东西部协同发展。

46. **高速数据网**。面向数据流通利用场景，依托网络虚拟化、软件定义网络（SDN）等技术，提供弹性带宽、安全可靠、传输高效的数据传输服务。

47. **全国一体化算力网**。以信息网络技术为载体，促进全国范围内各类算力资源高比例、大规模、一体化调度运营的数字基础设施。作为"东数西算"工程的 2.0 版本，具有集约化、一体化、协同化、价值化四个典型特征。

48. **元数据**。定义和描述特定数据的数据，它提供关于数据结构、特征和关系的信息，有助于组织、查找、理解、管理数据。

49. **结构化数据**。一种数据表示形式，按此种形式，由数据元素汇集而成的每个记录的结构都是一致的，并且可以利用关系模型予以有效描述。

50. **半结构化数据**。不符合关系型数据库或其他数据表的形式关联起来的数据模型结构，但包含相关标记，用来分隔语义元素，以及对记录和字段进行分层的一种数据结构形式。

51. **非结构化数据**。不具有预定义模型或未以预定义方式组织的数据。

52. **数据分析**。通过特定的技术和方法，对数据进行整理、研究、推理和概括总结，从数据中提取有用信息、发现规律、形成结论的过程。

53. **数据挖掘**。数据分析的一种手段，是通过统计分析、机器学习、模式识别、专家系统等技术，挖掘出隐藏在数据中的信息或者价值的过程。

54. **数据可视化**。通过统计图表、图形、地图等图形化手段，将数据中包含的有用信息清晰有效地传达出来，便于数据使用者更好地理解和分析数据。

55. **数据仓库**。在数据准备之后用于永久性存储数据的数据库。

56. **数据湖**。一种高度可扩展的数据存储架构，专门用于存储大量原始数据和衍生数据，这些数据可以来自各种来源并以不同的格式存在，包括结构化、半结构化和非结构化数据。

57. **湖仓一体**。一种新型的开放式存储架构，打通了数据仓库和数据湖，将数据仓库的高性能及管理能力与数据湖的灵活性融合，底层支持多种数据类型并存，能实现数据间的相互共享，上层可以通过统一封装的接口进行访问，可同时支持实时查询和分析。

58. **安全多方计算**。在一个分布式网络中，多个参与实体各自持有秘密数据，各方希望以这些数据为输入共同完成对某函数的计算，而要求每个参与实体除计算结果、预期可公开的信息外，均不能得到其他参与实体的任何输入信息。主要研究针对无可信第三方情况下，安全地进行多方协同的计算问题。

59. **联邦学习**。一种多个参与方在保证各自原始私有数据不出数据方定义的可信域的前提下，以保护隐私数据的方式交换中间计算结果，从而协作完成某项机器学习任务的模式。

60. **可信执行环境**。基于硬件级隔离及安全启动机制，为确保安全敏感应用相关数据和代码，以机密性、完整性、真实性和不可否认性为目标构建的一种软件运行环境。

61. **区块链**。分布式网络、加密技术、智能合约等多种技术集成的新型数据库软件，具有多中心化、共识可信、不可篡改、可追溯等特性，主要用于解决数据流通过程中的信任和安全问题。

62. **数据产权**。权利人对特定数据享有的财产性权利，包括数据持有权、数据使用权、数据经营权等。

63. **数据产权登记**。数据产权登记机构按照统一规则对数据的来源、描述、合规等情况进行审核并记载，并出具登记凭证的行为。

64. **数据持有权**。权利人自行持有或委托他人代为持有合法获取的数据的权利，旨在防范他人非法违规窃取、篡改、泄露或者破坏权利人持有的数据。

65. **数据使用权**。权利人通过加工、聚合、分析等方式，将数据用于优化生产经营、形成衍生数据等的权利。一般来说，使用权是权利人在不对外提供数据的前提下，将数据用于内部使用的权利。

66. **数据经营权**。权利人通过转让、许可、出资或者设立担保等有偿或无偿的方式对外提供数据的权利。

67. **衍生数据**。数据处理者对其享有使用权的数据，在保护各方合法权益的前提下，通过利用专业知识加工、建模分析、关键信息提取等方式实现数据内容、形式、结构等实质改变，从而显著提升数据价值后形成的数据。

68. **企业数据**。企业在生产经营过程中形成或合法获取、持有的数据。

69. **数据交易机构**。为数据供需多方提供数据交易服务的专业机构。

70. **数据场内交易**。数据供需方通过数据交易机构达成数据交易的行为。

71. **数据场外交易**。数据供需方不通过数据交易机构达成数据交易的行为。

72. **数据撮合**。帮助数据供需方达成数据交易的行为。

73. **第三方专业服务机构**。为促进数据交易活动合规高效开展，提供数据集成、数据经纪、合规认证、安全审计、数据公证、数据保险、数据托管、资产评估、争议仲裁、风险评估、人才培训等第三方服务的专业化组织。

74. **数据产业**。利用现代信息技术对数据资源进行产品或服务开发，并推动其流通应用所形成的新兴产业，包括数据采集汇聚、计算存储、流通交易、开发利用、安全治理和数据基础设施建设等。

75. **数据标注产业**。对数据进行筛选、清洗、分类、注释、标记和质量检验等加工处理的新兴产业。

76. **数字产业集群**。以数据要素驱动、数字技术赋能、数字平台支撑、产业融通发展、集群生态共建为主要特征的产业组织新形态。

77. **数据使用控制**。在数据的传输、存储、使用、销毁等环节采用技术手段进行控制，如通过智能合约技术，将数据权益主体的数据使用控制意愿转化为可机读处理的智能合约条款，解决数据可控的前置问题，实现对数据资产使用的时间、地点、主体、行为和客体等因素的控制。

78. **数据基础设施**。从数据要素价值释放的角度出发，面向社会提供数据采集、汇聚、传输、加工、流通、利用、运营、安全服务的一类新型基础设施，是集硬件、软件、模型算法、标准规范、机制设计等于一体的有机整体。

79. **算力调度**。本质是计算任务调度，是基于用户业务需求匹配算力资源，将业务、数据、应用调度至适配的算力资源池进行计算，以实现计算资源利用效率的最大化。

80. **算力池化**。通过算力虚拟化和应用容器化等关键技术，对各类异构、异地的算力资源与设备进行统一注册和管理，实现对大规模集群内计算资源的按需申请与使用。

81. **工业可信数据空间**。依托现有信息网络构建的数据集聚、共享、流通和应用的分布式关键数据基础设施，通过密码学、区块链、智能合约等技术体系，确保数据流通协议的确认、履行和维护，解决数据要素提供方、使用方、服务方等参与主体间的安全与信任问题，进而推动工业领域实现数据驱动的数字化转型。

82. **动态监控**。依据电子合约规定的控制要求，动态地检测和控制数据使用方对数据的使用过程。当数据使用过程与控制要求不符时，按照合约的规定，执行对应的控制策略，对数据或进程进行相应处理。

附录Ⅲ 数据空间中英文词汇对照

1. 国际数据空间协会（International Data Spaces Association，IDSA）
2. 可信数据空间发展联盟（Trusted Data Spaces Alliance，TDSA）
3. 开放数据空间联盟（Open Data Spaces Alliance，ODSA）
4. 可信数据空间（Trusted Data Space，TDS）
5. 数据空间支持中心（Data Spaces Support Centre，DSSC）
6. 国际数据空间参考架构模型（The International Data Spaces Reference Architecture Model，IDS-RAM）
7. 数据交易（Data Transactions）
8. 数据主权（Data Sovereignty）
9. 数据生产者（Data Producer）
10. 数据创建者（Data Creator）
11. 数据所有者（Data Owner）
12. 数据提供者（Data Provider）
13. 数据消费者（Data Consumer）
14. 数据应用程序提供者（Data Application Provider）
15. 数据服务提供者（Data Service Provider）
16. 数据平台提供者（Data Platform Provider）
17. 数据市场提供者（Data Marketplace Provider）
18. 身份提供者（Identity Provider）
19. 数据连接器（Data Connector）
20. 数据模型（Data Model）
21. 数据格式（Data Format）
22. 数据交换（Data Switching）
23. 数据生态（Data Ecosystem）
24. 自我描述（Self-Description）
25. 数据使用控制（Data Usage Control）
26. 数据使用限制（Data Usage Restrictions）
27. 数据云联盟（Data Cloud Alliance）
28. 元数据代理（Metadata Broker）

29. 联邦目录（Federated Catalog）
30. 身份中心（Identity Hub）
31. 注册服务（Registration Service）
32. 数据仪表板（Data Dashboard）
33. 身份管理（Identity Management）
34. 数据目录词汇表（Data Catalog Vocabulary）
35. 领域模型（Domain Model）
36. 应用服务（Application Service）
37. 智能合约（Smart Contract）
38. 数据信任（Data Trust）
39. 信任锚（Trust Anchor）
40. 互操作（Interoperability）
41. 互操作框架（Interoperability Framework）
42. 互操作规范（Interoperability Specification）
43. 语义发现（Semantic Discovery）
44. 语义增强（Semantic Enhancement）
45. 参与者（Participant）
46. 参与者信息服务（Participant Information Service）
47. 参与者行为（Participant Behavior）
48. 参与者角色（Participant Role）
49. 分布式架构（Distributed Architecture）
50. 数据空间自我描述（Data Space Self-Description）
51. 参与者自我描述（Participant Self-Description）
52. 数据访问控制（Data Access Control）
53. 数据空间商业联盟（Data Space Business Alliance）
54. 数据空间治理机构（Data Space Governance Authority）
55. 使用政策（Usage Policies）
56. 合同政策（Contract Policies）
57. 访问政策（Access Policies）
58. 数据合同报价（Data Contract Offer）
59. 数据合同协议（Data Contract Agreement）
60. 会员政策（Membership Policies）
61. 数据可发现性（Data Discoverability）
62. 数据合同谈判（Data Contract Negotiation）
63. 数据共享和使用（Data Sharing & Usage）

64. 词汇表和语义模型（Vocabularies and Semantic Models）
65. 数据信托和托管服务（Data Trust and Escrow Services）
66. 数据孵化和服务创建（Data Incubation and Service Creation）
67. 可验证凭证（Verifiable Credential）
68. 基于属性的访问控制（Attribute-Based Access Control）
69. 数据空间协议（Dataspace Protocol）
70. 参考架构模型（Reference Architecture Model）

后　　记

  2025年的春天似乎来得格外早，天气乍暖还寒。微微的春风拂过脸颊，还带着丝丝凉意。

  历经近一年的笔耕不辍，书稿终于完稿。此刻的心情格外畅快，远眺香山的轮廓，心中勾勒着数据空间建设的蓝图，仿佛已听见我国数字经济加速前行的足音。

  数字经济是未来的核心引擎，而数据空间则是数字经济的软基础设施。未来已至，无论身份如何，也无论是否做好准备，人们对数据的需求与日俱增，数据共享的意愿愈发强烈，企业基于数据驱动的创新能力持续提升，数据应用场景与价值也在不断拓展。因此，尽管数据空间发展面临诸多挑战，但放眼未来，机遇始终大于挑战。

  在信息共享领域，图书馆界堪称先行者，所幸我曾是其中一员。20世纪90年代，我国图书馆界开启了文献信息资源共享的探索之路，试图借助万维网实现全球数万家图书馆馆藏资源的共建共享。全世界的图书馆工作者为此付出了不懈努力，其中，中国数字图书馆和全国高校文献信息保障体系便是杰出代表。

  我是幸运的。2006~2011年期间，我在国家图书馆研究院任职，作为数据资源建设领域的首席专家，亲身参与了中国数字图书馆的建设，并组织开展了"国家图书馆发展战略研究"。中国数字图书馆本质上就是一个基于互联网的"文献信息资源共享利用空间"，其目标是为全球用户提供优质的中文知识资源，同时也为我国读者提供丰富的外文资源。在我看来，这便是数据空间的雏形。

  作为一名学者，当看到国家出台一系列发展数字经济、建设数据要素市场的政策时，内心难掩激动。2024年春天，我便萌生了撰写一本关于数据资源开发利用学术著作的想法。尤其是2024年11月21日，国家数据局印发《可信数据空间发展行动计划（2024—2028年）》，我如获至宝，反复研读。数据空间建设涉及信息资源管理学科的理论与方法，如数据集成、数据语义互操作、元数据代理、数据联合目录等，我从中看到了学科发展的新机遇，也更加坚定了撰写本书的信念，遂将书名定为《可信数据空间建设理论与方法》。

  然而，放眼全球，数据空间建设的成熟案例寥寥，相关理论研究成果也较为匮乏。显然，撰写此书难度极大，且数据空间属于多学科交叉领域，对我的理论基础是巨大挑战，但我认为这是一次千载难逢的机遇。

本书编写过程虽遇些许困难，但总体进展顺利，这离不开朋友、学生和家人的支持帮助。首先要感谢家人的理解与支持，尤其是儿子索智杨（清华大学博士生），他帮我查阅并翻译了大量外文资料；其次要感谢老朋友代根兴（原北京邮电大学出版社社长）和硕士生刘炳森，他们协助我联系了科学出版社；还要感谢博士生于莹莹、周彦廷、肖玥，硕士生杨胜楠、吴宇歌，她们帮助我校对书稿、绘制插图；同时感谢郑州大学信息管理学院和郑州航空工业管理学院信息管理学院对本书出版的资助。在此，向所有帮助过我的人致以诚挚谢意。

索传军

2025 年春于中国人民大学